高等法律职业教育系列教材
审定委员会

高等法律职业教育系列教材

计算机数学基础

JISUANJI SHUXUE JICHU

主　编○李玲俐　陈丽仪

副主编○许学添　赖河蒗　邹同浩

撰稿人○李玲俐　陈丽仪　许学添

　　　　赖河蒗　邹同浩　史聪慧

　　　　陈芳琳　陈　丹　黄少荣

中国政法大学出版社

2022·北京

图书在版编目（CIP）数据

计算机数学基础/李玲俐，陈丽仪主编. —北京：中国政法大学出版社，2022.6
ISBN 978-7-5764-0482-1

Ⅰ.①计…　Ⅱ.①李…②陈…　Ⅲ.①电子计算机－数学基础　Ⅳ.①TP301.6

中国版本图书馆CIP数据核字(2022)第100398号

出　版　者	中国政法大学出版社
地　　　址	北京市海淀区西土城路 25 号
邮　　　箱	fadapress@163.com
网　　　址	http://www.cuplpress.com (网络实名：中国政法大学出版社)
电　　　话	010-58908435(第一编辑部) 58908334(邮购部)
承　　　印	固安华明印业有限公司
开　　　本	787mm×1092mm　1/16
印　　　张	15.5
字　　　数	326 千字
版　　　次	2022 年 6 月第 1 版
印　　　次	2022 年 6 月第 1 次印刷
印　　　数	1~4000 册
定　　　价	49.00 元

总 序
*P*reface

　　高等法律职业化教育已成为社会的广泛共识。2008 年，由中央政法委等 15 部委联合启动的全国政法干警招录体制改革试点工作，更成为中国法律职业化教育发展的里程碑。这也必将带来高等法律职业教育人才培养机制的深层次变革。顺应时代法治发展需要，培养高素质、技能型的法律职业人才，是高等法律职业教育亟待破解的重大实践课题。

　　目前，受高等职业教育大趋势的牵引、拉动，我国高等法律职业教育开始了教育观念和人才培养模式的重塑。改革传统的理论灌输型学科教学模式，吸收、内化"校企合作、工学结合"的高等职业教育办学理念，从办学"基因"——专业建设、课程设置上"颠覆"教学模式："校警合作"办专业，以"工作过程导向"为基点，设计开发课程，探索出了富有成效的法律职业化教学之路。为积累教学经验、深化教学改革、凝塑教育成果，我们着手推出"基于工作过程导向系统化"的法律职业系列教材。

　　《国家中长期教育改革和发展规划纲要（2010～2020 年）》明确指出，高等教育要注重知行统一，坚持教育教学与生产劳动、社会实践相结合。该系列教材的一个重要出发点就是尝试为高等法律职业教育在"知"与"行"之间搭建平台，努力对法律教育如何职业化这一教育课题进行研究、破解。在编排形式上，打破了传统篇、章、节的体例，以司法行政工作的法律应用过程为学习单元设计体例，以职业岗位的真实任务为基础，突出职业核心技能的培养；在内容设计上，改变传统历史、原则、概念的理论型解读，采取"教、学、练、训"一体化的编写模式。以案例等导出问题，根据内容设计相应的情境训练，将相关原理与实操训练有机地结合，围绕关键知识点引入相关实例，归纳总结理论，分析判断解决问题的途径，充分展现法律职业活动的演进过程和应用法律的流程。

法律的生命不在于逻辑，而在于实践。法律职业化教育之舟只有驶入法律实践的海洋当中，才能激发出勃勃生机。在以高等职业教育实践性教学改革为平台进行法律职业化教育改革的路径探索过程中，有一个不容忽视的现实问题：高等职业教育人才培养模式主要适用于机械工程制造等以"物"作为工作对象的职业领域，而法律职业教育主要针对的是司法机关、行政机关等以"人"作为工作对象的职业领域，这就要求在法律职业教育中对高等职业教育人才培养模式进行"辩证"地吸纳与深化，而不是简单、盲目地照搬照抄。我们所培养的人才不应是"无生命"的执法机器，而是有法律智慧、正义良知、训练有素的有生命的法律职业人员。但愿这套系列教材能为我国高等法律职业化教育改革作出有益的探索，为法律职业人才的培养提供宝贵的经验、借鉴。

2016 年 6 月

内容简介
Content validity

本书根据高职高专培养目标和信息技术类教学大纲的要求，根据教学实践，并考虑到不同层次学生、不同学时课程的实际需要，结合科技的进步和教学的发展编写而成．

本书共 10 个单元，包括一元微积分、线性代数、概率论和离散数学四个基本模块，主要内容有：函数、极限与连续、导数及微分、积分及其应用、行列式、矩阵、线性方程组、概率论、离散型随机变量及其分布、集合与关系、图论等，每个单元的每个任务后有配套的能力训练题，书末附有习题答案．

本书本着"降低难度，注重实用"的原则，在保证科学性的基础上，以项目和任务为导向，注重理解定义和定理，减少数学理论的推证，加强数学思想方法和数学思维的训练，培养学生应用数学知识解决实际问题的能力．

本书内容丰富、实用性强，可作为高职高专院校计算机及相关专业教材，也可供科技工作者或其他读者自学参考．

前言

互联网技术的快速发展，云计算、大数据、物联网、人工智能的广泛应用，为社会带来各种变革．计算机相关专业与时俱进，数学的基础性、工具性地位屹立不倒，数学在训练思维、提供模型算法上有着无可替代的作用．为了适应高职教育的快速发展，满足教学改革和课程建设的需求，体现加强数学思想、数学概念与工程实际的结合的高职高专的特点，应将数学知识和逻辑思维能力作为学生今后从事专业工作应具备的基本能力．

本书是编者在多年教学改革和教学研究的基础上，结合教学改革的探索与实践编写而成．把计算机数学课程作为学生学习数据结构、程序设计、网络技术、网络信息安全等专业课程的前导课程，使学生不仅能学习计算机数学基础知识，还能真正认识到计算机技术的实现依赖着数学提供的方法和模型．本教材可作为计算机类学生的基础课程的教材，也可作为高职高专学生数学基础类课程的教材或教学参考资料．

本书考虑了计算机相关专业的特点，从一元微积分入手，介绍工程技术中不可缺少的行列式、矩阵、向量、线性方程组等数学工具；介绍概率论基础，让学生认识到概率论的原理、方法和思想在机器学习、数据挖掘等领域发挥的重要作用；集合是数学的基本语言，使学生掌握主要的集合运算方法和关系运算方法；图是用来描述和解决一类问题的常用工具，让学生学会用图描述和解决实际问题，从而培养学生的抽象思维、综合运用所学知识分析问题和解决问题的能力．考虑到课程内容概念多、结论多、内容抽象、逻辑性强的特点，组织结构上，本书以项目任务为中心，共分4篇10单元，每个单元包含若干个项目，每个项目分解成若干个任务，每个任务尽量以提出问题或简单实例引入概念，力求处理上深入浅出、通俗简单、难点分散. 对重点定理和方法，提供较多的典型实例引导、帮助读者较好地理解、掌握和运用，将枯燥的理论学习与计算转换为以工作流为导向的任务驱动模式；内容上，力求逻辑严谨、概念准确、论述清晰、表述简洁、实用性强.

本书针对读者的特点和认知能力编写，通过本书的学习，希望读者能掌握一元微积分、线性代数、概率论和离散数学的基本概念、基本理论和基本计算，为后续课程的学习奠定必要的数学基础；通过运用所学的数学知识、数学思想和数学工具来解决实际问题.

本书由李玲俐、陈丽仪任主编，许学添、赖河蒗、邹同浩任副主编. 全书分工如下：单元1～单元3、附录由陈丽仪编写，单元4～单元6由李玲俐编写，单元7和单元8由陈丽仪和邹同浩编写，单元9由陈丽仪和许学添编写，单元10由许学添编写，全书由李玲俐、陈丽仪统稿. 参加本书讨论和修改的还有赖河蒗、史聪慧、陈芳琳、陈丹、黄少荣.

本书在编写过程中，编者参考了大量相关书籍和资料，采用的一些相关内容汲取了很多同仁的宝贵经验，也得到教务及科研部门的支持和兄弟院校同类专业老师的有益帮助，在此谨表谢意.

由于作者水平有限，书中错误和不足之处在所难免，恳请广大读者批评指正，我们将不胜感激.

编 者

2020 年 12 月

第1篇 一元微积分基础

第2篇　线性代数基础

第3篇 概率论基础

第4篇　离散数学基础

第 1 篇　一元微积分基础

单元 1

函数、极限与连续

📖 **导 读**

我们中学学习的初等数学主要研究的是常量及其运算,而高等数学中的微积分主要研究的是变量以及变量与变量之间的依赖关系,即函数关系. 函数是微积分的主要研究对象,极限是微积分的基本研究工具,连续则是函数的一个重要性质. 本单元将在中学数学已有函数知识的基础上介绍反函数、复合函数和初等函数,并进一步讲述极限的概念、性质与运算法则及连续函数的概念与性质等.

📋 **知识与能力目标**

1. 理解函数的概念及性质.
2. 理解反函数、复合函数、初等函数的概念,学会分析复合函数的复合结构.
3. 理解函数极限的概念及性质,会求一般函数的极限.
4. 理解初等函数连续性的概念及性质,了解间断点的概念和类型.

项目 1 理解函数的概念及性质

函数一词最先由微积分的奠基人——德国哲学家、数学家莱布尼茨提出. 1837 年,德国数学家狄利克雷整合出易于人们理解的函数概念. 从此,函数进入了人类的世界.

【引例】

设正方形的边长为 x,面积为 S,则 S 依赖于 x 的变化而变化,两者之间的关系用表达式表示为:

$$S = x^2$$

当变量边长 x 在开区间 $(0, +\infty)$ 内每取一个数值时,变量 S 总有唯一确定的数值与它相对应,则称 S 是 x 的函数.

任务 1 理解函数的概念

【定义 1】设 x, y 是两个变量，D 是给定的数集，若对于 x 在数集 D 内每取一个数值，变量 y 按照一定的对应法则 f，总有确定的数值与它对应，则称 y 是 x 的函数，记作 $y = f(x)$.

其中，数集 D 为函数 $f(x)$ 的定义域，记作 D_f，即 $D_f = D$. x 为自变量，y 为因变量.

当 x 在 D 内取某个数值 x_0 时，对应的 y 取到的数值 y_0 称为函数 $y = f(x)$ 在 x_0 处的函数值，记作：

$$y_0 = f(x_0)$$

当 x 在定义域 D_f 内取遍每一个值，对应的函数值的全体组成的数集，称为函数 $y = f(x)$ 的值域，记作 R_f：

$$R_f = \{y \mid y = f(x), x \in D_f\}$$

【拓展】关于函数的概念有如下的说明：

(1) 一个函数需要两个要素：定义域 D_f 和对应法则 $f(x)$. 判定两个函数是否相同的依据是：除了对应法则 $f(x)$ 相同外，还要两个函数的定义域 D_f 也相同，如：$y = \sqrt{x^2}$ 与 $y = (\sqrt{x})^2$ 是否同一函数？由于这两个函数的定义域不同，很显然，这两个函数表示的不是同一个函数.

(2) 与自变量和因变量用什么符号无关. 如：函数 $y = \sqrt{x}$ 与 $p = \sqrt{q}$，虽然变量表示的符号不同，但对应的法则和定义域相同，所以它们表示的是同一个函数.

【实例 1】求函数 $y = ln(2 - x) + \dfrac{1}{\sqrt{1 - x^2}}$ 的定义域.

解　　x 应满足如下不等式组

$$\begin{cases} 2 - x > 0 \\ \sqrt{1 - x^2} \neq 0 \\ 1 - x^2 \geq 0 \end{cases}$$

解之，得

$$\begin{cases} x < 2 \\ x \neq \pm 1 \\ -1 \leq x \leq 1 \end{cases}$$

即

$$-1 < x < 1$$

所以，所求函数定义域为 $(-1, 1)$.

【实例 2】求出下面函数的表达式.

(1)设 $f(x)=\dfrac{x^2}{3}+\dfrac{x}{2}+\dfrac{1}{x}+1$，求 $f(\dfrac{1}{x})$.

(2)设 $f(x-3)=\dfrac{x+1}{(x+2)^2}$，求 $f(x)$.

解

(1) $f(\dfrac{1}{x})=\dfrac{(\dfrac{1}{x})^2}{3}+\dfrac{\dfrac{1}{x}}{2}+\dfrac{1}{\dfrac{1}{x}}+1=\dfrac{1}{3x^2}+\dfrac{1}{2x}+x+1$

(2)设 $x-3=t$，则 $x=t+3$，即

$$f(t)=\dfrac{(t+3)+1}{[(t+3)+2]^2}=\dfrac{t+4}{(t+5)^2}$$

所以，把 t 换为 x，即

$$f(x)=\dfrac{x+4}{(x+5)^2}$$

【实例 3】 设绝对值函数 $y=|x|=\begin{cases} x, & x\geq 0 \\ -x, & x\leq 0 \end{cases}$，求其定义域 D_f 和值域 R_f，并画出它的图形.

解　由题意可知，定义域 $D_f=(-\infty,+\infty)$，而值域 $R_f=[0,+\infty)$，如图 1-1 所示.

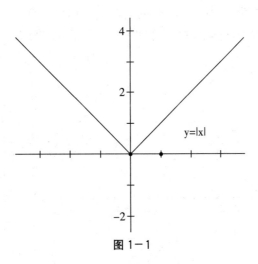

图 1-1

任务 2　了解函数的表示方法

函数有多种表示方法，主要有以下几种：

1. 图形法

变量与变量之间的依赖关系，可以在坐标轴上用图形表示出来，直观明了，易于理

解,但不全面,不易于推导和论证,例如用图形表示某人从甲地到乙地行驶的路程与时间的关系等.

2. 表格法

变量与变量之间的依赖关系,可以以表格的形式表示出来,简洁明了,但不全面,不直观,不易于推导和论证,例如用表格统计某单位各部门出勤的情况等.

3. 公式法

变量与变量之间的依赖关系,可以用解析表达式表示,准确、全面、易于推导和论证,但抽象不易于理解,例如用公式表示正方形的面积与边长的关系等.

针对函数的多种表示方法的以上特点,我们对函数作研究时往往是将公式表达与图形、表格表达结合起来.

任务3 理解函数的基本性质

1. 单调性

【定义2】设函数 $y=f(x)$ 在区间 $[a,b]$ 上有定义,对 $[a,b]$ 内的任意两点 x_1 和 x_2,当 $x_1<x_2$ 时,都有 $f(x_1)<f(x_2)$,则称函数 $f(x)$ 在区间 $[a,b]$ 上是单调增加的(即增函数),如图1−2所示;当 $x_1<x_2$ 时,都有 $f(x_1)>f(x_2)$,则称函数 $f(x)$ 在区间 $[a,b]$ 上是单调减少的(即减函数),如图1−3所示.单调增加和单调减少的函数统称为单调函数.

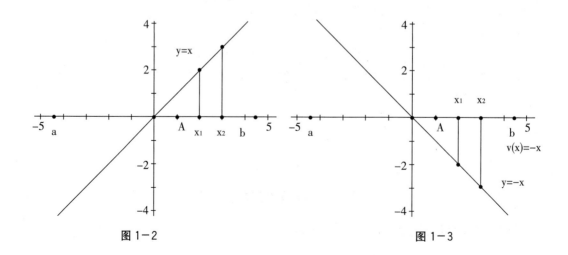

图1−2　　　　　　　　　　　图1−3

从几何图形可见,单调增加函数的图形随着 x 的增大,呈现上升趋势;单调减少函数

的图形随着 x 的增大,呈现下降趋势.

【实例 4】讨论函数 $y = \dfrac{x^2}{2}$ 的单调性.

解 因为对于 $x_1, x_2 \in [0, +\infty)$,当 $x_1 < x_2$ 时

$$f(x_1) - f(x_2) = \frac{x_1^2}{2} - \frac{x_2^2}{2} = \frac{1}{2}(x_1 + x_2)(x_1 - x_2) < 0$$

因此,$f(x_1) < f(x_2)$,函数 $y = \dfrac{x^2}{2}$ 在 $[0, +\infty)$ 上是单调增加的. 同理,函数 $y = \dfrac{x^2}{2}$

在 $(-\infty, 0]$ 上是单调减少的,所以,函数 $y = \dfrac{x^2}{2}$ 在其定义域 $(-\infty, +\infty)$ 内不是单调函数,

如图 1-4 所示:

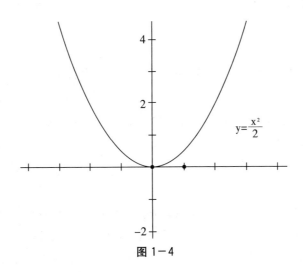

图 1-4

2. 奇偶性

【定义 3】设函数 $y = f(x)$ 的定义域为 D_f,对于任意 $x \in D_f$,恒有 $f(-x) = -f(x)$,即它的图像关于原点对称,如 $f(x) = x$、$f(x) = \sin x$ 等,这样的函数称为奇函数,如图 1-5 所示;设函数 $y = f(x)$ 的定义域为 D_f,对于任意 $x \in D_f$,恒有 $f(-x) = -f(x)$,即它的图像关于 y 轴对称,如 $f(x) = |x|$、$f(x) = x^2$ 等,这样的函数称为偶函数,如图 1-6 所示:

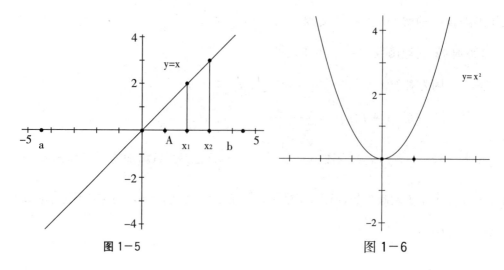

图 1-5   图 1-6

3. 周期性

【定义 4】 设函数 $y=f(x)$ 的定义域为 D_f，对于任意 $x \in D_f$，存在一个常数 $T \neq 0$. 恒有 $f(x \pm T)=f(x)$，$(x \pm T \in D_f)$，即称函数 $f(x)$ 为周期函数，T 称为 $f(x)$ 的周期，通常我们所说的周期是指函数 $f(x)$ 的最小周期，如 $y=sinx$、$y=cosx$ 是周期函数，$T=2\pi$，又如 $y=tanx$、$y=cotx$ 也是周期函数，其中 $T=\pi$.

4. 有界性

【定义 5】 设函数 $y=f(x)$ 在区间 $[a,b]$ 上有定义，并存在一个正数 M，使得对于区间 $[a,b]$ 内所有的 x 恒有 $|f(x)| \leq M$，则称函数 $f(x)$ 在区间 $[a,b]$ 上是有界的；如果这样的 M 不存在，则称函数 $f(x)$ 在区间 $[a,b]$ 上是无界的. 如 $|sinx| \leq 1$、$|cosx| \leq 1$，所以函数 $y=sinx$、$y=cosx$ 在区间 $(-\infty,+\infty)$ 是有界函数，又如函数 $f(x)=x$ 在区间 $(-\infty,+\infty)$ 是无界，是无界函数.

【拓展园地·数学与计算机的关系】

数学与计算机的关系就类似于母子关系，数学和物理在计算机发展中起到了核心作用，而数学则是计算机科学的基础. 准确来说，计算机是数学在特定领域的一个应用. 有人说，0 和 1 构成了这个世界，这句话意在说明数学对于人类发展和人们生活的重要性. 也正因为有了数学，有了二进制，有了数据结构，有了算法等，才有了计算机领域的万千世界的科学基础.

【学习效果评估 1-1】

1. 求下列函数的定义域.

(1) $y=\sqrt{4-x^2}+\dfrac{1}{x-1}$ (2) $y=\ln\sqrt{1-x^2}+\sqrt{x+1}$

2. 判断下列各题中的函数 $f(x)$ 与 $g(x)$ 是否同一函数,并说明理由.

(1) $f(x)=\sqrt{x^2}$，$g(x)=x$ (2) $f(x)=\ln\sqrt{x}$，$g(x)=\dfrac{1}{2}\ln x$

(3) $f(x)=x+2$，$g(x)=\dfrac{x^2-4}{x-2}$ (4) $f(x)=2\ln x$，$g(x)=\ln x^2$

(5) $f(x)=\dfrac{\sqrt{x-1}}{x}$，$g(x)=\sqrt{\dfrac{x-1}{x^2}}$ (6) $f(x)=\sqrt{\dfrac{x+1}{x-5}}$，$g(x)=\dfrac{\sqrt{x+1}}{\sqrt{x-5}}$

3. 判断下列函数的单调性.

(1) $f(x)=2x+1$ (2) $f(x)=-\dfrac{x}{2}$

(3) $f(x)=\sqrt{x^2}$ (4) $f(x)=2^x-1$

4. 判断下列函数的奇偶性.

(1) $f(x)=2x^2-x^4$ (2) $f(x)=\sin x+\cos x$

(3) $f(x)=\dfrac{x^2\cos x}{x^2+1}$ (4) $f(x)=\ln\dfrac{1-x}{1+x}$，$x\in(-1,1)$

5. 设函数 $y=\begin{cases} x^2, & 0\le x<1 \\ 1, & 1\le x<2 \\ 4-x, & 2\le x\le 4 \end{cases}$，求出 $f(0)$，$f(\dfrac{1}{2})$，$f(2)$，$f(4)$ 的值.

6. 设某乘客乘坐动车到某市,免费随身携带的物品不超过 $20kg$,如超过 $20kg$ 的部分,按 5 元/kg 收费,又如超过 $50kg$ 以外的部分,按每 $1kg$ 再加收 50%,试列出收费与物品重量的函数关系.

7. 设一个无盖圆柱体形桶,其容积为 $20m^2$,底用铜制成,侧壁用铁制成,已知铜价为铁价的 5 倍,试求制成此桶所需费用 V 与桶的底半径 r 的函数关系.

项目2 认识初等函数

中学阶段我们已经学习过很多不同类型的函数,如常数函数、幂函数、指数函数、对数函数、三角函数,它们都是基本初等函数,本项目我们将对初等函数进行深一步的研究学习.

任务1 认识反函数

【定义1】设 $y=f(x)$ 是定义在 D_f 上的一个函数,其值域 R_f,对于任意 $y\in R_f$,

9

如果有一个确定的且满足 $y=f(x)$ 的 $x\in D_f$ 与之对应,则得到一个定义在 R_f 上的以 y 为自变量的函数,我们称它为函数 $y=f(x)$ 的**反函数**,记作 $x=f^{-1}(y)$. 我们习惯用 x 表示函数的自变量,所以反函数记作 $y=f^{-1}(x)$.

【实例 1】 求函数 $y=\dfrac{x+1}{2}$ 的反函数.

解 求该函数的反函数则先用 y 表示 x,即 $x=2y-1$,再用 x 表示函数的自变量,y 表示因变量,即该函数的反函数为:$y=2x-1$.

任务 2 认识复合函数

【定义 2】 设 $y=f(u)$,$u=\varphi(x)$,如果 $u=\varphi(x)$ 的值域 R_f 与 $y=f(u)$ 的定义域 D_f 的交集非空,则 y 通过中间变量 u 构成 x 的函数,称 y 为由函数 $y=f(u)$ 及函数 $u=\varphi(x)$ 复合而成的 x 的**复合函数**,记作 $y=f[\varphi(x)]$,其中 x 为自变量,φ 为中间变量.

【实例 2】 讨论函数 $y=cos^2 e^{lnsinx}$ 由哪些简单函数复合而成.

解 由复合函数定义可知,该函数是由 $y=u^2$,$u=cosv$,$v=e^w$,$w=lnz$,$z=sinx$ 函数复合而成.

【拓展】 关于复合函数有如下的说明:

(1)不是所有的任何两个或以上的函数都可以复合成一个复合函数,我们必须考虑复合时中间变量 $u=\varphi(x)$ 的值域 R_f 与 $y=f(u)$ 的定义域 D_f 的交集不能是空集,如 $y=ln(sin^2 x-1)$,设 $y=lnu$,中间变量 $u=\varphi(x)=sin^2 x-1\leqslant 0$,而对于函数 $y=lnu$ 来说,必须满足 $u>0$,这样就形成中间变量 $u=\varphi(x)$ 的值域 R_f 与 $y=f(u)$ 定义域 D_f 的交集是空集,所以它们不能复合成一个复合函数.

(2)我们要对函数进行拆分时必须把函数拆分到都是基本初等函数,或由基本初等函数经过四则运算而成的多个函数.

任务 3 认识初等函数

1. 基本初等函数

由如下六类函数组成称为**基本初等函数**:

(1)常数函数,如:$y=c$,$x\in(-\infty,+\infty)$(c 为已知常数).

(2)幂函数,如:$y=x^a$,$x\in(-\infty,+\infty)$(a 为任意实数).

(3)指数函数,如:$y=a^x$,$x\in(-\infty,+\infty)$($a>0$,$a\neq 1$ 且 a 为常数).

(4)对数函数,如:$y=\log_a x$,$x\in(0,+\infty)$($a>0$,$a\neq 1$ 且 a 为常数).

(5)三角函数,如图 1-7 所示:

$$y=sinx=\frac{a}{c},x\in(-\infty,+\infty)$$

$$y = cosx = \frac{b}{c}, x \in (-\infty, +\infty)$$

$$y = tanx = \frac{a}{b}, x \neq k\pi + \frac{\pi}{2}, k \in Z$$

$$y = cotx = \frac{b}{a}, x \neq k\pi, k \in Z$$

$$y = secx（正割）= \frac{1}{cosx} = \frac{c}{b}$$

$$y = cscx（余割）= \frac{1}{sinx} = \frac{c}{a}$$

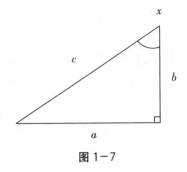

图 1-7

（6）反三角函数，如：

$$y = arcsinx, x \in [-1, 1]$$

$$y = arccosx, x \in [-1, 1]$$

$$y = arctanx, x \in (-\infty, +\infty)$$

$$y = arccotx, x \in (-\infty, +\infty)$$

【拓展】关于 $secx$（正割）、$cscx$（余割）及反三角函数的认识.

（1）$secx$（正割）：指直角三角形中，某锐角 x 的对边 a，邻边 b 和斜边 c，如图 1-7 所示，其斜边 c 与邻边 b 的比叫 $secx$（正割），即 $secx = \frac{c}{b}$，正割是余弦函数的倒数.

（2）$cscx$（余割）：指直角三角形中，某锐角 x 的对边 a，邻边 b 和斜边 c，如图 1-7 所示，其斜边 c 与对边 a 的比叫 $cscx$（余割），即 $cscx = \frac{c}{a}$，余割是正弦函数的倒数.

（3）欧拉提出反三角函数的概念，是指三角函数的反函数，并使用"$arc +$ 三角函数"作为反三角函数的名称，如 $arcsinx$（反正弦函数）、$arccosx$（反余弦函数）、$arctanx$（反正切函数）、$arccotx$（反余切函数）、$arcsecx$（反正割函数）、$arccscx$（反余割函数）. 因为反三角函数属于基本初等函数，故其也具有基本初等函数的性质，如单调性、奇偶性、周期性和有界性，其函数图像与其原来函数关于函数 $y = x$ 对称.

2. 初等函数

【定义 3】由常数和基本初等函数经过有限次四则运算或复合构成的，并可用一个解析式表示的函数统称为**初等函数**. 如 $y = arcsin\frac{x}{a}$，$y = \sqrt{1 + x^2}$，$y = ln(x + \sqrt{x^2 + 1})$ 等都是初等函数.

【拓展】由初等函数的概念可知：初等函数是用一个解析式表示的函数，而分段函数则一般是用定义域不同的解析式来表示的，因此，大多数分段函数都不是初等函数. 但也有例外的，如绝对值函数 $y = \begin{cases} x, & x \geq 0 \\ -x, & x \leq 0 \end{cases}$ 可以表示为 $y = |x|$，也可以表示为 $y = \sqrt{x^2}$，

所以它也初等函数.

【拓展园地·爱因斯坦与数学的故事】

爱因斯坦,全名阿尔伯特·爱因斯坦,是一位著名的物理学家.他一直存在于人们的印象中,在世人看来,他是一个被推上神坛的人物,仿佛都已经把他神化了.但其实他这一生的事迹也确实足够耀眼,像是一个神话般的人物.爱因斯坦,犹太人,1879 年出生在德国的一个城市.爱因斯坦从十岁起,受身边人的影响,开始接触医学和哲学,也就是从那时候开始,疯狂地迷上了数学,从 12 岁起,他走上了自学高等数学之路.后来,通过自身的努力,爱因斯坦发表了诸多学术论文,也提出了世人所熟知的"光电效应""狭义相对论"和"广义相对论"等著名科学发现.爱因斯坦被视为世界上最伟大的科学家之一.

【学习效果评估 1－2】

1. 求下列函数的反函数.

(1) $y = x^2 + 2x + 1$

(2) $y = -\dfrac{x}{3} - 1$

(3) $y = \sqrt{9 - x^2}\,(-3 \leq x \leq 3)$

(4) $y = 3cos\,2x\,(-\dfrac{\pi}{2} \leq x \leq \dfrac{\pi}{2})$

2. 判断下列函数是由哪些简单函数复合而成.

(1) $y = \sqrt{x - 1}$

(2) $y = e^{sin\frac{x}{2}}$

(3) $y = ln\sqrt{9 - x^2}$

(4) $y = sin^2(2x + 1)$

(5) $y = (arctan\,\dfrac{x}{2})^2$

(6) $y = \sqrt{lg\,(x^2 + 1)}$

3. 判断下列函数是哪些是初等函数.

(1) $y = \sqrt{x - 3}$

(2) $y = 3e^{cos\frac{x}{2}}$

(3) $y = \dfrac{\sqrt{9 - x^2}}{2}$

(4) $y = lg\,sin^2 2x$

(5) $y = (arcsec\,\dfrac{x}{2})^3$

(6) $y = \begin{cases} 1, x \leq 10 \\ x + 1, 10 < x \leq 20 \\ x^2, x > 30 \end{cases}$

项目 3　理解函数极限的概念及性质

函数中的极限是贯穿微积分始终的一个重要概念.它的产生源于解决实际问题的需要,我们可以由解决实际问题出发逐步加深对极限思想的学习和理解.

【引例】

我国春秋战国时期的哲学家庄周在《庄子·天下篇》关于"截丈问题"的论述中提到，"一尺之锤，日取其半，万世不竭"，怎样用数学中的函数极限来解释呢？

它大概的意思是说：假如有长度 1 尺的木棒，每天截取一半，经过 n 次截取后，剩余木棒的长度越来越小，最后趋于 0.

它所反映的是一个关于极限的数学问题，长度 1 尺的木棒，每天截取一半，经过 n 次截取后，剩余木棒的长度分别是：

$$\frac{1}{2},\frac{1}{4},\frac{1}{8},\frac{1}{16},\frac{1}{32},\cdots,\frac{1}{2^n}$$

可见，一方面，1 尺的木棒不管截取多少次，总有剩余，不可穷尽；另一方面，经过无限 n 次截取后，剩余木棒的长度越来越趋于 0.

任务 1　理解函数极限的概念

在函数 $y=f(x)$ 中，因变量 y 依赖于自变量 x 的变化而变化，我们在研究两个变量间密切相关的变化过程中，首先要研究当自变量 x 在某一变化状态下，对应的因变量 y 随之的变化趋势，这里的自变量 x 的变化状态主要有如下两种情形：

（1）x 越来越无限接近有限值 x_0，记作 $x \to x_0$.

（2）x 越来越无限接近 ∞，记作 $x \to \infty$.

通俗地说，当自变量 x 无限接近于有限值 x_0 或 ∞，函数值 y（即因变量）也随之接近于有限值常数 A 或 ∞，我们把它称为**函数的极限**.

任务 2　学会当 $x \to x_0$、$x \to \infty$ 时求函数的极限

1. 求当 $x \to x_0$ 时的极限

为了便于描述，先了解邻域的概念：

设 x_0 与 δ 是两个实数，且 $\delta > 0$，开区间 $(x_0-\delta, x_0+\delta)$ 称为点 x_0 的 δ 邻域；开区间 $(x_0-\delta, x_0) \bigcup (x_0, x_0+\delta)$ 称为点 x_0 的去心邻域（$\delta > 0$）.

【定义 1】 设函数 $f(x)$ 在点 x_0 的某去心邻域内有定义，如果当 x 无限趋近于 x_0 时，$f(x)$ 无限趋近于某一确定的常数 A，则称 A 为 $x \to x_0$ 时函数 $f(x)$ 的**极限**，记作 $\lim\limits_{x \to x_0} f(x) = A$ 或当 $x \to x_0$ 时，$f(x) \to A$.

设函数 $f(x)$ 在点 x_0 的某去心邻域的右侧有定义，如果当 $x > x_0$，且无限趋近于 x_0 时，$f(x)$ 无限趋近于某一确定的常数 A，则称常数 A 为函数 $f(x)$ 在点 x_0 时的**右极限**，记作 $\lim\limits_{x \to x_0^+} f(x) = A$. 设函数 $f(x)$ 在点 x_0 的某去心邻域的左侧有定义，如果当 $x < x_0$，且无限趋近于 x_0 时，$f(x)$ 无限趋近于某一确定的常数 A，则称常数 A 为函数 $f(x)$ 在

点 x_0 时的**左极限**,记作 $\lim\limits_{x \to x_0^-} f(x) = A$.

根据定义可得:

$$\lim_{x \to x_0} f(x) = A \Leftrightarrow \lim_{x \to x_0^+} f(x) = \lim_{x \to x_0^-} f(x) = A$$

【实例1】设函数 $f(x) = \begin{cases} 1, x < 0, \\ x+1, x=0, \\ x^2+1, x > 0. \end{cases}$ 讨论 $\lim\limits_{x \to 0} f(x)$ 是否存在? 如果存在为何值?

解 由图 1-8 可以看出,该函数 $\lim\limits_{x \to 0^-} f(x) = 1$, $\lim\limits_{x \to 0^+} f(x) = 1$, 显然 $\lim\limits_{x \to 0^-} f(x) = \lim\limits_{x \to 0^+} f(x) = 1$, 所以 $\lim\limits_{x \to 0} f(x)$ 存在,且 $\lim\limits_{x \to 0} f(x) = 1$.

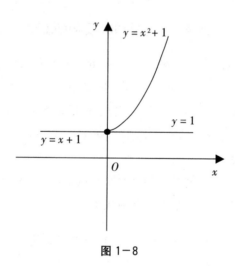

图 1-8

【实例2】设函数 $f(x) = \begin{cases} x^2+a, x < 0, \\ 1, x=0, \\ x^2+x+b, x > 0. \end{cases}$ 已知函数 $f(x)$ 在 $x=0$ 处连续,试确定 a 和 b 的值.

解 由于该函数 $f(x)$ 在 $x=0$ 处连续,所以 $\lim\limits_{x \to 0^-} f(x) = x^2+a = a$, $\lim\limits_{x \to 0^+} f(x) = b$, $\lim\limits_{x \to 0} f(x) = 1$, 显然 $\lim\limits_{x \to 0^-} f(x) = \lim\limits_{x \to 0^+} f(x) = \lim\limits_{x \to 0} f(x) = 1$, 即 $a = b = 1$.

【拓展】极限 $\lim\limits_{x \to x_0} f(x)$ 的存在与函数 $f(x)$ 在点 $x=x_0$ 处是否有定义无关.

2. 求当 $x \to \infty$ 时的极限

设函数 $f(x)$ 在点 $|x| > a$ 时有定义(a 为某个正数),如果当自变量 x 的绝对值无限增大时,相应的函数值 $f(x)$ 无限趋近于 x_0 时,$f(x)$ 无限趋近于某一确定的常数 A,

则称 A 为 $x \to \infty$ 时函数 $f(x)$ 的极限,记作 $\lim\limits_{x \to \infty} f(x) = A$ 或当 $x \to \infty$ 时,$f(x) \to A$.

【实例3】当 $x \to \infty$ 时,计算函数 $y = arctanx$ 的极限.

解　作出函数 $y = arctanx$ 的图像,如图 1-9 所示:

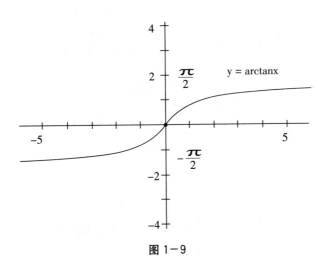

图 1-9

当 $x \to +\infty$ 和 $x \to -\infty$ 时,函数 $y = arctanx$ 的变化趋势是不一样的,具体来说,当 $x \to +\infty$ 时,函数 $y = arctanx$ 的图像无限趋近于直线 $y = \dfrac{\pi}{2}$,记为 $\lim\limits_{x \to +\infty} arctanx = \dfrac{\pi}{2}$;当 $x \to -\infty$ 时,函数 $y = arctanx$ 的图像无限趋近于直线 $y = -\dfrac{\pi}{2}$,记为 $\lim\limits_{x \to +\infty} arctanx = -\dfrac{\pi}{2}$. 所以,当 $x \to \infty$ 时,计算函数 $y = arctanx$ 的极限不存在.

【拓展】$\lim\limits_{x \to +\infty} f(x)$ 与 $\lim\limits_{x \to -\infty} f(x)$ 中至少有一个不存在,或虽然两个都存在但不相等,则 $\lim\limits_{x \to \infty} f(x)$ 不存在.

任务 3　掌握函数的极限的性质

下面以 $\lim\limits_{x \to x_0} f(x)$ 为例,阐述函数极限的性质:

【性质1】唯一性:若 $\lim\limits_{x \to x_0} f(x) = A$,且 $\lim\limits_{x \to x_0} f(x) = B$,则 $A = B$,即函数 $f(x)$ 的极限是唯一的.

【性质2】局部有界性:若 $\lim\limits_{x \to x_0} f(x) = A$,则存在 x_0 的某一去心邻域内 $f(x)$ 有界,即存在某一正数 M,对任一 x,恒有 $|x| \leq M$.

【性质3】局部保号性:若 $\lim\limits_{x \to x_0} f(x) = A$,且 $A > 0$(或 $A < 0$),则存在 x_0 的某一去心邻域内,恒有 $f(x) > 0$(或 $f(x) < 0$).

【拓展】对于当 $x \to x_0^-$,$x \to x_0^+$,$x \to -\infty$,$x \to +\infty$ 时,定理仍然成立.

【学习效果评估 1－3】

1. 观察下列函数的变化趋势.

(1) $y = 3^x (x \to 0)$ (2) $y = \dfrac{1}{x} (x \to \infty)$

(3) $y = \dfrac{3x^2 - 3}{x - 1} (x \to 1)$ (4) $y = \cos 2x (x \to 0)$

2. 设函数 $f(x) = \begin{cases} x, & 0 \leq x < 1 \\ 2 - x, & 1 < x \leq 2 \end{cases}$，求 $\lim\limits_{x \to 1^-} f(x)$，$\lim\limits_{x \to 1^+} f(x)$，$\lim\limits_{x \to 1} f(x)$.

3. 设函数 $f(x) = \begin{cases} x - 1, & x < 0 \\ 0, & x = 0 \\ x^2 + 1, & x > 0 \end{cases}$，求 $\lim\limits_{x \to 0^-} f(x)$，$\lim\limits_{x \to 0^+} f(x)$，$\lim\limits_{x \to 0} f(x)$.

项目 4　掌握函数极限的运算

利用极限的定义只能计算一些简单函数的极限,对于复杂的函数必须通过极限的四则运算法则、两个重要极限、无穷小等的知识才能得以解决.

任务 1　学会运用四则运算法则求函数的极限

在自变量 x 的同一变化过程中,若 $\lim f(x) = A$, $\lim g(x) = B$, 则

(1) $\lim[f(x) \pm g(x)] = \lim f(x) \pm \lim g(x) = A \pm B$.

(2) $\lim[f(x) \cdot g(x)] = \lim f(x) \cdot \lim g(x) = A \cdot B$.

(3) 若 $\lim g(x) = B \neq 0$, 则 $\lim \dfrac{f(x)}{g(x)} = \dfrac{\lim f(x)}{\lim g(x)} = \dfrac{A}{B}$.

(4) $\lim[Cf(x)] = C \lim f(x)$ (C 为常数).

(5) $\lim[f(x)]^n = [\lim f(x)]^n$.

【实例 1】 计算函数 $\lim\limits_{x \to 1} \dfrac{x - 1}{x^2 - 1}$ 的极限.

解　$\lim\limits_{x \to 1} \dfrac{x - 1}{x^2 - 1} = \lim\limits_{x \to 1} \dfrac{x - 1}{(x - 1)(x + 1)} = \lim\limits_{x \to 1} \dfrac{1}{x + 1} = \dfrac{\lim\limits_{x \to 1} 1}{\lim\limits_{x \to 1}(x + 1)} = \dfrac{1}{2}$

【实例 2】 计算函数 $\lim\limits_{x \to \infty} \dfrac{x^3 + 2x - 1}{x^3 - 1}$ 的极限.

解　$\lim\limits_{x \to \infty} \dfrac{x^3 + 2x - 1}{x^3 - 1} = \lim\limits_{x \to \infty} \dfrac{1 + \dfrac{2}{x^2} - \dfrac{1}{x^3}}{1 - \dfrac{1}{x^3}} = 1$

可见

$$\lim_{x\to\infty}\frac{a_0x^n+a_1x^{n-1}+\cdots+a_n}{b_0x^m+b_1x^{m-1}+\cdots+b_m}=\begin{cases}\infty,m<n\\\dfrac{a_0}{b_0},m=n\\0,m>n\end{cases},(a_0\neq0,b_0\neq0)$$

任务 2 理解两个重要极限

在求函数极限的过程中,利用两个重要极限更便利.

1. 理解第一个极限 $\lim\limits_{x\to0}\dfrac{sinx}{x}=1$

考察函数 $f(x)=\dfrac{sinx}{x}$,显然它在 $x=0$ 处没有定义,但除了 $x=0$ 点外处处有定义,因为求函数的极限与该函数在该点是否有定义无关,所以观察该函数时可以发现,当 x 越来越接近 0 时,该函数值 $f(x)=\dfrac{sinx}{x}$ 的变化趋势如表 1-1 所示:

表 1-1

x	...	±1	±0.5	±0.1	±0.01	...	$\to0$
$\dfrac{sinx}{x}$	...	0.84147	0.95885	0.99833	0.99998	...	$\to1$

由上表函数值的变化趋势可见,$\lim\limits_{x\to0}\dfrac{sinx}{x}=1$.

【拓展】 这个重要极限是 $\dfrac{0}{0}$ 型极限,可通过变量代换形式改写成 $\lim\limits_{\square\to0}\dfrac{sin\square}{\square}=1$(其中 $\square$ 代表同一变量或同一表达式).

【实例 3】 计算函数下列函数的极限.

(1) $\lim\limits_{x\to0}\dfrac{sin2x}{x}$ (2) $\lim\limits_{x\to0}\dfrac{tanx}{x}$

(3) $\lim\limits_{x\to\infty}\dfrac{1-cosx}{x^2}$ (4) $\lim\limits_{x\to\infty}xsin\dfrac{1}{x}$

解

(1) $\lim\limits_{x\to0}\dfrac{sin2x}{x}=2\lim\limits_{x\to0}\dfrac{sin2x}{2x}=2$

(2) $\lim\limits_{x\to0}\dfrac{tanx}{x}=\lim\limits_{x\to0}\dfrac{\dfrac{sinx}{cosx}}{x}=\lim\limits_{x\to0}\dfrac{sinx}{x}\cdot\lim\limits_{x\to0}\dfrac{1}{cosx}=1$

(3) $\lim\limits_{x \to \infty} \dfrac{1-\cos x}{x^2} = \lim\limits_{x \to \infty} \dfrac{2\left(\sin\dfrac{x}{2}\right)^2}{x^2} = \dfrac{1}{2}\lim\limits_{\frac{1}{x} \to 0}\left(\dfrac{\sin\dfrac{x}{2}}{\dfrac{x}{2}}\right)^2 = \dfrac{1}{2}$

(4) $\lim\limits_{x \to \infty} x\sin\dfrac{1}{x} = \lim\limits_{\frac{1}{x} \to 0}\dfrac{\sin\dfrac{1}{x}}{\dfrac{1}{x}} = 1$

2. 理解第二个极限 $\lim\limits_{x \to \infty}\left(1+\dfrac{1}{x}\right)^x = e$ **或** $\lim\limits_{x \to 0}(1+x)^{\frac{1}{x}} = e$

无理数 $e = 2.718\ 281\ 828\ 459\cdots$ 是一个常用数，在求函数极限时也要利用到它。

观察函数 $f(x) = \left(1+\dfrac{1}{x}\right)^x$ 时发现，当 x 越来越接近 ∞ 时，该函数值 $f(x) = \left(1+\dfrac{1}{x}\right)^x$ 的变化趋势如表 $1-2$ 所示：

表 $1-2$

x	$\cdots$	10	10^2	10^3	10^4	10^5	10^6	$\cdots$	$\to \infty$
$\left(1+\dfrac{1}{x}\right)^x$	$\cdots$	2.593 74	2.704 81	2.716 92	2.718 15	2.718 27	2.718 28	$\cdots$	$\to e$

可以看出，当 $|x|$ 无限增大时，$\left(1+\dfrac{1}{x}\right)^x$ 无限接近于常数 $2.718281828459\cdots$，即

$$\lim\limits_{x \to \infty}\left(1+\dfrac{1}{x}\right)^x = e$$

【拓展】 这个重要极限是 1^∞ 型极限，可通过变量代换形式改写成 $\lim\limits_{\square \to \infty}\left(1+\dfrac{1}{\square}\right)^{\square} = e$（其中 $\square$ 代表同一变量或同一表达式）。$\lim\limits_{x \to 0}(1+x)^{\frac{1}{x}} = e$ 就是通过变量代换的形式得到的。

用换元法也可解之：

令 $x = \dfrac{1}{t}$，则当 $x \to \infty$ 时，$t \to 0$，所以

$$\lim\limits_{x \to \infty}\left(1+\dfrac{1}{x}\right)^x = \lim\limits_{t \to 0}\left(1+\dfrac{1}{\dfrac{1}{t}}\right)^{\frac{1}{t}} = \lim\limits_{t \to 0}(1+t)^{\frac{1}{t}} = e$$

再 t 把换成 x，即

$$\lim\limits_{x \to 0}(1+x)^{\frac{1}{x}} = e$$

【实例 4】计算函数下列函数的极限.

(1) $\lim\limits_{x \to \infty}(1 + \dfrac{2}{x})^x$　　　　　　　　(2) $\lim\limits_{x \to \infty}(1 - \dfrac{3}{x})^x$

(3) $\lim\limits_{x \to \infty}(1 + \dfrac{1}{x})^{2x+1}$　　　　　　　(4) $\lim\limits_{x \to 0}(1 + \dfrac{x}{3})^{\frac{1}{x}}$

解

(1) $\lim\limits_{x \to \infty}(1 + \dfrac{2}{x})^x = \lim\limits_{x \to \infty}\left[(1 + \dfrac{1}{\frac{x}{2}})^{\frac{x}{2}}\right]^2 = e^2$

(2) $\lim\limits_{x \to \infty}(1 - \dfrac{3}{x})^x = \lim\limits_{x \to \infty}\left[(1 + \dfrac{1}{-\frac{x}{3}})^{-\frac{x}{3}}\right]^{-3} = e^{-3}$

(3) $\lim\limits_{x \to \infty}(1 + \dfrac{1}{x})^{2x+1} = \lim\limits_{x \to \infty}\left[(1 + \dfrac{1}{x})^x\right]^2 \cdot (1 + \dfrac{1}{x})^1 = e^2$

(4) $\lim\limits_{x \to 0}(1 + \dfrac{x}{3})^{\frac{1}{x}} = \lim\limits_{x \to 0}\left[(1 + \dfrac{1}{\frac{3}{x}})^{\frac{3}{x}}\right]^{\frac{1}{3}} = e^{\frac{1}{3}}$

任务 3　掌握无穷小量与无穷大量

1. 掌握无穷小量

观察以下函数的极限

$$\lim\limits_{x \to +\infty}\frac{1}{x}, \ \lim\limits_{x \to 1}(x^2 - 1), \ \lim\limits_{x \to -\infty}2^x, \ \lim\limits_{x \to 0}\sin x$$

解以上极限,发现其极限值都是 0.

【定义 1】在自变量 x 的某种趋向下,函数 $f(x)$ 的极限值为零的称为无穷小量,简称无穷小,记作 $\lim\limits_{x \to \square} f(x) = 0$(其中 $\square$ 代表某个常数 x_0 或 ∞).

【拓展】

(1)函数极限为无穷小量指的是小到零,并不是指 $-\infty$.

(2)讲一个函数的极限是无穷小量,必须指出其自变量变化趋势,如 $f(x) = \dfrac{1}{x+1}$ 是

无穷小量是没有意义的,必须讲当 $x \to \infty$ 时,函数 $f(x) = \dfrac{1}{x+1}$ 是无穷小量.

【定理 1】

(1)有限个无穷小的代数和、差仍是无穷小. 如 $\lim\limits_{x \to +\infty}(\dfrac{1}{x} + \dfrac{2}{x}) = 0$.

(2)有限个无穷小的乘积、除商仍是无穷小. 如 $\lim\limits_{x \to +\infty}(\dfrac{1}{x} \cdot \dfrac{2}{x}) = 0$.

（3）有界函数与无穷小的乘积仍是无穷小. 如 $\lim\limits_{x \to \infty} \dfrac{sinx}{x} = 0$.

（4）常数与无穷小的乘积仍是无穷小. 如 $\lim\limits_{x \to 0} 2x = 0$.

（5）无限个无穷小的代数和、差、乘积、除商则结论不一定是无穷小. 如 $\lim\limits_{x \to +\infty} (\dfrac{1}{x^2} + \dfrac{2}{x^2} + \cdots + \cdots \dfrac{x}{x^2}) = \dfrac{1}{2}$.

【实例5】计算函数 $\lim\limits_{x \to \infty} \dfrac{cosx}{x}$ 的极限

解　因为 $\lim\limits_{x \to 0} \dfrac{1}{x} = \infty$，$|cosx| \le 1$，所以

$$\lim_{x \to \infty} \frac{cosx}{x} = \lim_{x \to \infty} \frac{1}{x} \cdot \lim_{x \to \infty} cosx = 0 \cdot 1 = 0$$

2. 掌握无穷大量

观察以下函数的极限

$$\lim_{x \to \infty} x^2, \ \lim_{x \to 0} \frac{1}{x}, \ \lim_{x \to 0} \frac{1}{sinx}$$

解以上极限，发现其极限值都是 ∞.

【定义2】 在自变量 x 的某种趋向下，函数 $f(x)$ 的极限值的绝对值 $|\lim f(x)|$ 无限增大称为无穷大量，简称**无穷大**，记作 $\lim\limits_{x \to \square} f(x) = \infty$（其中 $\square$ 代表某个常数 x_0 或 ∞）.

【拓展】

（1）无穷大量" ∞ "不是一个数，而是一个符号，表示绝对值无限大的一个变量，当一个变量是无穷大时，实际上极限是不存在的，只是书写时记作 $\lim\limits_{x \to \square} f(x) = \infty(\pm \infty)$.

（2）在自变量的同一变化过程中，若 $f(x)$ 是无穷大，则 $\dfrac{1}{f(x)}$ 是无穷小；反之，若 $f(x)$ 是无穷小，且 $f(x) \ne 0$，则 $\dfrac{1}{f(x)}$ 是无穷大，即若 $\lim f(x) = \infty$，则 $\lim \dfrac{1}{f(x)} = 0$；若 $\lim f(x) = 0(f(x) \ne 0)$，则 $\lim \dfrac{1}{f(x)} = \infty$.

【实例6】计算函数 $\lim\limits_{x \to 0} \dfrac{cosx}{x}$ 的极限.

解　因为 $\lim\limits_{x \to 0} \dfrac{1}{x} = \infty$，$|cosx| \le 1$，所以：

$$\lim_{x \to 0} \frac{cosx}{x} = \lim_{x \to 0} \frac{1}{x} \cdot \lim_{x \to 0} cosx = \infty \cdot 1 = \infty$$

【实例7】指出下列各题哪些是无穷大，哪些是无穷大.

(1) $f(x) = \dfrac{x^2 - 2x}{x - 2}, x \to 0$　　(2) $f(x) = e^x - 1, x \to -1$

(3) $f(x) = \dfrac{\tan x}{x}, x \to \dfrac{\pi}{2}$　　(4) $f(x) = \dfrac{\sin x}{x}, x \to \infty$

解

(1) 当 $x \to 0$ 时，$f(x) = \dfrac{x^2 - 2x}{x - 2} = x$，即 $f(x) \to 0$，无穷小.

(2) 当 $x \to -1$ 时，$f(x) = e^x - 1 = 0$，即 $f(x) \to 0$，无穷小.

(3) 当 $x \to \dfrac{\pi}{2}$ 时，$f(x) = \dfrac{\tan x}{x} = \infty$，即 $f(x) \to \infty$，无穷大.

(4) 当 $x \to \infty$ 时，$f(x) = \dfrac{\sin x}{x} = \dfrac{1}{\infty} = 0$，即 $f(x) \to 0$，无穷小.

【学习效果评估 1—4】

1. 利用四则运算法则求下列函数的极限.

(1) $\lim\limits_{x \to 0} \dfrac{3x - 1}{x^2 + 1}$　　(2) $\lim\limits_{x \to 4} \dfrac{x^2 - 16}{x - 4}$

(3) $\lim\limits_{x \to \infty} \dfrac{3x^2 + 1}{2x^2 - x + 1}$　　(4) $\lim\limits_{x \to 1} \left(\dfrac{1}{x - 1} - \dfrac{2}{x^2 - 1} \right)$

(5) $\lim\limits_{x \to 0} \dfrac{\sqrt{x + 1} - 1}{x}$　　(6) $\lim\limits_{x \to \infty} \left(1 - \dfrac{1}{x} - \dfrac{2}{x^2} \right)$

2. 利用两个重要极限则求下列函数的极限.

(1) $\lim\limits_{x \to 0} \dfrac{\tan x}{x}$　　(2) $\lim\limits_{x \to 0} \dfrac{\sin 2x}{\sin 3x}$

(3) $\lim\limits_{x \to \infty} \left(1 - \dfrac{2}{x} \right)^x$　　(4) $\lim\limits_{x \to 0} x^{\frac{3}{x - 1}}$

(5) $\lim\limits_{x \to \infty} \left(1 + \dfrac{1}{x} \right)^{x - 2}$　　(6) $\lim\limits_{x \to \infty} \left(\dfrac{x - 1}{x + 1} \right)^{2x}$

3. 指出下列各题哪些是无穷小，哪些是无穷大.

(1) $f(x) = \dfrac{x^2}{3}, x \to 0$　　(2) $f(x) = x \sin x, x \to 0$

(3) $f(x) = 2x^{\frac{1}{2}}, x \to \infty$　　(4) $f(x) = \left(\dfrac{1}{2} \right)^x, x \to \infty$

项目 5　理解函数的连续与间断

在自然界的实际问题中，许多现象变化往往是连续的，例如随着时间的连续变化，一天中的气温、植物的生长、人体的身高和体重、汽车行驶的路程、江河的流动、卫星发射后的位移等都是连续变化的,这些现象抽象联系在函数关系上,就是函数的连续性.

任务1　理解函数的连续

1. 函数在点 x_0 处连续

【定义1】设函数 $y=f(x)$ 在点 x_0 的某一邻域内有定义,若 $\lim\limits_{x \to x_0} f(x) = f(x_0)$,则称函数 $f(x)$ 在点 x_0 处**连续**.

函数在一点处连续的概念也可以理解为如下定义:

设函数 $y=f(x)$ 在点 x_0 的某一邻域内有定义,记 Δx 为自变量 x 在点 x_0 处的改变量,Δy 为相应函数值的改变量,若 $\lim\limits_{\Delta x \to 0} \Delta y = 0$,则称函数 $f(x)$ 在点 x_0 处连续.

【拓展】由定义1可知,函数 $y=f(x)$ 在点 x_0 处连续必须同时满足三个条件:

(1) $f(x)$ 在点 x_0 的某一邻域内有定义,即 $f(x_0)$ 存在.

(2)极限 $\lim\limits_{x \to x_0} f(x)$ 存在.

(3)极限等于函数值,即 $\lim\limits_{x \to x_0} f(x) = f(x_0)$.

2. 函数在点 x_0 处左右连续

【定义2】设函数 $y=f(x)$ 在点 x_0 的某一邻域内有定义,若 $\lim\limits_{x \to x_0^-} f(x) = f(x_0)$ 或 $\lim\limits_{x \to x_0^+} f(x) = f(x_0)$,则称函数 $f(x)$ 在点 x_0 处左连续或右连续.

【实例1】证明函数 $f(x) = \begin{cases} x\cos\dfrac{1}{x}, & x \neq 0 \\ 0, & x = 0 \end{cases}$,在点 $x=0$ 处连续.

解　由 $f(0)=0$ 且 $\lim\limits_{x \to 0} x\cos\dfrac{1}{x} = 0 (x \to 0, |\cos\dfrac{1}{x}| \leq 1)$,得 $\lim\limits_{x \to 0} f(x) = f(0) = 0$,所以该函数在 $x=0$ 处连续.

【定理1】函数 $y=f(x)$ 在点 x_0 处连续的充要条件是:$f(x_0)$ 在 x_0 处既左连续又右连续.

任务2　了解函数间断点及其分类

【定义3】设函数 $y=f(x)$ 在点 x_0 处不同时满足连续的三个条件,即 $f(x)$ 在点 x_0 处不连续,则称函数 $f(x)$ 在点 x_0 处**间断**.

若点 x_0 为函数 $f(x)$ 的间断点,则根据极限的定义,必须满足以下三个条件之一:

(1) $f(x)$ 在点 x_0 处没有定义.

(2)极限 $\lim\limits_{x \to x_0} f(x)$ 不存在.

(3) $\lim\limits_{x \to x_0} f(x) \neq f(x_0)$.

【定义 4】设点 x_0 是函数 $y = f(x)$ 的一个间断点,如果当 $x \to x_0$ 时, $f(x)$ 的左右极限都存在,则称 x_0 为 $f(x)$ 的**第一类间断点**. 当 $\lim\limits_{x \to x_0^+} f(x) = \lim\limits_{x \to x_0^-} f(x)$, 称 x_0 是函数

$y = f(x)$ 的**可去间断点**,并且,可补充定义使之连续,令 $f(x) = \begin{cases} f(x), x \neq x_0 \\ \lim\limits_{x \to x_0} f(x), x = x_0 \end{cases}$ 即

可,如 $f(x) = \begin{cases} \dfrac{1}{x}, x \neq 0 \\ 1, x = 0 \end{cases}$ 在 $x = 0$ 处;当 $\lim\limits_{x \to x_0^+} f(x) \neq \lim\limits_{x \to x_0^-} f(x)$, 称 x_0 是函数 $y = f(x)$

的**跳跃间断点**,如 $f(x) = \begin{cases} x - 1, x < 0 \\ 0, x = 0 \\ x + 1, x > 0 \end{cases}$ 在 $x = 0$ 处.

函数 $f(x)$ 除第一类之外的间断点都称为 $f(x)$ 的**第二类间断点**,包括**振荡间断点**和**无穷间断点**. 振荡间断点如 $f(x) = \sin\dfrac{1}{x}$ 在 $x = 0$ 处,无穷间断点如 $f(x) = \dfrac{1}{x^2}$ 在 $x = 0$ 处.

【实例 2】求函数 $f(x) = \dfrac{x^2 - 1}{x^2 - 5x + 4}$ 的间断点,并判断是何种类型的间断点.

解　令 $x^2 - 5x + 4 = (x - 1)(x - 4) = 0$, 解得 $x = 1$ 或 $x = 4$.

由间断点的定义可知, $x = 1$, $x = 4$ 是函数 $f(x)$ 的间断点.

因为函数 $\lim\limits_{x \to 1} f(x) = \lim\limits_{x \to 1} \dfrac{x^2 - 1}{x^2 - 5x + 4} = \lim\limits_{x \to 1} \dfrac{(x + 1)(x - 1)}{(x - 1)(x - 4)} = \lim\limits_{x \to 1} \dfrac{x + 1}{x - 4} = -\dfrac{2}{3}$, 所以

$x = 1$ 是第一类间断点的可去间断点;

又因为函数 $\lim\limits_{x \to 4} f(x) = \lim\limits_{x \to 4} \dfrac{x + 1}{x - 4} = +\infty$, 所以 $x = 4$ 是第二类间断点的无穷间断点.

【学习效果评估 1—5】

1. 求下列函数在分界点处是否连续.

(1) $f(x) = \begin{cases} x - 1, x > 1 \\ x^2 + 1, x \leq 1 \end{cases}$　　(2) $f(x) = \begin{cases} \sqrt{x - 2}, x \geq 2 \\ x^2 - 4, x < 2 \end{cases}$

(3) $f(x) = \begin{cases} x \sin\dfrac{1}{x}, x \neq 0 \\ 1, x = 0 \end{cases}$　　(4) $f(x) = \begin{cases} 2^x, x \geq 0 \\ \left(\dfrac{1}{2}\right)^x, x < 0 \end{cases}$

2. 指出下列函数的间断点,并说明是第几区间什么类型间断点.

(1) $f(x) = \dfrac{1}{x-3}$ 　　　　(2) $f(x) = \dfrac{x^2-1}{x-1}$

(3) $f(x) = \begin{cases} x-1, & x \neq 0 \\ 3x^2, & x = 0 \end{cases}$ 　　(4) $f(x) = \dfrac{1}{x}$

单元训练 1

1. 选择题

(1) 设 $f(x)$ 的定义域为 $[0,9]$，则 $f(x^2)$ 的定义域是（　　）.

A. $[0,81]$ 　　　　　　B. $[-81,81]$

C. $[0,3]$ 　　　　　　D. $[-3,3]$

(2) 下列各组函数中，相同的一组函数是（　　）.

A. $f(x)=x$ 与 $g(x)=\sqrt{x^2}$ 　　B. $f(x)=x$ 与 $g(x)=\sqrt[3]{x^3}$

C. $f(x)=x+1$ 与 $g(x)=\dfrac{x^2-1}{x-1}$ 　D. $f(x)=\lg x^2$ 与 $g(x)=2\lg x$

(3) 设 $f(x)=\tan x$，$g(x)=\dfrac{1}{x^2}$，则 $f(g(x))$ 等于（　　）.

A. $\tan \dfrac{1}{x^2}$ 　　　　　　B. $\tan x^2$

C. $\tan^2 x$ 　　　　　　D. $\tan^2 \dfrac{1}{x}$

(4) 下列函数中奇函数的是（　　）.

A. $f(x)=x^2+1$ 　　　　B. $f(x)=x\sin x$

C. $f(x)=x|x|$ 　　　　　D. $f(x)=x^2+x^4$

(5) 下列函数中为基本初等函数的是（　　）.

A. $f(x)=\sin 2x$ 　　　　B. $f(x)=\lg x^2$

C. $f(x)=e^{x^2}$ 　　　　　D. $f(x)=\log_2 x$

(6) $\lim\limits_{x \to x_0^+} f(x) = \lim\limits_{x \to x_0^-} f(x)$ 是 $\lim\limits_{x \to x_0} f(x)$ 存在的（　　）.

A. 充要条件 　　　　　　B. 充分但非必要条件

C. 必要但非充分条件 　　D. 既非充分也非必要条件

(7) 已知函数 $f(x)$ 在点 x_0 处连续，则以下说法错误的是（　　）.

A. $f(x)$ 在点 x_0 处有定义

B. $f(x)$ 在点 x_0 处的左右极限相等

C. $f(x)$ 在点 x_0 处的极限值等于 $f(x_0)$

D. $f(x)$ 在 R 上有界

(8) 设 $f(x) = \begin{cases} 3x^2 - 1, & x \leq 1 \\ a, & x > 1 \end{cases}$ 在 $x = 1$ 处连续,则 a 是(　　).

A. 0　　　　　　　　　　　　B. 1

C. 2　　　　　　　　　　　　D. 3

(9) $x = 0$ 为函数 $f(x) = \dfrac{\sin 2x}{x}$ 的(　　).

A. 连续点　　　　　　　　　　B. 可去间断点

C. 跳跃间断点　　　　　　　　D. 第二类间断点

(10) $\lim\limits_{x \to \infty} \dfrac{(2x+1)^5 (x-2)^{10}}{4x^{15}}$ 的值是(　　).

A. 0　　　　　　　　　　　　B. 4

C. 8　　　　　　　　　　　　D. ∞

2. 填空题

(1) 函数 $f(x) = \sqrt{2-x}\,\ln(x-1)$ 的定义域为_____.

(2) 函数 $f(x) = \dfrac{x^2-1}{x^2-3x+2}$ 的间断点是_____.

(3) 设 $\lim\limits_{x \to \infty} \dfrac{(x+1)^7 (ax-2)^3}{x^{10}} = 8$,则 a 的值是_____.

(4) 若 $\lim\limits_{x \to \infty} \dfrac{an^3 + bn^2 + 1}{2n^2 + n + 2} = 1$,则 a 的值是_____,b 的值是_____.

(5) 设函数 $\lim\limits_{x \to 0} \dfrac{\sin bx}{\sin 2x} = 2$,则 b 的值是_____.

3. 下列求函数的极限.

(1) $\lim\limits_{x \to \frac{\pi}{9}} \ln(2\cos 3x)$　　　　　　　(2) $\lim\limits_{x \to 1} \sqrt{\dfrac{x-1}{x^2-1}}$

(3) $\lim\limits_{x \to +\infty} x(\sqrt{x^2+1} - x)$　　　　(4) $\lim\limits_{x \to 0} \dfrac{x + \sin x}{x}$

(5) $\lim\limits_{x \to \infty} (1 + \dfrac{1}{x})^{x+1}$　　　　　　(6) $\lim\limits_{x \to \infty} \dfrac{2x^5 + x^4 + x^3 + x^2 + x - 1}{3x^6}$

(7) $\lim\limits_{x \to 0} \dfrac{\sin 5x}{\sin 2x}$　　　　　　　　(8) $\lim\limits_{x \to 1} \dfrac{\sin(x-1)}{x^2-1}$

(9) $\lim\limits_{x \to 0} (1-x)^{\frac{1}{x}}$　　　　　　　(10) $\lim\limits_{x \to 0} \ln \dfrac{\sin x}{x}$

4. 设有盖的圆柱形铁桶容积为 V,试建立表面积为 S 与底面半径 r 之间的函数关系式.

5. 某工厂生产某种产品 3000 吨,定价为 150 元/吨,销售量在不超过 1500 吨时,按原价出售,超过 1500 吨时,超过部分按照原价的 8 折出售,试求出销售收入与销售量之间的函数关系.

单元 2

导数及微分

📖 **导 读**

微分学是微积分的重要组成部分,基本内容包括导数和微分两个部分,在科学技术中应用非常广泛.其中,导数在中学阶段已经有所学习,它反映了函数相对于自变量变化而变化的快慢程度,即函数的变化率.导数使人们能够利用数学工具描述事物的变化快慢从而解决生活上的一些实际问题.本单元将由导数的概念和运算法则引出微分的概念,进而讲述微分的运算法则,从而解决关于初等函数的导数和微分的相关问题.

📖 **知识与能力目标**

1. 理解导数的概念、几何意义及可导与连续的关系.
2. 运用直接求导法求函数与反函数的导数,掌握四则运算法则求复合函数的导数.
3. 掌握高阶导数的求法.
4. 理解微分的概念、性质及运算法则.

项目1 理解导数的概念及几何意义

【引例1】一物体做匀速直线运动,其速度的公式为 $v = \dfrac{s}{t}$,但如果该物体不作匀速直线运动,而是作变速直线运动,求其速度就无法使用这个公式了. 这时,我们可以考虑时间 $(t_0, t_0 + \Delta t)$ 内的平均速度 $\bar{v} = \dfrac{s(t_0 + \Delta t) - s(t_0)}{\Delta t}$,当 $\Delta t \to 0$(Δt 无限接近于零)时,平均速度 $\bar{v}$ 无限趋近于物体在 t_0 时刻的瞬时速度,即 $v(t_0) = \lim\limits_{\Delta t \to 0} \bar{v} = \lim\limits_{\Delta t \to 0} \dfrac{s(t_0 + \Delta t) - s(t_0)}{\Delta t}$.

【引例2】在平面几何图形中,如图 2-1 所示,考察经过点 P 及其邻近的动点 Q 的割线. 当点 Q 趋近于点 P 时, 割线 PQ 趋近于切线 PT. 每条割线都有一个斜率, 动割线的斜率 k_1 趋近于切线的斜率 k. 也就是说, 切线可以定义为经过点 P 且有斜率 k 的直线, 其中, k 是当点 Q 趋近于点 P 时动割线斜率的极限. 假设在图 $2-2$ 中, 点 P 的坐标为 $(x_0, f(x_0))$, 点 Q 的坐标为 $(x_0 + \Delta x, f(x_0 + \Delta x))$. 当点 Q 趋近于点 P 时, $x_0 + \Delta x$ 趋近于 x_0, 即 Δx 趋近于 0, 则

$$k = \lim_{\Delta t \to 0} \frac{\Delta y}{\Delta x} = \lim_{\Delta t \to 0} \frac{f(x_0 + \Delta x) - f(x_0)}{\Delta x}$$

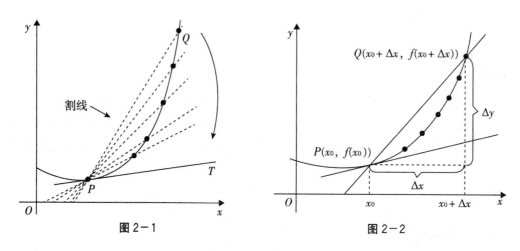

图 2-1   图 2-2

任务 1 理解导数的概念

通过对以上两个引例的讨论, 可以观察到, 虽然它们的实际意义完全不同, 但是从抽象的数量关系来看, 其实质都是一样的, 数学形式也是相同的, 都是求当自变量的增量趋近于零时, 即函数的增量与自变量的增量之比的极限. 在自然科学的许多领域中, 还有很多具有这种数学形式的量, 如物体运动电流、化学反应速度、生物繁殖率、经济增长率等. 因此, 我们通过观察这些事物变化的各种形式, 根据他们从数量上研究函数相对于自变量变化快慢的程度, 在数量关系中产生的共性, 引入函数的导数定义.

【定义 1】设函数 $y = f(x)$ 在点 x_0 及其邻域内有定义, 当自变量 x 在点 x_0 处取得增量 Δx 时, 函数有相应的增量 $\Delta y = f(x_0 + \Delta x) - f(x_0)$. 如果当 $\Delta x \to 0$ 时, $\dfrac{\Delta y}{\Delta x}$ 的极限存在, 则称函数 $y = f(x)$ 在点 x_0 处可导, 并称为这个极限为函数 $y = f(x)$ 在点 x_0 处的 **导函数**, 或简称为 **导数**, 记为 $f'(x_0)$, 即

$$f'(x_0) = \lim_{\Delta x \to 0} \frac{\Delta y}{\Delta x} = \lim_{\Delta x \to 0} \frac{f(x_0 + \Delta x) - f(x_0)}{\Delta x}$$

也记为

$$y'\big|_{x=x_0}, \frac{dy}{dx}\big|_{x=x_0} \text{ 或 } \frac{df(x)}{dx}\big|_{x=x_0}$$

任务 2　了解用导数的定义求函数的导数

根据上面关于导数定义的介绍,求函数 $y = f(x)$ 的导数可以根据其定义按下列步骤进行:

(1)求增量 $\Delta y = f(x + \Delta x) - f(x)$.

(2)求差商 $\dfrac{\Delta y}{\Delta x} = \dfrac{f(x + \Delta x) - f(x)}{\Delta x}$.

(3)求极限 $\lim\limits_{\Delta x \to 0} \dfrac{\Delta y}{\Delta x} = \lim\limits_{\Delta x \to 0} \dfrac{f(x + \Delta x) - f(x)}{\Delta x}$.

【实例 1】求函数 $y = C$（C 为常数)的导数.

解　$f'(x) = \lim\limits_{h \to 0} \dfrac{f(x + h) - f(x)}{h} = \lim\limits_{h \to 0} \dfrac{C - C}{h} = 0$, 即

$$(C)' = 0$$

【实例 2】求函数 $y = x^n$（n 为正整数)在 $x = a$ 处的导数.

解　$f'(a) = \lim\limits_{x \to a} \dfrac{f(x) - f(a)}{x - a} = \lim\limits_{x \to a} \dfrac{x^n - a^n}{x - a} = \lim\limits_{x \to a}(x^{n-1} + ax^{n-2} + \cdots + a^{n-1}) = na^{n-1}$, 即

$$(x^n)' = nx^{n-1}$$

如

$$\left(\frac{1}{x}\right)' = (x^{-1})' = (-1)x^{-1-1} = -x^{-2} = -\frac{1}{x^2}$$

$$(\sqrt{x})' = (x^{\frac{1}{2}})' = \frac{1}{2}x^{\frac{1}{2} - 1} = \frac{1}{2}x^{-\frac{1}{2}} = \frac{1}{2\sqrt{x}}$$

【实例 3】求函数 $y = \sin x$ 的导数.

解　$f'(x) = \lim\limits_{h \to 0} \dfrac{f(x + h) - f(x)}{h} = \lim\limits_{h \to 0} \dfrac{\sin(x + h) - \sin(x)}{h}$

$$= \lim\limits_{h \to 0} \frac{1}{h} \cdot 2\cos\left(x + \frac{h}{2}\right)\sin\left(\frac{h}{2}\right) = \lim\limits_{h \to 0} \frac{\cos\left(x + \dfrac{h}{2}\right)\sin\left(\dfrac{h}{2}\right)}{\dfrac{h}{2}} = \cos x$$

即

$$(\sin x)' = \cos x$$

用同样的方法,可求函数 $y = \cos x$ 的导数.

解　$f'(x) = \lim\limits_{h \to 0} \dfrac{f(x + h) - f(x)}{h} = \lim\limits_{h \to 0} \dfrac{\cos(x + h) - \cos(x)}{h}$

$$= \lim\limits_{h \to 0} \frac{1}{h} \cdot (-2)\sin\left(x + \frac{h}{2}\right)\sin\left(\frac{h}{2}\right)$$

$$=\lim_{h\to 0}\frac{-\sin(x+\frac{h}{2})\sin(\frac{h}{2})}{\frac{h}{2}}=-\sin x$$

即

$$(\cos x)'=-\sin x$$

【实例4】求函数 $y=a^x(a>0,a\ne 1)$ 的导数.

解 $f'(x)=\lim_{h\to 0}\dfrac{f(x+h)-f(x)}{h}=\lim_{h\to 0}\dfrac{a^{x+h}-a^x}{h}=a^x\lim_{h\to 0}\dfrac{a^h-1}{h}$

令 $t=a^h-1$，当 $h\to 0$ 时 $t\to 0$，且 $h=\log_a(1+t)$.

又因为 $\lim_{h\to 0}\dfrac{a^h-1}{h}=\lim_{t\to 0}\dfrac{t}{\log_a(1+t)}=\lim_{t\to 0}\dfrac{1}{\log_a(1+t)^{\frac{1}{t}}}=\lim_{t\to 0}\dfrac{1}{\dfrac{\ln(1+t)^{\frac{1}{t}}}{\ln a}}=\ln a$，所以

$$a^x\lim_{h\to 0}\frac{a^h-1}{h}=a^x\ln a.$$

即

$$(a^x)'=a^x\ln a$$

【实例5】求函数 $y=\log_a x$ 的导数.

解 $f'(x)=\lim_{h\to 0}\dfrac{f(x+h)-f(x)}{h}=\lim_{h\to 0}\dfrac{\log_a(x+h)-\log_a(x)}{h}=\lim_{h\to 0}\dfrac{\log_a(\frac{x+h}{x})}{h}$

$$=\lim_{h\to 0}\frac{\log_a(1+\frac{h}{x})}{h}=\lim_{h\to 0}\log_a(1+\frac{h}{x})^{\frac{1}{h}}=\frac{1}{x}\lim_{h\to 0}\log_a(1+\frac{h}{x})^{\frac{1}{h}\cdot x}$$

$$=\frac{1}{x}\lim_{h\to 0}\log_a(1+\frac{h}{x})^{\frac{x}{h}}=\frac{1}{x\ln a}$$

即

$$(\log_a x)'=\frac{1}{x\ln a}$$

特殊地，当 $a=e$ 时，可求出函数 $y=\ln x$ 的导数.

解 $f'(x)=\lim_{h\to 0}\dfrac{f(x+h)-f(x)}{h}=\lim_{h\to 0}\dfrac{\ln(x+h)-\ln(x)}{h}$

$$=\lim_{h\to 0}\frac{\ln(\frac{x+h}{x})}{h}=\lim_{h\to 0}\frac{\ln(1+\frac{h}{x})}{h}=\lim_{h\to 0}\ln(1+\frac{h}{x})^{\frac{1}{h}}$$

$$=\frac{1}{x}\lim_{h\to 0}\ln(1+\frac{h}{x})^{\frac{1}{h}\cdot x}=\frac{1}{x}\lim_{h\to 0}\ln(1+\frac{h}{x})^{\frac{x}{h}}=\frac{1}{x}\ln e=\frac{1}{x}$$

即

$$(lnx)' = \frac{1}{x}$$

任务 3　理解单侧导数的概念

【定义 2】 如果函数 $y = f(x)$ 在点 x_0 处有导数,也就是说函数 $y = f(x)$ 在点 x_0 处可导,则

$$f'_-(x_0) = \lim_{\Delta x \to 0^-} \frac{f(x_0 + \Delta x) - f(x_0)}{\Delta x} \text{ 及 } f'_+(x_0) = \lim_{\Delta x \to 0^+} \frac{f(x_0 + \Delta x) - f(x_0)}{\Delta x}$$

其中 $f'_-(x_0)$、$f'_+(x_0)$ 分别称为 $y = f(x)$ 在点 x_0 处的左导数、右导数.

显然,**函数 $y = f(x)$ 在点 x_0 处的左导数 $f'_-(x_0)$、右导数 $f'_+(x_0)$ 存在且相等是 $y = f(x)$ 在点 x_0 处可导的充分必要条件.**

左导数 $f'_-(x_0)$ 和右导数 $f'_+(x_0)$ 统称为**单侧导数**.

如果极限 $\lim\limits_{\Delta x \to 0} \dfrac{\Delta y}{\Delta x}$ 不存在,就说函数在点 x_0 处没有导数或不可导;如果不可导的原因是当 $\Delta x \to 0$ 时,$\dfrac{\Delta y}{\Delta x} \to \infty$,为了方便,往往也说函数 $y = f(x)$ 在点 x_0 处的导数为无穷大.

如果函数 $y = f(x)$ 在区间 (a, b) 内的每一点都可导,就说函数 $y = f(x)$ 在区间 (a, b) 内可导. 这时,对于区间 (a, b) 内的每一个 x 值,都有唯一确定的导数值 $f'(x)$ 与之对应,这句构成了 x 的一个新函数,称这个新函数 $y = f(x)$ 的**导函数**,简称为**导数**,记为 $f'(x)$,y',$\dfrac{dy}{dx}$ 或 $\dfrac{df(x)}{dx}$,即

$$f'(x) = \lim_{\Delta x \to 0} \frac{\Delta y}{\Delta x} = \lim_{\Delta x \to 0} \frac{f(x + \Delta x) - f(x)}{\Delta x}$$

显然,函数 $y = f(x)$ 在点 x_0 处的导数 $f'(x_0)$ 就是导函数 $f'(x)$ 在点 $x = x_0$ 处的函数值,即 $f'(x_0) = f'(x)|_{x=x_0}$.

任务 4　了解导数的几何意义

图 2—2 中,设 α 是切线的倾斜角,由曲线切线的斜率可知,函数 $y = f(x)$ 在点 x_0 处的导数 $f'(x_0)$ 的几何意义,就是曲线 $y = f(x)$ 在点 $M(x_0, y_0)$ 处切线的斜率,即

$$f'(x_0) = tan\alpha$$

如果函数 $y = f(x)$ 在点 x_0 处的导数 $f'(x_0)$ 为无穷大,这时曲线 $y = f(x)$ 在点 $M(x_0, y_0)$ 处具有垂直于 x 轴的切线 $x = x_0$.

由导数的几何意义和直线的点斜式方程可得到曲线 $y = f(x)$ 在点 $M(x_0, y_0)$ 处的**切线方程**为

$$y - y_0 = f'(x_0)(x - x_0)$$

及法线方程为

$$y - y_0 = -\frac{1}{f'(x_0)}(x - x_0)(f'(x_0) \neq 0)$$

【实例6】 求曲线 $y = \sqrt{x}$ 在点 $(4,2)$ 处的切线方程和法线方程.

解 由导数的几何意义和直线的点斜式方程可知,函数 $y = \sqrt{x}$ 在点 x_0 处的导数 $f'(x_0)$ 在几何上表示曲线 $y = f(x)$ 在点 $M(x_0, y_0)$ 处的切线的斜率,即 $k_1 = y'|_{x=4} = \frac{1}{2}x^{-\frac{1}{2}}|_{x=4} = \frac{1}{4}$,所求切线方程为 $y - 2 = \frac{1}{4}(x - 4)$,即 $x - 4y + 4 = 0$.

所求法线的斜率为 $k_2 = -\frac{1}{f'(x_0)} = -\frac{1}{\frac{1}{4}} = -4$,即法线方程为 $y - 2 = -4(x - 4)$,即 $4x + y - 18 = 0$.

任务5 了解函数可导与连续的关系

由导数的定义可知,函数 $y = f(x)$ 在点 x_0 处有定义未必有极限,反之亦然. 那么,如果 $f(x)$ 在点 x_0 处可导,是否连续呢? 又如果 $f(x)$ 在点 x_0 处连续,是否可导呢?

设函数 $y = f(x)$ 在点 x 处可导,即 $\lim\limits_{\Delta x \to 0} \frac{\Delta y}{\Delta x} = f'(x)$ 存在,又由具有极限的函数与无穷小的关系得到

$$\frac{\Delta y}{\Delta x} = f'(x) + \alpha \ (\alpha \text{ 为当 } \Delta x \to 0 \text{ 时的无穷小})$$

上式两边同时乘以 Δx,可得 $\Delta y = f'(x)\Delta x + \alpha\Delta x$,当 $\Delta x \to 0$ 时 $\Delta y \to 0$,由此可见,函数 $y = f(x)$ 在点 x 处是连续的. 因此,函数 $y = f(x)$ 在点 x 处可导必连续.

简单来说,函数 $y = f(x)$ 在点 x 处可导即函数 $y = f(x)$ 在点 x 处有定义,有定义必连续.

【实例7】 判断函数 $y = |x|$ 在点 $x = 0$ 处连续是否可导.

解 由题目可知,函数 $y = |x|$ 在 $x = 0$ 处连续,即

$$\lim_{x \to 0} f(x) = \lim_{x \to 0} |x| = 0 = f(0)$$

但

$$f'_-(0) = \lim_{x \to 0^-} \frac{f(x) - f(0)}{x} = \lim_{x \to 0^-} \frac{-x}{x} = -1$$

$$f'_+(0) = \lim_{x \to 0^+} \frac{f(x) - f(0)}{x} = \lim_{x \to 0^+} \frac{x}{x} = 1$$

所以,函数 $y = |x|$ 在 $x = 0$ 处连续但不可导.

综上所述,函数 $y = f(x)$ 在点 x 处**可导必连续,连续未必可导**.

【学习效果评估 2-1】

1. 设函数 $f(x) = 2x^2$，按导数定义求 $f'(-1)$.

2. 下列各题中均假设 $f'(x_0)$ 存在，按照定义观察下列极限，并指出 A 分别表示什么：

(1) 函数 $\lim\limits_{\Delta x \to 0} \dfrac{f(x_0 - \Delta x) - f(x_0)}{\Delta x} = A$.

(2) 函数 $\lim\limits_{h \to 0} \dfrac{f(x_0 + h) - f(x_0 - h)}{h} = A$.

3. 求下列曲线在指定点的切线方程和法线方程.

(1) 曲线 $f(x) = cosx$ 在点 $(\dfrac{\pi}{3}, \dfrac{1}{2})$ 处.

(2) 曲线 $f(x) = lnx$ 在点 $(e, 1)$ 处.

4. 讨论函数 $f(x) = \begin{cases} x^2 + 2, & 0 \le x < 1 \\ 4x - 1, & x \ge 1 \end{cases}$ 在点 $x = 1$ 处的连续性和可导性.

5. 已知函数 $f(x) = \begin{cases} e^x + a, & x < 0 \\ 2x^2 + bx - 1, & x \ge 0 \end{cases}$ 处处连续并可导，确定 a, b 的值.

项目 2　认识求函数导数

在项目一中，我们认识了函数导数的定义，并掌握了用定义求导的方法求基本初等函数的导数，本项目我们将对反函数、复合函数、高阶导数的求导作进一步的学习.

任务 1　了解导数的四则运算法则

【定理 1】 设函数 $u(x)$、$v(x)$ 在 x 处可导，则它们的和、差、积和商在 x 处也可导，且：

(1) $[u(x) \pm v(x)]' = u'(x) \pm v'(x)$.

(2) $[u(x) \cdot v(x)]' = u'(x) \cdot v(x) + u(x)v'(x)$.

特别地，$[Cu(x)]' = Cu'(x)$，其中 C 为常数.

(3) $[\dfrac{u(x)}{v(x)}]' = \dfrac{u'(x) \cdot v(x) - u(x)v'(x)}{v^2(x)}$ （其中 $v(x) \ne 0$）.

【实例 1】 设 $f(x) = 2x^2 + 3sinx - lnx$，求 $f'(x)$.

解　由导数的四则运算法则可得

$$f'(x) = (2x^2 + 3sinx - lnx)' = (2x^2)' + (3sinx)' + (-lnx)' = 4x + 3cosx - \frac{1}{x}$$

【实例 2】 已知 $f(x) = x^2 cosx$，求 $f'(x)$.

解 由导数的四则运算法则可得

$$f'(x)=(x^2cosx)'=(x^2)'cosx+x^2(cosx)'=2xcosx-x^2sinx$$

【实例 3】求函数 $f(x)=tanx$ 的导数.

解 由导数的四则运算法则可得

$$f'(x)=(tanx)'=(\frac{sinx}{cosx})'=\frac{(sinx)'cosx-sinx(cosx)'}{(cosx)^2}$$

$$=\frac{cos^2x+sin^2x}{cos^2x}=\frac{1}{cos^2x}=sec^2x$$

即

$$(tanx)'=sec^2x$$

同理可得

$$(cotx)'=-csc^2x$$

【实例 4】求函数 $f(x)=secx$ 的导数.

解 由导数的除法法则可得

$$f'(x)=(secx)'=(\frac{1}{cosx})'=\frac{(1)'\cdot cosx-1\cdot(cosx)'}{(cosx)^2}=\frac{sinx}{cos^2x}=secxtanx$$

即

$$(secx)'=secxtanx$$

同理可得

$$(cscx)'=-cscxcotx$$

任务 2　了解反函数的导数

设函数 $y=f(x)$ 在点 x 的某邻域内单调且连续,则 $f(x)$ 存在单调且连续的反函数 $x=\varphi(y)$.对其反函数在自变量 y 点的增量 $\Delta y(\Delta y\neq0)$,相应的函数有增量为 $\Delta x=\varphi(y+\Delta y)-\varphi(y)$,当 $\Delta y\neq0$ 时,有 $\Delta x\neq0$,于是有

$$\frac{\Delta x}{\Delta y}=\frac{1}{\frac{\Delta y}{\Delta x}}$$

两端同时取 $\Delta y\to0$ 且 $\Delta x\to0$ 时的极限,有

$$\varphi'(y)=\lim_{\Delta y\to0}\frac{\Delta x}{\Delta y}=\lim_{\Delta x\to0}\frac{1}{\frac{\Delta y}{\Delta x}}=\frac{1}{f'(x)}$$

由此可见,可得到以下定理:

【定理 2】设函数 $x=\varphi(y)$ 在区间 I_y 单调、连续也可导,且 $f'(y)\neq0$,则它的反函数 $y=f^{-1}(x)$ 在区间 $I_x=\{x\mid x=f(y),y\in I_y\}$ 内也可导,且有

$$[f^{-1}(x)]' = \frac{1}{f'(y)} \text{ 或 } \frac{dy}{dx} = \frac{1}{\dfrac{dx}{dy}}$$

即**反函数的导数等于原函数导数的倒数.**

【实例5】求函数 $f(x) = arcsinx\,(-1 < x < 1)$ 的导数.

解　由 $f(x) = arcsinx\,(-1 < x < 1)$ 是 $x = siny$ 的反函数,可得

$$f'(x) = (arcsinx)' = \frac{1}{(siny)'} = \frac{1}{cosy} = \frac{1}{\sqrt{1-x^2}}$$

即

$$\boldsymbol{(arcsinx)' = \frac{1}{\sqrt{1-x^2}}}$$

同理可得

$$\boldsymbol{(arccosx)' = -\frac{1}{\sqrt{1-x^2}}}$$

【实例6】求函数 $f(x) = arctanx\,(-\dfrac{\pi}{2} < x < \dfrac{\pi}{2})$ 的导数.

解　由 $f(x) = arctanx\,(-\dfrac{\pi}{2} < x < \dfrac{\pi}{2})$ 是 $x = tany$ 的反函数,可得

$$f'(x) = (arctanx)' = \frac{1}{(tany)'} = \frac{1}{sec^2 y} = \frac{1}{1 + tan^2 y} = \frac{1}{1 + x^2}$$

即

$$\boldsymbol{(arctanx)' = \frac{1}{1+x^2}}$$

同理可得

$$\boldsymbol{(arccotx)' = -\frac{1}{1+x^2}}$$

用以上类似的求导法,我们可以得到一些常用的函数的导数公式:

(1) $(C)' = 0$ 　　　　　　　　　　(2) $(x^n)' = nx^{n-1}$

(3) $(a^x)' = a^x lna$ 　　　　　　　　(4) $(e^x)' = e^x$

(5) $(\log_a x)' = \dfrac{1}{xlna}\,(a > 0$ 且 $a \neq 1)$ 　(6) $(lnx)' = \dfrac{1}{x}$

(7) $(sinx)' = cosx$ 　　　　　　　　(8) $(cosx)' = -sinx$

(9) $(tanx)' = sec^2 x$ 　　　　　　　(10) $(cotx)' = -csc^2 x$

(11) $(secx)' = secxtanx$ 　　　　　(12) $(cscx)' = -cscxcotx$

(13) $(arcsinx)' = \dfrac{1}{\sqrt{1-x^2}}$ 　　　(14) $(arccosx)' = -\dfrac{1}{\sqrt{1-x^2}}$

(15) $(arctanx)' = \dfrac{1}{1+x^2}$ (16) $(arccotx)' = -\dfrac{1}{1+x^2}$

【实例7】求函数 $f(x) = \dfrac{sin^2x}{cosx+1}$ 的导数.

解 由于 $f(x) = \dfrac{sin^2x}{cosx+1} = \dfrac{1-cos^2x}{cosx+1} = \dfrac{(1+cosx)(1-cosx)}{cosx+1} = 1-cosx$ ，所以

$$f'(x) = (1-cosx)' = sinx$$

【实例8】求函数 $f(x) = e^2(sinx - cosx)$ 的导数.

解 $f'(x) = [e^2(sinx - cosx)]' = (e^2)'(sinx - cosx) + e^2(sinx - cosx)'$

$\qquad = e^2(cosx + sinx)$

任务3　了解复合函数求导法

前面我们已经学过利用导数的四则运算法则和基本初等函数的求导公式求出一些比较复杂的初等函数的导数，但对于更复杂的函数却无能为力，如复合函数：$y = (x^2+1)^2$、$y = (x^2-1)^{100}$、$y = ln(sin^2x+1)$、$y = \sqrt{lnx^2}$……这时候，我们需要学习复合函数的求导方法以便我们解决对复合函数的求导.

在得到复合函数的求导法则之前，我们先讨论一下复合函数 $y = (x^2+1)^2$ 的求导，如果我们利用之前学过的知识可以先将函数分解展开再求导，则有

$$y' = [(x^2+1)^2]' = [x^4+2x^2+1]' = 4x^3+4x = 2(x^2+1) \cdot 2x$$

显然，函数 $y = (x^2+1)^2$ 的导数是两个因式 $2(x^2+1) \cdot 2x$，其中 $2(x^2+1)$ 是外层函数 $(x^2+1)^2$ 对 x^2+1 的导数，而 $2x$ 是内层函数 x^2+1 对 x 的导数. 因此，我们可得以下定理：

【定理3】设函数 $y = f(u)$ 和 $u = \varphi(x)$ 分别是对 u 和对 x 的可导函数，求复合函数 $y = f[\varphi(x)]$ 的导数.

设自变量 x 有增量 Δx，对应的 u 和 y 分别有增量 Δu、Δy，因为 $u = \varphi(x)$ 在点 x 处可导，则在点 x 处连续，因此，当 $\Delta x \to 0$ 时，$\Delta u \to 0$，当 $\Delta u \neq 0$ 时，有

$$\frac{\Delta y}{\Delta x} = \frac{\Delta y}{\Delta u} \cdot \frac{\Delta u}{\Delta x}$$

又因为

$$\lim_{\Delta x \to 0} f(u) = \lim_{\Delta x \to 0} \frac{\Delta y}{\Delta u} = \lim_{\Delta u \to 0} \frac{\Delta y}{\Delta u}$$

所以

$$\lim_{\Delta x \to 0} \frac{\Delta y}{\Delta x} = \lim_{\Delta u \to 0} \frac{\Delta y}{\Delta u} \cdot \lim_{\Delta x \to 0} \frac{\Delta u}{\Delta x}$$

即

$$\frac{dy}{dx} = \frac{dy}{du} \cdot \frac{du}{dx}$$

当 $\Delta u = 0$ 时，公式也成立，这就是复合函数的求导法则.

【**法则 1**】复合函数对自变量的导数，等于已知函数中间变量的导数，乘以中间变量对自变量的导数，即 $\frac{dy}{dx} = \frac{dy}{du} \cdot \frac{du}{dx}$.

【**注意**】复合函数的求导法则可以推广到多个中间变量的情形.

【**实例 9**】求函数 $y = (sinx)^2$ 的导数.

解 设 $y = u^2, u = sinx$，则 $y' = (u^2)' \cdot (u)' = 2u \cdot (u)' = 2sinx \cdot cosx = sin2x$.

【**实例 10**】求函数 $y = lncosx$ 的导数.

解 设 $y = lnu, u = cosx$，则 $y' = (lnu)' \cdot (u)' = \frac{1}{u} \cdot (u)' = \frac{1}{cosx} \cdot (-sinx) = -tanx$.

当练习过程熟练后，中间变量可以不写出来，直接用复合函数的求导法则，由外到内，逐层求导.

【**实例 11**】求函数 $f(x) = (2x - 5)^2$ 的导数.

解 $f'(x) = [(2x - 5)^2]' = 2(2x - 5) \cdot (2x - 5)' = 4(2x - 5) = 8x - 20$

【**实例 12**】求函数 $y = 2ln\sqrt{x}$ 的导数.

解 $y' = \frac{2}{\sqrt{x}} \cdot (\sqrt{x})' = \frac{2}{\sqrt{x}} \cdot \frac{1}{2\sqrt{x}} = \frac{1}{x}$

【**实例 13**】求函数 $y = (sin\sqrt{x})^2$ 的导数.

解 $y' = 2sin\sqrt{x} \cdot (sin\sqrt{x})' = 2sin\sqrt{x} \cdot cos\sqrt{x} \cdot \frac{1}{2\sqrt{x}} = \frac{sin2\sqrt{x}}{2\sqrt{x}}$

任务 4 了解高阶导数的求法

【**定义 1**】一般地，对于函数 $y = f(x)$ 的导函数 $f'(x)$ 再一次求导（若存在），所得的导数称作函数 $f(x)$ 的二阶导数；以此类推，对函数 $f(x)$ 的 $n-1$ 阶导数再一次求导（若存在），所得的导数称为函数 $f(x)$ 的 n 阶导数.

二阶及以上的导数统称为高阶导数.

二阶导数记作 $y'', f''(x), \frac{d^2y}{dx^2}, \frac{d^2f(x)}{dx^2}$；

三阶导数记作 $y''', f'''(x), \frac{d^3y}{dx^3}, \frac{d^3f(x)}{dx^3}$；

四阶导数记作 $y^{(4)}, f^{(4)}(x), \frac{d^4y}{dx^4}, \frac{d^4f(x)}{dx^4}$；

......

n 阶导数记作 $y^{(n)}, f^{(n)}(x), \dfrac{d^n y}{dx^n}, \dfrac{d^n f(x)}{dx^n}$.

【实例 14】求函数 $y = lnxcosx$ 的二阶导数.

解 $y' = \dfrac{cosx}{x} - lnxsinx$

$y'' = \left[\dfrac{cosx}{x} - lnxsinx\right]' = \dfrac{-xsinx - cosx}{x^2} - \dfrac{1}{x}sinx - lnxcosx$

【实例 15】求函数 $y = e^x$ 的 n 阶导数.

解 $y = e^x, y' = e^x, y''' = e^x, \cdots\cdots, y^{(n)} = e^x$

【学习效果评估 2—2】

1. 求下列函数的导数：

(1) $y = x^{10} + ln2$ 　　　　　　　(2) $y = x^3 + \dfrac{1}{x} - lnx$

(3) $y = ln(sinx - cosx)$ 　　　　　(4) $y = sinlnx$

(5) $y = x^2(lnx - \sqrt{x})$ 　　　　　(6) $y = arccos\sqrt{x}$

(7) $y = \dfrac{2x}{1 - x^2}$ 　　　　　　　(8) $y = \dfrac{1 + sinx}{cosx}$

(9) $y = x^2 + \dfrac{lnx}{x}$ 　　　　　　(10) $y = 2^{cosx}$

2. 求下列函数的导数：

(1) $y = arctan(e^x)$ 　　　　　　　(2) $y = lnlnlnx$

(3) $y = e^{\frac{1}{x}} + x\sqrt{x}$ 　　　　　　(4) $y = \dfrac{1}{\sqrt{x^2 + 1}}$

(5) $y = e^{-x}(x^2 - 2x + 1)$ 　　　　(6) $y = cos^2 x sin(x^2)$

(7) $y = \sqrt{ln^2 x + 2}$ 　　　　　　(8) $y = arctan\dfrac{x - 1}{x + 1}$

(9) $y = e^{\sqrt{x+1}}sinx$ 　　　　　　(10) $y = -arccos(1 - x)$

3. 求下列函数在给定点处的导数：

(1) $f(x) = x^2 + 2sinx - cosx$，求 $f'\left(\dfrac{\pi}{2}\right)$.

(2) $f(x) = (x - 1)(x - 2)^2(x - 3)^3$，求 $f'(1)$ 和 $f'(2)$.

4. 求下列函数的二阶导数：

(1) $y = 3x^2 + lnx$ 　　　　　　　(2) $y = arctanx$

(3) $y = e^{-x+1}$ 　　　　　　　　(4) $y = xsinx$

项目 3　认识函数微分的概念及性质

任务 1　理解函数微分的概念

【引例】

设一块正方形铁皮受温度变化的影响,其边长为 x_0 变到 $x_0+\Delta x$,如图 2-3 所示,问此铁皮的面积改变了多少?

我们可以把这个实际问题转化为几何问题:设边长为 x 的正方形,当边长增加 Δx 时,其面积增加了多少?

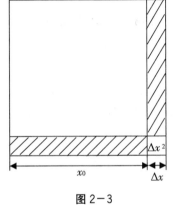

图 2-3

解　设正方形的面积为 S,面积的增加部分记作 ΔS,有

$$\Delta S=(x_0+\Delta x)^2-x_0^2=2x_0\Delta x+\Delta x^2$$

当边长 x 的增加量 Δx 很小时,如 $x=1$,$\Delta x=0.01$ 时,则 $2x\Delta x=0.02$,而另一部分 $\Delta x^2=0.0001$,当 Δx 越小时,Δx^2 部分就比 $2x\Delta x$ 小得更多,所以 Δx^2 是比 Δx 高阶的无穷小,而 $2x\Delta x$ 是 ΔS 的一个很好的近似值. 当 Δx 很小时可以近似地看成

$$\Delta S=(x_0+\Delta x)^2-x_0^2\approx 2x_0\Delta x$$

由引例,下面我们给出微分的定义.

【定义 1】 设函数 $y=f(x)$ 在点 x 的一个邻域内有定义,如果函数 $f(x)$ 在点 x 处的增量 $\Delta y=f(x+\Delta x)-f(x)$,即

$\Delta y=A\Delta x$（其中 A 是与 Δx 无关的常数,α 是 Δx 的高阶无穷小量）

则称 $A\Delta x$ 为函数 $y=f(x)$ 在 x 处的微分,记作 dy,即

$$dy=A\Delta x$$

也称函数 $y=f(x)$ 在点 x 处可微.

【定理 1】 设函数 $f(x)$ 在点 x_0 处可微的充分必要条件是函数 $f(x)$ 在点 x_0 处可导,且当函数 $f(x)$ 在点 x_0 处可微时,其微分一定是

$$dy=f'(x_0)\Delta x$$

特别地,对于函数 $y=x$ 有 $dy=dx=(x)'\Delta x=\Delta x$,所以函数 $y=f(x)$ 的微分又可记作

$$dy=f'(x_0)dx$$

从而有

$$\frac{dy}{dx} = f'(x_0)$$

即

$$\frac{dy}{dx} = f'(x)$$

这就是说,函数的微分 dy 与自变量的微分 dx 之商等于该函数的导数. 因此,导数又称为"微商".

任务 2　理解微分的几何意义

又由图 2-2 可以看出,切线的斜率 $k = f'(x_0) = tan\alpha$,若设 $\Delta x = dx$,则 dy 表示"线段的长度",从而有 $dy = f'(x_0)\Delta x$.

【定义 2】如果函数 $y = f(x)$ 在点 x_0 处有导数 $f'(x_0)$,则 $f'(x_0)\Delta x$ 称为函数 $y = f(x)$ 在点 x_0 处的**微分**,记作 $dy|_{x=x_0}$,即

$$dy|_{x=x_0} = f'(x_0)\Delta x$$

从几何图像来看,虽然导数与微分的概念和表示不同,但它们在本质上是相通的. 从定义可看出,求得导数即可写成微分,所以对一元函数来说,可导和可微是一致的,而且微分的运算法则和公式也跟导数大致相同,只是写法不同而已.

因此,求一个函数的微分问题可以归结为求导数的问题,故将求函数的导数与微分的方法称为微分法.

任务 3　掌握基本初等函数的微分公式与运算法则

由 $dy|_{x=x_0} = f'(x)dx$ 可知,要计算函数的微分,只要求出函数的导数,再乘以自变量的微分即可,所以我们从导数的基本公式和法则就可以直接写出微分的基本公式和法则.

1. 基本初等函数的微分公式

(1) $d(C) = 0$(C 为常数)　　　(2) $d(x^n) = nx^{n-1}dx$

(3) $d(a^x) = a^x lnadx$　　　　　(4) $d(e^x) = e^x dx$

(5) $d(log_a x) = \dfrac{1}{xlna}dx$($a > 0$ 且 $a \neq 1$)　(6) $d(lnx) = \dfrac{1}{x}dx$

(7) $d(sinx) = cosxdx$　　　　　(8) $d(cosx) = -sinxdx$

(9) $d(tanx) = sec^2 xdx$　　　　(10) $d(cotx) = -csc^2 xdx$

(11) $d(secx) = secxtanxdx$　　　(12) $d(cscx) = -cscxcotxdx$

(13) $d(arcsinx) = \dfrac{1}{\sqrt{1-x^2}}dx$　　(14) $d(arccosx) = -\dfrac{1}{\sqrt{1-x^2}}dx$

$(15)\ d(arctanx)=\dfrac{1}{1+x^2}dx$ 　　　　$(16)\ d(arccotx)=-\dfrac{1}{1+x^2}dx$

2. 四则运算法则

【定理 2】设函数 $u(x)$、$v(x)$ 在点 x 处可微,则它们的和、差、积和商在 x 处也可微,则

(1) $d[u(x)\pm v(x)]=du(x)\pm dv(x)$.

(2) $d[u(x)\cdot v(x)]=du(x)\cdot v(x)+u(x)\cdot dv(x)$;特别地,$d[Cu(x)]=Cdu(x)$,其中 C 为常数.

(3) $d\left[\dfrac{u(x)}{v(x)}\right]=\dfrac{du(x)v(x)-u(x)\cdot dv(x)}{v^2(x)}$ (其中 $v(x)\neq 0$).

【实例 1】求函数 $y=2x^2+lnx+sinx$ 的微分.

解　使用公式 $dy=f'(x)dx$,可得

$$dy=(2x^2+lnx+sinx)'dx=(4x+\dfrac{1}{x}+cosx)dx$$

【实例 2】求函数 $y=e^x cosx$ 的微分.

解　使用公式 $dy=f'(x)dx$,可得

$$dy=(e^x cosx)'dx=[(e^x)'cosx+e^x(cosx)']dx$$
$$=[e^x cosx-e^x sinx]dx=e^x(cosx-sinx)dx$$

【实例 3】求函数 $y=\dfrac{1}{2x+1}$ 的微分.

解　使用公式 $dy=f'(x)dx$ 可得

$$dy=(\dfrac{1}{2x+1})'dx=[\dfrac{1'\cdot(2x+1)-1\cdot(2x+1)'}{(2x+1)^2}]dx$$
$$=[\dfrac{-2}{(2x+1)^2}]dx=-\dfrac{2}{(2x+1)^2}dx$$

3. 复合函数的微分

设函数 $y=f(u)$、$u=\varphi(x)$ 在点 x 处可微,则 $y=f[\varphi(x)]$,则
$$dy=y'_x dx=f'(u)\varphi'(x)dx$$
由于 $du=\varphi(x)'dx$,所以
$$dy=f'(u)du$$
由此可见,对于函数 $y=f(u)$,无论 u 是自变量还是复合函数的中间变量,函数 $f(u)$ 微分形式 $dy=f'(u)du$ 是不变的,这一性质称为微分形式的不变性.

【实例 4】求函数 $y=lncos2x$ 的微分.

解　方法 1:使用公式 $dy=f'(x)dx$,可得

$$dy = (lncos2x)'dx = [\frac{-2sin2x}{cos2x}]dx = \frac{-2sin2x}{cos2x}dx = -2tan2xdx$$

方法 2：应用微分形式的不变性，设 $y = lnu$，$u = cos2x$ 可得

$$dy = d(lnu) = \frac{1}{u}du = \frac{1}{cos2x}d(cos2x) = \frac{-2sin2x}{cos2x}dx = -2tan2xdx.$$

任务 4　微分在近似计算中的应用

在工程问题中，时常会遇到一些复杂的计算公式，如果直接用这些公式进行计算，那是很费力，利用微分往往可以把一些复杂的计算公式改用简单的近似公式来代替.

如果函数 $y = f(x)$ 在点 x_0 处的导数 $f'(x_0) \neq 0$，且 Δx 很小时，有

$$\Delta y \approx dy = f'(x_0)\Delta x$$

即

$$\Delta y = f(x_0 + \Delta x) - f(x_0) \approx dy = f'(x_0)\Delta x$$

所以

$$f(x_0 + \Delta x) \approx f(x_0) + f'(x_0)\Delta x$$

这就是它的近似计算公式.

【实例 5】计算 $\sqrt{1.01}$ 的近似值.

解　设函数 $f(x) = \sqrt{x}$，$x_0 = 1$，$\Delta x = 0.01$，$f'(x) = \frac{1}{2\sqrt{x}}$，

由微分的近似计算公式可得

$$\sqrt{1.01} \approx \sqrt{1} + \frac{1}{2\sqrt{1}} \times 0.01 \approx 1.005$$

【实例 6】有一批圆球半径为 $1cm$，为了提高球面的光洁度，要镀上一层铜，厚度定为 $0.01cm$，估计每只球需要用铜多少克？（铜的密度是 $8.9g/cm^3$）

解　设圆球体积为 $V = \frac{4}{3}\pi R^3$，$R_0 = 1cm$，$\Delta R = 0.01cm$，镀层的体积为

$$\Delta V = V(R_0 + \Delta R) - V(R_0) \approx V'(R_0)\Delta R = 4\pi R_0^2 \Delta R$$
$$= 4 \times 3.14 \times 1^2 \times 0.01 = 0.1256(cm^3)$$

则镀每只圆球需要用的铜约为 $M = 0.1256 \times 8.9 = 1.1178 \approx 1.12(g)$.

【学习效果评估 2-3】

1. 填入适当的函数到下列各题的括号里使等式成立.

(1) $d(\quad) = 2dx$　　　　　　　(2) $d(\quad) = x^2dx$

(3) $d(\quad) = 3xdx$　　　　　　　(4) $d(\quad) = \sqrt{x}\,dx$

(5) $d(\quad) = \frac{1}{\sqrt{x}}dx$　　　　　　　(6) $d(\quad) = \frac{1}{x^2}dx$

(7) $d(\quad)=-cosxdx$

(8) $d(\quad)=\dfrac{1}{x+1}dx$

(9) $d(\quad)=e^{-3x}dx$

(10) $d(\quad)=sec^2 2xdx$

2. 求下列函数的微分：

(1) $y=x^{\frac{1}{2}}$

(2) $y=\dfrac{1}{3}sin(x+1)$

(3) $y=tan\dfrac{1}{x}$

(4) $y=ln\sqrt{x}$

(5) $y=e^{-\frac{1}{x}}$

(6) $y=sin\dfrac{x^2}{2}$

(7) $y=lnsin\dfrac{x}{3}$

(8) $y=e^{-2x}cos(2-x)$

(9) $y=arctan\dfrac{1-x}{1+x}$

(10) $y=arcsin\sqrt{1-x^2}$

项目 4 理解洛必达法则

任务 1 理解拉格朗日中值定理

【定理 1】如果函数 $f(x)$ 满足：

(1)在闭区间 $[a,b]$ 上连续；

(2)在开区间 (a,b) 内可导；

则至少存在一点 $\varepsilon\in(a,b)$，使得 $f(\varepsilon)'=\dfrac{f(b)-f(a)}{b-a}$.

本定理不作理论证明，这里只给出它的几何说明.

拉格朗日中定理的几何意义：如果在 $[a,b]$ 上的连续曲线，初端点外处处有不垂直于 x 轴的切线，则在曲线弧 $\overset{\frown}{AB}$ 上至少有一点 $C(\varepsilon,f(\varepsilon))$，使得曲线在 C 点处的切线平行于过曲线弧两端点的弦线 AB.

任务 2 理解洛必达法则

单元 1 介绍过利用极限的运算法则、函数的连续性和两个重要极限等求极限的方法. 在求极限的过程中，时常会遇到这样的情形，即在同一变化过程中出现分式中的分子和分母同时趋于 0 或同时趋于 ∞ 的情形，这时分式的极限可能存在也可能不存在，我们通常把这样两类的极限称为"$\dfrac{0}{0}$"型或"$\dfrac{\infty}{\infty}$"型未定式的极限. 未定式，即极限存在但不能用极限运算法则来计算，往往需要经过适当的变形，转化为可利用极限运算法则或重要极限计算的形式.

本项目介绍了一种解决这些未定式的极限更简单有效的法则——**洛必达法则**,借助于导数来求极限的新方法.

洛必达法则 1:

若函数 $f(x)$ 和 $g(x)$ 在点 x_0 的某个邻域内可导,且

(1) $\lim\limits_{x \to x_0} f(x) = \lim\limits_{x \to x_0} g(x) = 0$;

(2) $g'(x) \neq 0$;

(3) $\lim\limits_{x \to x_0} \dfrac{f'(x)}{g'(x)} = A$(或 ∞);

则

$$\lim_{x \to x_0} \frac{f(x)}{g(x)} = \lim_{x \to x_0} \frac{f'(x)}{g'(x)} = A \text{(或 } \infty)$$

洛必达法则 2:

设函数 $f(x)$ 和 $g(x)$ 在点 x_0 的某个邻域内可导,且

(1) $\lim\limits_{x \to x_0} f(x) = \lim\limits_{x \to x_0} g(x) = \infty$;

(2) $g'(x) \neq 0$;

(3) $\lim\limits_{x \to x_0} \dfrac{f'(x)}{g'(x)} = A$(或 ∞);

则

$$\lim_{x \to x_0} \frac{f(x)}{g(x)} = \lim_{x \to x_0} \frac{f'(x)}{g'(x)} = A \text{(或 } \infty)$$

【注意】洛必达法则中的 $x \to x_0$ 换成 $x \to \infty$,$x \to +\infty$,$x \to -\infty$ 等,结论也成立.

1."$\dfrac{0}{0}$"型未定式的极限

【实例 1】求 $\lim\limits_{x \to 0} \dfrac{1 - \cos x}{2x^2}$.

解 $\lim\limits_{x \to 0} \dfrac{1 - \cos x}{2x^2} = \lim\limits_{x \to 0} \dfrac{(1 - \cos x)'}{(2x^2)'} = \lim\limits_{x \to 0} \dfrac{\sin x}{4x} = \lim\limits_{x \to 0} \dfrac{(\sin x)'}{(4x)'} = \lim\limits_{x \to 0} \dfrac{\cos x}{4} = \dfrac{1}{4}$

【实例 2】求 $\lim\limits_{x \to 0} \dfrac{\ln(1 + x)}{3x^2}$.

解 $\lim\limits_{x \to 0} \dfrac{\ln(1 + x)}{3x^2} = \lim\limits_{x \to 0} \dfrac{(\ln(1 + x))'}{(3x^2)'} = \lim\limits_{x \to 0} \dfrac{\dfrac{1}{1 + x}}{6x} = \lim\limits_{x \to 0} \dfrac{1}{6x(1 + x)} = \infty \text{(没有极限)}$

【实例 3】求 $\lim\limits_{x \to 1} \dfrac{x^3 - 2x + 1}{x^3 - x^2 - x + 1}$.

解 $\lim\limits_{x \to 1} \dfrac{x^3 - 2x + 1}{x^3 - x^2 - x + 1} = \lim\limits_{x \to 1} \dfrac{(x^3 - 2x + 1)'}{(x^3 - x^2 - x + 1)'} = \lim\limits_{x \to 1} \dfrac{3x^2 - 2}{3x^2 - 2x - 1}$

$$=\lim_{x\to 1}\frac{6x}{6x-2}=\frac{3}{2}$$

【注意】 $\lim\limits_{x\to 1}\dfrac{6x}{6x-2}$ 已经不是未定式,所以不能再对其应用洛必达法则,否则将得到

错误的值,如 $\lim\limits_{x\to 1}\dfrac{x^3-2x+1}{x^3-x^2-x+1}=\lim\limits_{x\to 1}\dfrac{(x^3-2x+1)'}{(x^3-x^2-x+1)'}=\lim\limits_{x\to 1}\dfrac{3x^2-2}{3x^2-2x-1}=\lim\limits_{x\to 1}$

$\dfrac{6x}{6x-2}=\lim\limits_{x\to 1}\dfrac{6}{6}=1.$

2.“$\dfrac{\infty}{\infty}$”型未定式的极限

【实例4】 求 $\lim\limits_{x\to +\infty}\dfrac{lnx}{e^x}$.

解　　　　$\lim\limits_{x\to +\infty}\dfrac{lnx}{e^x}=\lim\limits_{x\to +\infty}\dfrac{(lnx)'}{(e^x)'}=\lim\limits_{x\to +\infty}\dfrac{1}{x}\cdot\dfrac{1}{e^x}=\lim\limits_{x\to +\infty}\dfrac{1}{xe^x}=0$

【实例5】 求 $\lim\limits_{x\to 0}\dfrac{lnsinax}{lnsinbx}$.

解　　$\lim\limits_{x\to 0}\dfrac{lnsinax}{lnsinbx}=\lim\limits_{x\to 0}\dfrac{(lnsinax)'}{(lnsinbx)'}=\dfrac{a}{b}\lim\limits_{x\to 0}\dfrac{sinbx}{sinax}\cdot\dfrac{cosax}{cosbx}=\dfrac{a}{b}\lim\limits_{x\to 0}\dfrac{sinbx}{sinax}$

$$=\dfrac{a}{b}\lim\limits_{x\to 0}\dfrac{cosbx}{cosax}\cdot\dfrac{b}{a}=1$$

3.其他类型未定式

(1)“$0\cdot\infty$”型未定式的极限:可转化为“$\dfrac{0}{0}$”型或“$\dfrac{\infty}{\infty}$”型未定式.

【实例6】 求 $\lim\limits_{x\to +\infty}x^{-3}e^x$.

解　　$\lim\limits_{x\to +\infty}x^{-3}e^x=\lim\limits_{x\to +\infty}\dfrac{e^x}{x^3}=\lim\limits_{x\to +\infty}\dfrac{(e^x)'}{(x^3)'}=\lim\limits_{x\to +\infty}\dfrac{e^x}{3x^2}=\lim\limits_{x\to +\infty}\dfrac{(e^x)'}{(3x^2)'}=\lim\limits_{x\to +\infty}\dfrac{e^x}{6x}$

$$=\lim\limits_{x\to +\infty}\dfrac{e^x}{6}=+\infty(没有极限)$$

(2)“$\infty-\infty$”型未定式的极限:可通分化为“$\dfrac{0}{0}$”型或“$\dfrac{\infty}{\infty}$”型未定式

【实例7】 求 $\lim\limits_{x\to \frac{\pi}{2}}(secx-tanx)$.

解　　$\lim\limits_{x\to \frac{\pi}{2}}(secx-tanx)=\lim\limits_{x\to \frac{\pi}{2}}(\dfrac{1}{cosx}-\dfrac{sinx}{cosx})=\lim\limits_{x\to \frac{\pi}{2}}\dfrac{1-sinx}{cosx}=\lim\limits_{x\to \frac{\pi}{2}}\dfrac{(1-sinx)'}{(cosx)'}$

$$=\lim\limits_{x\to \frac{\pi}{2}}\dfrac{-cosx}{-sinx}=0$$

【注意】 当需要把其他类型未定式化成“$\dfrac{0}{0}$”型或“$\dfrac{\infty}{\infty}$”型未定式时,一般要以分子、

分母便于求导为原则.

(3)"0^0""∞^0""1^∞"型未定式的极限:取对数化为"$0 \cdot \infty$"型未定式,进而化为"$\dfrac{0}{0}$"型或"$\dfrac{\infty}{\infty}$"型未定式.

这三类"0^0""∞^0""1^∞"未定式都来源于幂指函数 $f(x)^{g(x)}$ 的极限,可以通过恒等变形:

$$f(x)^{g(x)} = e^{ln f(x)^{g(x)}} = e^{g(x) ln f(x)}$$

转化为求 $g(x) ln f(x)$ 的极限,而这个极限是"$0 \cdot \infty$"型未定式,从而转化为"$\dfrac{0}{0}$"型或"$\dfrac{\infty}{\infty}$"型未定式来求解.

【实例8】求 $\lim\limits_{x \to 0^+} x^x$.

解　该式是"0^0"型未定式,由于 $\lim\limits_{x \to 0^+} x^x = \lim\limits_{x \to 0^+} e^{ln x^x} = \lim\limits_{x \to 0^+} e^{x ln x}$,而

$$\lim\limits_{x \to 0^+} x ln x = 0$$

所以,$\lim\limits_{x \to 0^+} x^x = \lim\limits_{x \to 0^+} e^{ln x^x} = \lim\limits_{x \to 0^+} e^{x ln x} = e^0 = 1$.

【实例9】求 $\lim\limits_{x \to 0^+} \left(\dfrac{1}{x}\right)^{tan x}$.

解　该式是"∞^0"型未定式,由于 $\lim\limits_{x \to 0^+} \left(\dfrac{1}{x}\right)^{tan x} = \lim\limits_{x \to 0^+} e^{ln\left(\frac{1}{x}\right)^{tan x}} = \lim\limits_{x \to 0^+} e^{tan x ln \frac{1}{x}}$,而

$$\lim\limits_{x \to 0^+} tan x ln \dfrac{1}{x} = 0$$

所以,$\lim\limits_{x \to 0^+} \left(\dfrac{1}{x}\right)^{tan x} = \lim\limits_{x \to 0^+} e^{ln\left(\frac{1}{x}\right)^{tan x}} = \lim\limits_{x \to 0^+} e^{tan x ln \frac{1}{x}} = e^0 = 1$.

【实例10】求 $\lim\limits_{x \to \infty} \left(1 + \dfrac{a}{x}\right)^x$.

解　该式是"1^∞"型未定式,由于 $\lim\limits_{x \to \infty} \left(1 + \dfrac{a}{x}\right)^x = \lim\limits_{x \to \infty} e^{ln\left(1 + \frac{a}{x}\right)^x} = \lim\limits_{x \to \infty} e^{x ln\left(1 + \frac{a}{x}\right)}$,而

$$\lim\limits_{x \to \infty} x ln\left(1 + \dfrac{a}{x}\right) = \lim\limits_{x \to \infty} \dfrac{ln\left(1 + \dfrac{a}{x}\right)}{\dfrac{1}{x}} = \lim\limits_{x \to \infty} \dfrac{\left[ln\left(1 + \dfrac{a}{x}\right)\right]'}{\left(\dfrac{1}{x}\right)'} = \lim\limits_{x \to \infty} \dfrac{-\dfrac{\dfrac{a}{x^2}}{1 + \dfrac{a}{x}}}{-\dfrac{1}{x^2}} = \lim\limits_{x \to \infty} \dfrac{-\dfrac{a}{x(x+a)}}{-\dfrac{1}{x^2}}$$

$$= \lim\limits_{x \to \infty} \dfrac{ax}{x+a} = \lim\limits_{x \to \infty} \dfrac{(ax)'}{(x+a)'} = a$$

所以，$\lim\limits_{x \to \infty}(1 + \dfrac{a}{x})^x = \lim\limits_{x \to \infty} e^{\ln(1 + \frac{a}{x})^x} = \lim\limits_{x \to \infty} e^{x\ln(1 + \frac{a}{x})} = e^a$．

【学习效果评估 2—4】

用洛必达法则求下列函数的极限.

(1) $\lim\limits_{x \to a} \dfrac{\sin x - \sin a}{x - a}$

(2) $\lim\limits_{x \to a} \dfrac{x^3 - a^3}{x^2 - a^2}$

(3) $\lim\limits_{x \to 0^+} \dfrac{\sqrt{x}}{1 - e^{2\sqrt{x}}}$

(4) $\lim\limits_{x \to \frac{\pi}{2}} \dfrac{\tan x}{\tan 3x}$

(5) $\lim\limits_{x \to 0^+} \dfrac{\ln \tan 7x}{\ln \tan 2x}$

(6) $\lim\limits_{x \to 0} x^2 e^{\frac{1}{x^2}}$

(7) $\lim\limits_{x \to 0}(\dfrac{1}{\sin x} - \dfrac{1}{x})$

(8) $\lim\limits_{x \to 0^+} x^{\sin x}$

(9) $\lim\limits_{x \to \infty}(x)^{\frac{1}{x}}$

(10) $\lim\limits_{x \to 0}(1 + \sin x)^{\frac{1}{x}}$

项目 5　掌握函数导数的应用

前文介绍了导数与微分的概念及其计算方法，本项目中我们将利用导数的相关知识来研究函数的某些性质，如微分中的函数的单调性、极值、最值等，以解决函数导数在生活中的应用问题.

【引例】

一物体做匀速直线运动，其速度的公式为 $v = \dfrac{s}{t}$，但如果该物体不作匀速直线运动，而是作变速直线运动，求其速度就无法使用这个公式了．这时，我们可以考虑时间 $(t_0, t_0 + \Delta t)$ 内的平均速度 $\overline{v} = \dfrac{s(t_0 + \Delta t) - s(t_0)}{\Delta t}$，当 $\Delta t \to 0$（Δt 无限接近于零）时，平均速度 $\overline{v}$ 无限趋近于物体在 t_0 时刻的瞬时速度，即 $v(t_0) = \lim\limits_{\Delta t \to 0} \overline{v} = \lim\limits_{\Delta t \to 0} \dfrac{s(t_0 + \Delta t) - s(t_0)}{\Delta t}$．

任务 1　理解函数的单调性

设函数 $y = f(x)$ 在 $[a, b]$ 上连续，在 (a, b) 内可导，从几何图像可以看出，如果函数在 (a, b) 上单调增加，那么它的图像是一条沿着 x 轴正向上升的曲线，曲线上各点处的切线斜率是非负的，即 $f'(x) \geqslant 0$，如图 2—4；反之，如果函数在 (a, b) 上单调减少，那么它的图像是一条沿着 x 轴正向下降的曲线，曲线上各点处的切线斜率是非正的，即 $f'(x) \leqslant 0$，如图 2—5 所示.

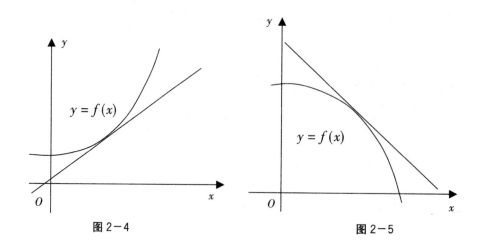

图 2—4　　　　　　　　　　　　　　图 2—5

反过来,能否利用导数的符号来判断函数的单调性呢?由拉格朗日中值定理我们可以得到以下定理:

【定理 1】(函数单调性的判别法)设函数 $y=f(x)$ 在 $[a,b]$ 上连续,且在 (a,b) 内可导:

(1)如果在 (a,b) 内,$f'(x)>0$,则函数 $f(x)$ 在 (a,b) 上单调递增(增加).

(2)如果在 (a,b) 内,$f'(x)<0$,则函数 $f(x)$ 在 (a,b) 上单调递减(减少).

证　在区间 (a,b) 内,任取两点 x_1,x_2,设 $x_1<x_2$,由于 $y=f(x)$ 在区间 (a,b) 内可导,所以 $f(x)$ 区间 $[x_1,x_2]$ 上连续,在开区间 (x_1,x_2) 内可导. 因此,存在 $\varepsilon \in (x_1,x_2)$,使得

$$f(x_2)-f(x_1)=f'(\varepsilon)(x_2-x_1)\quad(x_1<\varepsilon<x_2)$$

因为 $x_2-x_1>0$,$f'(\varepsilon)>0$,所以 $f(x_2)-f(x_1)>0$,即 $f(x_2)>f(x_1)$. 故函数 $f(x)$ 在区间 (a,b) 内单调递增(增加).

同理可证,若 $f'(\varepsilon)<0$,则函数 $f(x)$ 在 (a,b) 上单调递减(减少).

为了解决函数导数在生活中的单调性问题,我们要按照以下步骤进行分析:

(1)根据导数等于零的点(驻点)或导数不存在的点将定义域分成几个子区间.

(2)分析导数在各区间内的符号.

(3)判断函数在各区间的单调性.

【实例 1】证明:当 $x>0$ 时,$x>ln(1+x)$.

证　令 $f(x)=x-ln(1+x)$,则 $f'(x)=1-\dfrac{1}{1+x}=\dfrac{x}{1+x}>0$. 所以,当 $x>0$ 时,$f'(x)>0$,函数 $f(x)$ 单调递增(增加),即 $f(x)>f(0)=0-ln(1+0)=0$. 因此,当 $x>0$ 时,$x>ln(1+x)$.

【实例 2】讨论 $f(x)=3x-x^3$ 的单调性.

解　　$f(x)$ 的定义域为 $(-\infty,+\infty)$，则 $f'(x)=3-3x^2=3(1-x)(1+x)$.

(1)当 $-\infty<x<-1$ 时，$f'(x)<0$，所以 $f(x)$ 在 $(-\infty,-1)$ 上逐渐减少.

(2)当 $-1<x<1$ 时，$f'(x)>0$，所以 $f(x)$ 在 $(-1,+1)$ 上逐渐增加.

(3)当 $1<x<+\infty$ 时，$f'(x)<0$，所以 $f(x)$ 在 $(1,+\infty)$ 上逐渐减少.

$x_1=-1,x_2=1$ 两点恰为单调区间的分界点，不难得知 $f'(-1)=f'(1)=0$.

可以说，$f(x)$ 在定义域内未必单调，但可用适当的一些点把定义域分为若干个区间，使得函数 $f(x)$ 在每一个区间上都有单调函数. 而这些分点有两类：一是使得 $f'(x)=0$ 的点，我们把它们称为**驻点**；二是**导数不存在的点**.

【实例 3】求函数 $f(x)=\sqrt[3]{x^2}$ 的单调区间.

解　　$f(x)$ 的定义域为 $(-\infty,+\infty)$，则 $f'(x)=(x^{\frac{2}{3}})'=\dfrac{2}{3}x^{-\frac{1}{3}}=\dfrac{2}{3\sqrt[3]{x}}$.

当 $x=0$ 时，$f'(x)$ 不存在，且不存在使 $f'(x)=0$ 的点，用 $x=0$ 把函数 $f(x)$ 的定义域 $(-\infty,+\infty)$ 分成两个区间，如表 2-1 所示：

表 2-1　函数 $f(x)=\sqrt[3]{x^2}$ 的单调区间

x	$(-\infty,0)$	0	$(0,+\infty)$
$f'(x)$	+	不存在	-
$f(x)$	↘		↗

求函数的单调区间的步骤如下：

(1)确定函数 $f(x)$ 的定义域.

(2)求出使 $f'(x)=0$ 和 $f'(x)$ 不存在的点，并以这些点为分界，将定义域分成若干个子区间.

(3)列表，从而判断函数 $f(x)$ 的单调性.

任务 2　理解函数的极值

极值是函数的一种局部的形态，它能帮助我们进一步把握函数的变化状况，为准确描绘函数图像提供不可缺少的判断信息，同时是研究函数的最大值和最小值问题的关键所在.

函数的图像在升降的变化中，有一些点是局部高点（称作峰），有一些点是局部低点（称作谷），如图 2-6 所示，函数 $y=f(x)$ 在 (a,b) 内的点 C_1、C_4 处出现"峰"，而在点 C_2、C_5 处出现"谷"；C_1、C_4 处的函数值 $f(C_1)$、$f(C_4)$ 比它们附近各点的函数值都大，而 C_2、C_5 处的函数值 $f(C_2)$、$f(C_5)$ 比它们附近各点的函数值都小. 曲线上这些点横坐标称作函数的极值点，纵坐标称作极值.

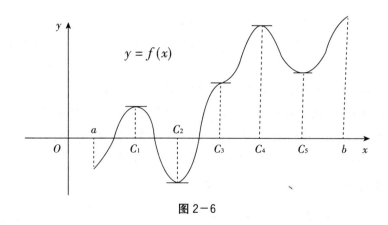

图 2-6

【定义 1】 设函数 $y = f(x)$ 在 x_0 的某邻域内有定义,若对于该邻域内的 x(异于 x_0)恒有:

(1)如果在 (a, b) 内,$f(x_0) > f(x)$,则称 $f(x_0)$ 为函数 $f(x)$ 的极大值,x_0 称作 $f(x)$ 的极大值点.

(2)如果在 (a, b) 内,$f(x_0) < f(x)$,则称 $f(x_0)$ 为函数 $f(x)$ 的极小值,x_0 称作 $f(x)$ 的极小值点.

其中,函数的极大值与极小值统称为极值,使函数取得极值的极大点与极小点统称为极值点.

【拓展】

(1)函数的极值是局部性的概念,即如果 $f(x_0)$ 是函数 $f(x)$ 的一个极大值,则只是就极大值点 x_0 附近的一个局部范围来说的. 在函数的整个定义域中,极大值不一定是最大值,极小值也不一定是最小值.

(2)函数的极大值不一定比极小值大.

(3)函数的极值一定出现在区间内部,在区间端点处不能取得极值;而函数的最大值、最小值可能出现在区间内部,也可能出现在区间的端点处.

此定理也可以这样理解:当 x 在 x_0 的邻近渐增地经过 x_0 时,如果 $f'(x)$ 的符号由负变正,那么 $f(x)$ 在 x_0 处取得极小值;如果 $f'(x)$ 的符号由正变负,那么 $f(x)$ 在 x_0 处取得极大值;如果 $f'(x)$ 的符号并没有改变,那么 $f(x)$ 在 x_0 处没有极值.

确定函数 $f(x)$ 的极值点和极值步骤如下:

(1)确定 $f(x)$ 的定义域.

(2)求出 $f(x)$ 的全部驻点和不可导点.

(3)列表分析 $f(x)$ 在每个驻点和不可导点的左右导数 $f'(x)$ 的符号,以便确定该点是否极值点.

(4)确定出函数的所有极值点和极值.

【拓展】 极值点有可能是导数为零的点,也有可能是导数不存在的点,例如,对于 $f(x)=|x|$,$x=0$ 是极值点,但是在该点处,函数的导数也不存在.

【实例 4】 求函数 $f(x)=x^3-3x^2-9x+1$ 的极值.

解

(1) $f(x)$ 的定义域为 $(-\infty,+\infty)$.

(2) $f'(x)=3x^2-6x-9=3(x^2-2x-3)=3(x-3)(x+1)$,函数 $f(x)$ 在定义域内无不可导点,令 $f'(x)=0$,得驻点为 $x_1=-1,x_1=3$.

(3)对函数 $f(x)$ 的极值判断如表 2-2 所示:

表 2-2 函数 $f(x)=x^3-3x^2-9x+1$ 的极值区间

x	$(-\infty,-1)$	-1	$(-1,3)$	3	$(3,+\infty)$
$f'(x)$	$+$	0	$-$	0	$+$
$f(x)$	↗	极大值 6	↘	极小值 -26	↗

(4)由表 2-2 可知,函数 $f(x)=x^3-3x^2-9x+1$ 的极大值为 $f(-1)=6$,极小值为 $f(3)=-26$.

【实例 5】 求函数 $f(x)=x-\dfrac{3}{2}\sqrt[3]{x^2}$ 的极值.

解

(1) $f(x)$ 的定义域为 $(-\infty,+\infty)$.

(2) $f'(x)=1-x^{-\frac{1}{3}}=\dfrac{\sqrt[3]{x}-1}{\sqrt[3]{x}}$,令 $f'(x)=0$,得驻点为 $x=1$,又当 $x=0$ 时,$f'(x)$ 不存在.

(3)对函数 $f(x)$ 的极值判断如表 2-3 所示:

表 2-3 函数 $f(x)=x-\dfrac{3}{2}\sqrt[3]{x^2}$ 的极值区间

x	$(-\infty,0)$	0	$(0,1)$	1	$(1,+\infty)$
$f'(x)$	$+$	不存在	$-$	0	$+$
$f(x)$	↗	极大值 0	↘	极小值 $-\dfrac{1}{2}$	↗

(4)由表 2-3 可知,函数 $f(x)=x-\dfrac{3}{2}\sqrt[3]{x^2}$ 的极大值为 $f(0)=0$,极小值为 $f(1)=-\dfrac{1}{2}$.

任务 3　理解函数的最值

在许多工程技术和社会经济中都需要我们解决一些实际问题,如在一定的条件下"用料最省""效率最高""产量最多""成本最低"等,这些问题反映在数学上就是函数的最大值、最小值的问题,他们都有很多的应用价值和实际意义.

对于在闭区间 $[a,b]$ 上连续的函数 $f(x)$,由最值定理可知一定存在最大值和最小值. 显然,函数在闭区间 $[a,b]$ 上的最大值和最小值只能在区间 $[a,b]$ 内的极值点和区间端点处获得,因此可得求闭区间 $[a,b]$ 上的连续函数 $f(x)$ 最值的步骤如下:

(1)确定函数的定义域.

(2)求出函数的驻点和不可导点.

(3)求出区间端点、驻点和不可导点的函数值,并比较函数值的大小,最大的值为函数的最大值,最小的值为函数的最小值.

【实例 6】求函数 $f(x)=2x^3+3x^2-12x-1$ 在 $[-3,4]$ 上的最大值和最小值.

解

(1) $f(x)$ 的定义域为 $(-\infty,+\infty)$.

(2) $f'(x)=6x^2+6x-12=6(x^2+x-2)=6(x-1)(x+2)$,令 $f'(x)=0$,得驻点为 $x_1=-2,x_2=1$.

(3)由于 $f(-2)=19$,$f(1)=-8$,$f(-3)=8$,$f(4)=127$,比较各值,得函数 $f(x)$ 的最大值为 $f(4)=127$,最小值为 $f(1)=-8$.

【实例 7】工厂铁路线上 AB 段的距离为 $100km$,工厂 C 距离 A 处为 $20km$,AC 垂直于 AB,如图 $2-7$ 所示. 为了运输需要,要在 AB 线上选定一点 D 向工厂 C 修筑一条公路,已知铁路每公里货运的运费与公路每公里货运的运费之比为 $3:5$. 为了使货物从供应站 B 运到工厂 C 的运费最省,问 D 点应选在何处?

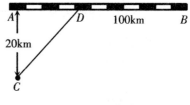

图 2-7

解 设 $AD=x(km)$,则 $DB=100-x(km)$,$CD=\sqrt{20^2+x^2}=\sqrt{400+x^2}(km)$;再设从 B 点到 C 点需要的总运费为 y,那么

$y=5k\cdot CD+3k\cdot DB$(k 是比例常数),即

$y=5k\cdot\sqrt{400+x^2}+3k\cdot(100-x)(0\leq x\leq100)$.

因为 $y'=k\left(\dfrac{5x}{\sqrt{400+x^2}}-3\right)$,令 $y'=0$,得 $x=15(km)$,$x_2=-15(km)$(舍去).

由于当 $x=0$ 时,$y=400k$;

当 $x=15$ 时,$y=380k$;

当 $x=100$ 时,$y=500k\sqrt{1+\dfrac{1}{25}}$.

所以当 $x=15$ 时,运费 $y=380k$ 为最小值, $AD=15(km)$ 时运费最省.

【学习效果评估 2-5】

1. 讨论下列函数的单调性.

(1) $y=x^3+\dfrac{1}{2}x^2-10x$　　　　　　(2) $y=2(x-1)^{\frac{1}{3}}$

(3) $y=e^x-x+1$　　　　　　　　　　(4) $y=\dfrac{\ln x}{2}$

2. 求下列函数的单调区间.

(1) $y=x^3-3x$　　　　　　　　　　(2) $y=(x-2)^{\frac{2}{3}}$

(3) $y=e^{-x^2}-1$　　　　　　　　　(4) $y=\dfrac{x^2}{1+x}$

3. 求下列函数的极值与极值点.

(1) $y=x^2+2x-3$　　　　　　　　　(2) $y=3x^4-4x^3-12x^2$

(3) $y=2e^{x^2}$　　　　　　　　　　(4) $y=x-\ln(1+x)$

4. 求下列函数在给定区间上的最大值和最小值.

(1) $y=x^4-2x^2+5, x\in[-2,2]$　　(2) $y=\sqrt{2x-x^2}, x\in[0,2]$

(3) $y=1-\dfrac{3}{2}(x-2)^{\frac{2}{3}}, x\in[0,3]$　　(4) $y=\ln(1+x^2), x\in[-1,2]$

5. 要制造一个无盖长方体蓄水池,其容积为 $500m^3$,底面为正方形,设底面与四壁的单位造价相同,问底边和高各为多少时,才能使所用材料最省?

单元训练 2

1. 选择题

(1) 设 $f(x)$ 在 $x=0$ 处可导,求 $f'(0)\neq0$,则下列等式中(　　)成立.

A. $\lim\limits_{\Delta x\to0}\dfrac{f(0)-f(\Delta x)}{\Delta x}=f'(0)$　　　　B. $\lim\limits_{x\to0}\dfrac{f(-x)-f(0)}{x}=f'(0)$

C. $\lim\limits_{x\to0}\dfrac{f(2x)-f(0)}{x}=2f'(0)$　　　　D. $\lim\limits_{\Delta x\to0}\dfrac{f(\frac{\Delta x}{2})-f(0)}{\Delta x}=2f'(0)$

(2) $f'_-(x_0), f'_+(x_0)$ 都存在是 $f'(x_0)$ 存在的(　　).

A. 充分但非必要条件　　　　　　　B. 必要但非充分条件

C. 充分且必要条件　　　　　　　　D. 既非充分也非必要条件

(3) 设曲线 $y=x^3-2$ 在点 $(1,0)$ 处法线的斜率是(　　).

A. 2   B. $-\dfrac{1}{2}$

C. 3   D. $-\dfrac{1}{3}$

(4)若 $f'(x_0)=1$，则 $\lim\limits_{h\to 0}\dfrac{f(x_0-h)-f(x_0+h)}{h}=$（   ）.

A. -1 B. 1

C. -2 D. 2

(5)函数在点 x_0 处可导是在该点连续的（   ）.

A. 充分但非必要条件   B. 必要但非充分条件

C. 充分且必要条件   D. 既非充分也非必要条件

(6)设可导函数 $y=f(lnx)$，则 $dy\big|_{x=e}=$（   ）.

A. 1   B. dx

C. $\dfrac{1}{e}$ D. $\dfrac{1}{e}dx$

(7)已知函数 $f(x)=\begin{cases}x+1, & x\le 0 \\ e^{-x}, & x>0\end{cases}$，则在 $x=0$ 处（   ）.

A. 间断   B. 连续但不可导

C. $f'(0)=1$ D. $f'(0)=-1$

(8)若下列给定的极限都存在,不能使用洛必达法则的是（   ）.

A. $\lim\limits_{x\to 0}\dfrac{x^2 sin\dfrac{1}{x}}{sinx}$ B. $\lim\limits_{x\to 0}\dfrac{x-sinx}{x+sinx}$

C. $\lim\limits_{x\to +\infty}x(\dfrac{\pi}{2}-arctanx)$ D. $\lim\limits_{x\to 0}\dfrac{ln(1+x)}{tanx}$

(9)函数 $y=x-e^x$ 单调增加的区间是（   ）.

A. $[-1,+\infty)$ B. $(-\infty,+\infty)$

C. $(-\infty,0]$ D. $[0,+\infty)$

(10) $f(x)=x-sinx$ 在区间 $[0,1]$ 上的最大值是（   ）.

A. 0   B. 1

C. $\dfrac{\pi}{2}$ D. $1-sin1$

2. 填空题

(1)设函数 $f(x)=\begin{cases}e^{2x}+b, & x<0 \\ sinax, & x\ge 0\end{cases}$，在 $x=0$ 处可导，则 $a=$_____；$b=$_____.

(2) d（_____）$=\dfrac{1}{x}dx$；d（_____）$=e^{2x}dx$；d（_____）$=\dfrac{1}{\sqrt{x}}dx$.

(3) 函数 $f(x) = x + \dfrac{1}{x}$ 的单调减区间是 _____ .

(4) 若函数 $f(x) = k\sin x + \dfrac{1}{4}\sin 4x$ 在 $x = \dfrac{\pi}{4}$ 处取得极值，则 $k =$ _____ .

(5) 函数 $f(x) = 2x^3 - 6x^2 + 3$ 在区间 $[-1,2]$ 上的最大值为 _____，最小值为 _____ .

3. 求下列函数的导数.

(1) $y = 2^{\tan\frac{1}{x}}$

(2) $y = \ln\sin\sqrt{x} + 1$

(3) $y = e^{-x}\cos(3-x)$

(4) $y = \arcsin\sqrt{1-x^2}$

4. 求下列函数的微分.

(1) $y = \sqrt{x} + \dfrac{1}{x^2} - \sin\dfrac{\pi}{3}$

(2) $y = \dfrac{2}{x + \cos x}$

(3) $y = \sin(\ln x^2)$

(4) $y = \arctan\dfrac{1+x}{1-x}$

5. 求下列函数的极限.

(1) $\lim\limits_{x \to 0} \dfrac{2x}{\sin x}$

(2) $\lim\limits_{x \to 0^+} x\ln x$

(3) $\lim\limits_{x \to 0}\left(\dfrac{1}{x} - \cot x\right)$

(4) $\lim\limits_{x \to 0} \dfrac{e^x - e^{-x}}{(2+\cos x)\sin x}$

6. 求函数 $y = x^2 e^{-x}$ 在 $[-1,3]$ 上的最大值和最小值.

7. 要围一个面积为 $150m^2$ 的矩形场地，所围材料的造价其正面为 6 元 $/m^2$，其余三面 3 元 $/m^2$，求当场地的长、宽各为多少米时，才能使材料费最少？（四面墙的高度相同）

单元 3

积分及其应用

📖 导 读

前两个单元初步学习了一元函数微积分学中的导函数及微分问题,本单元将进一步研究它的相反问题,即一元函数微积分学中的积分问题,主要包括定积分和不定积分. 积分不仅在自然科学与工程技术中有着广泛的应用,在计算机图像处理、计算机软件工程学、计算机网络性能评估等计算机科学领域中也有着重要的应用.

📖 知识与能力目标

1. 理解不定积分的概念与性质,会运用基本公式求一般函数的不定积分.
2. 掌握不定积分的换元积分法和分部积分法.
3. 理解定积分的概念及性质.
4. 理解牛顿—莱布尼茨公式的概念,学会牛顿—莱布尼茨公式计算定积分.
5. 掌握定积分在几何方面的应用.

项目1 认识不定积分的概念与性质

已知一个函数的导数,反过来要求这个函数本身的原函数,这就是不定积分.

任务1 理解原函数与不定积分的概念

1.原函数

【定义1】已知函数 $f(x)$ 在区间 I 上有定义,若存在可导函数 $F(x)$ 使得对任意 $x \in I$,都有

$$F'(x) = f(x) \text{ 或 } dF(x) = f(x)dx$$

则称 $F(x)$ 为 $f(x)$ 在区间 I 上的一个**原函数**.

【拓展】 关于原函数的概念有如下的说明：

(1)求原函数就是求导数的逆运算,一个函数 $F(x)$ 是不是 $f(x)$ 的原函数,只要看它的导数是否等于 $f(x)$ 即可.

(2)原函数不是唯一的,例如,因为 $(sinx)' = cosx$,$(sinx + 2)' = cosx$,$(sinx + C)' = cosx$,所以 $sinx$,$sinx + 2$,$sinx + C$,都是 $cosx$ 的原函数.

2. 不定积分

【定义 2】 如果 $F(x)$ 为 $f(x)$ 在区间 I 上的一个原函数,则称 $f(x)$ 的全体原函数 $F(x) + C$ 为 $f(x)$ 在区间 I 上的**不定积分**,记为

$$\int f(x)dx$$

其中,$\int$ 称作积分符号,$f(x)$ 称作被积函数,$f(x)dx$ 称作被积表达式,x 称作积分变量.

【定理 1】 区间 I 上连续函数一定有原函数.

【拓展】 关于不定积分的概念有如下的说明：

(1)由定义可知,函数 $f(x)$ 的不定积分就是 $f(x)$ 的一个原函数加常数 C.

(2)C 不能丢掉,它是不定积分的标志.

下面我们讨论如何求函数的不定积分,由不定积分的定义,可知

$$\left[\int f(x)dx\right]' = f(x) \text{ 或 } d\left[\int f(x)dx\right] = f(x)dx$$

$$\int F'(x)dx = F(x) + C \text{ 或 } \int dF(x) = F(x) + C$$

由此可见,微分运算(以 d 表示)与不定积分运算(以 $\int$ 表示)是互逆的,当符号 $\int$ 与 d 一起出现时,两者或者抵消,或者抵消后相差一个常数 C.

【实例 1】 求 $\int 2dx$.

解　由于 $(2x)' = 2$,则 $2x$ 是 2 的一个原函数,因此

$$\int 2dx = 2x + C$$

【实例 2】 求 $\int \dfrac{1}{x}dx$.

解　由于当 $x > 0$ 时,$(lnx)' = \dfrac{1}{x}$,所以 $\int \dfrac{1}{x}dx = lnx + C$.

当 $x < 0$ 时,$[ln(-x)]' = \dfrac{-1}{-x} = \dfrac{1}{x}$,所以 $\int \dfrac{1}{x}dx = ln(-x) + C$,因此

$$\int \dfrac{1}{x}dx = ln \mid x \mid + C$$

任务 2　认识基本积分公式

微分运算与积分运算互为逆运算,因此由基本导数公式或基本微分公式,显然可以得到相应的基本初等函数的积分公式:

(1) $\int k dx = kx + C$（k 为常数）　　　(2) $\int x^a dx = \dfrac{x^{a+1}}{1+a} + C (a \neq -1)$

(3) $\int \dfrac{1}{x} dx = ln \mid x \mid + C$　　　　　(4) $\int e^x dx = e^x + C$

(5) $\int a^x dx = \dfrac{a^x}{lna} + C$（$a > 0$ 且 $a \neq 1$）　(6) $\int cos x dx = sin x + C$

(7) $\int sin x dx = -cos x + C$　　　(8) $\int sec^2 x dx = \int \dfrac{1}{cos^2 x} dx = tan x + C$

(9) $\int csc^2 x dx = \int \dfrac{1}{sin^2 x} dx = -cot x + C$　(10) $\int sec x tan x dx = sec x + C$

(11) $\int csc x cot x dx = -csc x + C$　　(12) $\int \dfrac{1}{\sqrt{1-x^2}} dx = arcsin x + C$

(13) $\int \dfrac{1}{\sqrt{1-x^2}} dx = -arccos x + C$　(14) $\int \dfrac{1}{1+x^2} dx = arctan x + C$

(15) $\int \dfrac{1}{1+x^2} dx = -arccot x + C$

以上 15 个基本积分公式是计算不定积分的基础,在往后的学习中会经常用,必须牢记.

任务 3　掌握不定积分的性质

根据不定积分的定义,不定积分有以下性质:

【定理 2】若两个函数的和(或差)的不定积分等于各函数不定积分的和(或差),即

$$\int [f(x) \pm g(x)] dx = \int f(x) dx \pm \int g(x) dx$$

本定理对有限多个函数的和也成立,它表明求和函数可逐项积分.

【定理 3】被积函数中不为零的常数因子可提到积分符号外,即

$$\int k f(x) dx = k \int f(x) dx$$（k 为常数）

利用不定积分的性质与基本积分公式,可以直接计算一些简单函数的不定积分.

【实例 3】求 $\int \dfrac{1}{2x^3} dx$.

解　　$\int \dfrac{1}{2x^3} dx = \dfrac{1}{2} \int \dfrac{1}{x^3} dx = \dfrac{1}{2} \int x^{-3} dx = \dfrac{1}{2} (\dfrac{x^{-3+1}}{-3+1}) + c = -\dfrac{1}{4x^2} + C$

有些不定积分虽然不能直接使用基本积分公式,但当被积函数经过适当的代数或三角恒等变形后,便可以利用不定积分的基本性质及基本积分公式计算不定积分.

【实例 4】求 $\int \dfrac{x^4}{1+x^2}dx$.

解　$\int \dfrac{x^4}{1+x^2}dx = \int \dfrac{x^4-1+1}{1+x^2}dx = \int \dfrac{(x^2+1)(x^2-1)+1}{1+x^2}dx$

$$= \int(x^2-1+\dfrac{1}{1+x^2})dx = \dfrac{x^3}{3}-x+arctanx+C$$

【实例 5】求 $\int cos^2\dfrac{x}{2}dx$.

解　$\int cos^2\dfrac{x}{2}dx = \int \dfrac{1+cosx}{2}dx = \int(\dfrac{1}{2}+\dfrac{cosx}{2})dx = \dfrac{x}{2}+\dfrac{sinx}{2}+C$

【实例 6】求 $\int \dfrac{x^4-x^2-1}{1+x^2}dx$.

解　$\int \dfrac{x^4-x^2-1}{1+x^2}dx = \int \dfrac{x^4+x^2-2x^2-2+1}{1+x^2}dx$

$$= \int \dfrac{x^2(x^2+1)-2(x^2+1)+1}{1+x^2}dx$$

$$= \int(x^2-2+\dfrac{1}{1+x^2})dx = \dfrac{x^3}{3}-2x+arctanx+C$$

【拓展】对被积函数进行拆项是求不定积分常用的一种方法.计算不定积分所得到的结果是否正确,可以进行检验,检验的方法很简单,只需要看所得到的结果的导数是否等于被积函数即可.

【学习效果评估 3—1】

1.求下列不定积分.

(1) $\int(x^2+x+2sinx)dx$

(2) $\int\sqrt{x}\,(x+1)^2dx$

(3) $\int\dfrac{(x-1)^2}{x^2}dx$

(4) $\int(\dfrac{1}{1+x^2}-\dfrac{2}{\sqrt{1-x^2}})dx$

(5) $\int\dfrac{1}{x^2\sqrt{x}}dx$

(6) $\int\dfrac{x^2-1}{x^2+1}dx$

(7) $\int(\sqrt{x}+1)(x-\dfrac{1}{\sqrt{x}})dx$

(8) $\int\dfrac{1+cos^2x}{1+cos2x}dx$

(9) $\int sin^2\dfrac{x}{2}dx$

(10) $\int 3^xe^xdx$

2.已知曲线 $y=f(x)$ 过点 $(1,2)$,且在任一点的切线斜率均为 $2x^2$,求此曲线的方程.

项目 2　掌握不定积分的换元积分法及分部积分法

在项目 1 中已经介绍过不定积分的概念、性质和基本积分公式,利用它们可以直接求一些简单函数的不定积分,但当被积函数较为复杂时,使用直接积分的方法往往难以解决问题.为此,我们需要学习一些新的基本积分方法和技巧.本项目中我们要学习换元积分法和分部积分法.

任务 1　掌握换元积分法

【引例】

求 $\int sin3xdx$.

解　求此积分如果套用基本积分公式 $\int sinxdx = -cosx + C$ 似乎所求答案是 $-cos3x + C$,但是,由于 $(-cos3x + C)' = 3sin3x$,显然这一答案是不正确的,即 $-cos3x + C$ 不是 $sin3x$ 的原函数,事实上,由于 $(-\frac{1}{3}cos3x + C)' = sin3x$,即 $-\frac{1}{3}cos3x + C$ 才是正确的答案.

我们知道,被积函数 $sin3x$ 是一个复合函数,在计算不定积分时,可以先把原积分做下列变形后再计算

$$\int sin3xdx = \frac{1}{3}\int sin3xd(3x) \overset{令3x=u}{\Longleftrightarrow} \frac{1}{3}\int sinudu = -\frac{1}{3}cosu + C$$

$$= -\frac{1}{3}cos3x + C \text{（回代 } u = 3x\text{）}$$

这种解法的要点是引入新变量 $u = 3x$,从而把原积分化为积分变量 u,再用基本积分公式求解.总结后可得到下列定理:

【定理 1】 如果 $\int f(x)dx = F(x) + C$,且 $u = \varphi(x)$ 是 x 的任一可微函数,则 $\int f(u)du = F(u) + C$,即

$$\int f[\varphi(x)]\varphi'(x)dx \overset{凑微分}{\Longleftrightarrow} \int f[\varphi(x)]d[\varphi(x)] \overset{令u=\varphi(x)}{\Longleftrightarrow} \int f(u)du = F(u) + C \overset{回代}{\Longleftrightarrow} F[\varphi(x)] + C$$

证　由于 $\int f(u)dx = F(u) + C$ 得 $F'(u) = f(u)$,且 $u = \varphi(x)$,则

$$[F(\varphi(x))]' = F'(u) \cdot u'(x) = f(u) \cdot \varphi'(x) = f[\varphi(x)] \cdot \varphi'(x)$$

即

$$\int f[\varphi(x)]\varphi'(x)dx = F[\varphi(x)] + C$$

【实例 1】求 $\int (2x+1)^5 dx$.

解　　令 $u = 2x+1$，得 $du = 2dx$，从而 $dx = \dfrac{1}{2}du$，可得

$$\int (2x+1)^5 dx = \int u^5 \frac{1}{2}du = \frac{1}{2}\int u^5 du = \frac{1}{2}\times\frac{1}{6}u^6 + C = \frac{1}{12}(2x+1)^6 + C$$

如果熟练掌握微元法以后，可省略中间的换元步骤，直接凑微分成积分公式的形式. 如：

【实例 2】求 $\int \dfrac{lnx}{x}dx$.

解　　$\int \dfrac{lnx}{x}dx = \int lnx \cdot \dfrac{1}{x}dx = \int lnx d(lnx) = \dfrac{1}{2}(lnx)^2 + C$

利用凑微分法计算积分时，有时需要先将被积函数做适当代数式的恒等变形，再用凑微分法求不定积分. 如：

【实例 3】求 $\int \dfrac{1}{a^2+x^2}dx$.

解　　$\int \dfrac{1}{a^2+x^2}dx = \int \dfrac{1}{a^2\left[1+\left(\dfrac{x}{a}\right)^2\right]}dx = \dfrac{1}{a}\int \dfrac{1}{1+\left(\dfrac{x}{a}\right)^2}d\left(\dfrac{x}{a}\right) = \dfrac{1}{a}arctan\dfrac{x}{a} + C$

用凑微分法计算三角函数积分如 $\int sin^m x cos^n x dx$，可分为以下两种情况进行分析：

(1) 若 m、n 中至少有一个为奇数，当 m 为奇数时，可将 $sinxdx$ 凑成 $-d(cosx)$，并把被积函数转化为关于 $cosx$ 的多项式函数；而当 n 为奇数时，可将 $cosxdx$ 凑成 $d(sinx)$，并把被积函数转化为关于 $sinx$ 的多项式函数，然后逐项按幂函数计算不定积分.

(2) 若 m、n 均为偶数，可用半角公式降幂后再逐项积分.

【实例 4】求 $\int sinx cos^2 x dx$.

解　　$\int sinx cos^2 x dx = \int cos^2 x d(-cosx) = -\int cos^2 x d(cosx) = -\dfrac{1}{3}cos^3 x + C$

【实例 5】求 $\int sin^2 x cos^3 x dx$.

解　　$\int sin^2 x cos^3 x dx = \int sin^2 x cos^2 x d(sinx) = \int sin^2 x (1-sin^2 x)d(sinx)$

$$= \int (sin^2 x - sin^4 x)d(sinx) = \frac{1}{3}sin^3 x - \frac{1}{5}sin^5 x + C$$

【实例 6】求 $\int sin2x dx$.

解 $\displaystyle\int sin2xdx = \int 2sinxcosxdx = 2\int sinxd(sinx) = sin^2x + C$

或 $\displaystyle\int sin2xdx = \int 2sinxcosxdx = -2\int cosxd(cosx) = -cos^2x + C$

或 $\displaystyle\int sin2xdx = \frac{1}{2}\int sin2xd(2x) = -\frac{1}{2}cos2x + C$

任务 2　掌握分部积分法

我们将复合函数的微分法用于求积分,得到换元积分法,大大拓展了求积分的领域. 下面我们利用两个函数乘积的微分法则,推导出另外一种求积分的基本方法——分部积分法.

设函数 $u = u(x)$, $v = v(x)$ 具有连续导数,根据微分的乘积公式有

$$d(uv) = udv + vdu$$

移项,可得

$$udv = d(uv) - vdu$$

两边积分,可得

$$\int udv = uv - \int vdu \qquad (1)$$

$$或 \int uv'dx = uv - \int u'vdx \qquad (2)$$

此公式被称为分部积分公式,它可以将求 $\displaystyle\int udv$ 的积分问题转化为求 $\displaystyle\int vdu$ 的积分问题,当 $\displaystyle\int vdu$ 较容易计算时,分部积分公式就起到了化难为易的重要作用.

【实例 7】求 $\displaystyle\int xcos2xdx$.

解　设 $u = x$, $dv = cos2xdx = d(\frac{1}{2}sin2x)$,则 $du = dx$, $v = \frac{1}{2}sin2x$,由分部积分公式可得

$$\int xcos2xdx = \frac{1}{2}xsin2x - \frac{1}{2}\int sin2xdx = \frac{1}{2}xsin2x + \frac{1}{4}cos2x + C$$

【注意】本题若设 $u = cos2x$, $dv = xdx = d(\frac{1}{2}x^2)$,则有 $du = d(cos2x) = -2sin2xdx$ 及 $v = \frac{1}{2}x^2$,代入原式后,得到的积分 $\displaystyle\int xcos2xdx = \frac{1}{2}x^2cos2x + \int x^2sin2xdx$. 新得到的积分 $\displaystyle\int x^2sin2xdx$ 的求解反而比原来的积分 $\displaystyle\int xcos2xdx$ 更难. 这样就说明了设 u, v' 是不合适的,由此可见,运用好分部积分关键是恰当地选择好 u, v', 一般要考虑如下两点:

（1）v 要容易求得（可用凑微分法求出）.

（2）$\int v du$ 要比 $\int u dv$ 容易求出来.

【实例 8】求 $\int x e^x dx$.

解　设 $u = x$，$dv = e^x dx = d(e^x)$，则 $du = dx$，$v = e^x$，由分部积分公式可得

$$\int x e^x dx = x e^x - \int e^x dx = x e^x - e^x + C$$

【拓展】若被积函数为多项式与指数函数（以 e 为底）或正、余弦函数的乘积时，分部积分公式中的 u 应选多项式，简述为"指多弦多只选多".

【实例 9】求 $\int x^5 ln x dx$.

解　设 $u = ln x$，$dv = x^5 dx = d(\frac{1}{6} x^6)$，则 $du = \frac{1}{x} dx$，$v = \frac{1}{6} x^6$，由分部积分公式可得

$$\int x^5 ln x dx = \frac{1}{6} x^6 ln x - \int \frac{1}{6} x^6 \frac{1}{x} dx = \frac{1}{6} x^6 ln x - \frac{1}{6} \int x^5 dx = \frac{1}{6} x^6 ln x - \frac{x^6}{36} + C$$

【实例 10】求 $\int x arctan x dx$.

解　设 $u = arctan x$，$dv = x dx = d(\frac{1}{2} x^2)$，则 $du = \frac{1}{1+x^2} dx$，$v = \frac{1}{2} x^2$，由分部积分公式可得

$$\int x arctan x dx = \frac{1}{2} x^2 arctan x - \frac{1}{2} \int \frac{x^2}{1+x^2} dx = \frac{1}{2} x^2 arctan x - \frac{1}{2} \int \frac{1+x^2-1}{1+x^2} dx$$

$$= \frac{1}{2} x^2 arctan x - \frac{1}{2} \int (1 - \frac{1}{1+x^2}) dx = \frac{1}{2} x^2 arctan x - \frac{x}{2} + \frac{arctan x}{2} + C$$

【拓展】若被积函数为多项式与反三角函数或对数函数（以 e 为底）的乘积时，分部积分公式中的 u 应选反三角函数或对数函数，简述为"反多对多不选多".

【实例 11】求 $\int e^x sin x dx$.

解　方法一：设 $u = e^x$，$dv = sin x dx = -d(cos x)$，则 $du = d(e^x) = e^x dx$，$v = -cos x$，由分部积分公式可得

$$\int e^x sin x dx = -e^x cos x + \int e^x cos x dx = -e^x cos x + \int e^x d(sin x)$$

$$= -e^x cos x + e^x sin x - \int sin x d(e^x) = -e^x cos x + e^x sin x - \int e^x sin x dx$$

移项，并除以 2，可得

$$\int e^x sin x dx = \frac{1}{2} (e^x sin x - e^x cos x) + C$$

方法二：设 $u=sinx$, $dv=e^x dx=d(e^x)$, 则 $du=d(sinx)=cosxdx$, $v=e^x$, 由分部积分公式可得

$$\int e^x sinxdx = e^x sinx - \int e^x d(sinx) = e^x sinx - \int e^x cosxdx$$

$$= e^x sinx - \left[e^x cosx - \int e^x d(cosx) \right] = e^x sinx - e^x cosx - \int e^x sinxdx$$

移项，并除以 2，可得

$$\int e^x sinxdx = \frac{1}{2}(e^x sinx - e^x cosx) + C$$

【拓展】被积函数为指数函数（以 e 为底）与正、余弦函数的乘积时，分部积分公式中的 u 可以选择指数函数，也可以选择正、余弦函数，但两次分部积分选择的必须是同类函数，最后通过方程得出答案，简述为"指弦同在可任选，一旦选中不要变"。

在一般情况下，u 与 dv 必须按以下规律选择：

（1）形如 $\int x^n sinkxdx$, $\int x^n coskxdx$, $\int x^n e^{kx}dx$ 的不定积分，令 $u=x^n$, 剩余部分为 dv.

（2）形如 $\int x^n lnxdx$, $\int x^n arctanxdx$, $\int x^n arcsinxdx$ 的不定积分，令 $dv=x^n dx$, 剩余部分为 u.

（3）形如 $\int e^{ax} sinbxdx$, $\int e^{ax} cosbxdx$ 的不定积分，可以任意选择 u 和 dv , 但要注意，因为要使用两次分部积分公式，两次选择 u 和 dv 也要保持一致.

【实例 12】求 $\int arctanxdx$.

解　设 $u=arctanx$, $dv=dx$, 则 $du=d(arctanx)=\frac{1}{1+x^2}dx$, $v=x$, 由分部积分公式可得

$$\int arctanxdx = xarctanx - \int xd(arctanx) = xarctanx - \int \frac{x}{1+x^2}dx$$

$$= xarctanx - \frac{1}{2}\int \frac{1}{1+x^2}d(1+x^2) = xarctanx - \frac{1}{2}ln(1+x^2) + C$$

在计算积分时，有时候需要同时使用换元积分法和分部积分法，如：

【实例 13】求 $\int cos\sqrt{x}\,dx$.

解　设 $t=\sqrt{x}$, 则 $x=t^2$, $dx=dt^2=2tdt$, 由分部积分公式可得

$$\int cos\sqrt{x}\,dx = 2\int tcostdt = 2tsint - 2\int sintdt = 2tsint + 2cost + C$$

$$= 2\sqrt{x}sin\sqrt{x} + 2cos\sqrt{x} + C$$

【实例 14】求 $\int sin(lnx)dx$.

解 设 $t = lnx$，则 $x = e^t$，$dx = d(e^t) = e^t dt$，由分部积分公式可得

$$\int sin(lnx)dx = \int e^t sint dt = e^t sint - \int e^t cost dt = e^t sint - \left[e^t cost - \int e^t(-sint)dt \right]$$

$$= e^t sint - e^t cost - \int e^t sint dt$$

所以

$$\int sin(lnx)dx = \frac{1}{2}e^t(sint - cost) + C = \frac{1}{2}e^{lnx}\left[sin(lnx) - cos(lnx) \right] + C$$

$$= \frac{1}{2}x\left[sin(lnx) - cos(lnx) \right] + C$$

【学习效果评估 3−2】

1. 用换元积分法求下列不定积分.

(1) $\int (3x+1)^{10}dx$

(2) $\int \sqrt{3x-5}dx$

(3) $\int \frac{1}{2}xe^{x^2}dx$

(4) $\int x\sqrt{x^2-4}dx$

(5) $\int \frac{cos\sqrt{x}}{\sqrt{x}}dx$

(6) $\int \frac{e^{2\sqrt{x}}}{\sqrt{x}}dx$

(7) $\int \frac{1}{x^2+6x+10}dx$

(8) $\int \frac{1}{x^2-1}dx$

2. 用分部积分法求下列不定积分.

(1) $\int xsin2xdx$

(2) $\int (2x+1)e^x dx$

(3) $\int xe^{-x}dx$

(4) $\int ln2xdx$

(5) $\int arcsinxdx$

(6) $\int e^x cosxdx$

(7) $\int e^{\sqrt{x}}dx$

(8) $\int \frac{lnlnx}{x}dx$

项目 3 理解定积分的概念及性质

不定积分是微分逆运算的一个侧面,而定积分是它的另一个侧面,它们有着密切的关系. 我们先看两个引例.

【引例 1】求曲边梯形的面积.

设 $y=f(x)$ 是区间 $[a,b]$ 上的非负连续函数,由直线 $x=a$,$x=b$,$y=0$ 及曲线 $y=f(x)$ 所围成的图形,如图 3－1 所示,称作曲边梯形,曲线 $y=f(x)$ 称为曲边.

下面我们来考虑如何计算这曲边梯形的面积.

由于曲边梯形的高 $f(x)$ 在区间 $[a,b]$ 上是变化的,无法直接用已有的梯形面积公式来计算.但曲边梯形的高 $f(x)$ 在区间 $[a,b]$ 上是连续变化的,当区间很小时,高 $f(x)$ 的变化也很小,近似不变.因此,如果把区间 $[a,b]$ 分成许多小区间,如图 3－2 所示,每个小区间上用某一点处的高度近似代替该区间上的小曲边梯形的高,那么,每个小曲边梯形就可近似看成这样得到的小矩形,从而所有小矩形面积之和就可作为曲边梯形面积的近似值.虽然在小区内"以直代曲"误差会小很多,但是毕竟还存在误差.那怎样才能获得面积的精确值?

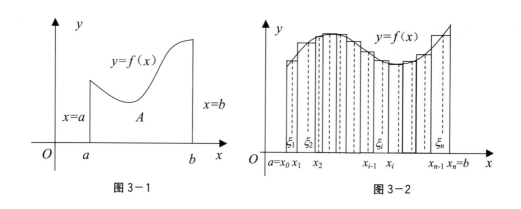

图 3－1　　　　　　　　图 3－2

由于对区间 $[a,b]$ 分割得越细,产生的面积误差就越小,因此取极限就可获得面积的精确值.

下面是具体的实施步骤:

(1)分割区间.在区间 $[a,b]$ 内插入 $n-1$ 个分点,使得 $a=x_0<x_1<x_2<x_3<\cdots<x_{n-1}<x_n=b$,这些分点把区间 $[a,b]$ 分成 n 个小区间 $[x_{i-1},x_i]$ $(i=1,2,3,\cdots,n)$,各小区间 $[x_{i-1},x_i]$ 的长度依次记为 $\Delta x_i=x_i-x_{i-1}$ $(i=1,2,3,\cdots,n)$,过各个分点作垂直于 x 轴的直线,将整个曲边梯形分成 n 个小曲边梯形,如图 3－2 所示,每个小曲边梯形的面积记为 ΔA_i $(i=1,2,3,\cdots,n)$.

(2)取近似值.在每个小区间 $[x_{i-1},x_i]$ 上任意取一点 ε_i $(x_{i-1}<\varepsilon_i<x_i)$,并作以 $f(\varepsilon_i)$ 为高,底边长为 Δx_i 的小矩形,则面积为 $f(\varepsilon_i)\Delta x_i$,它可作为同底小曲边梯形面积的近似值,即

$$\Delta A_i \approx f(\varepsilon_i)\Delta x_i (i=1,2,3,\cdots,n).$$

(3)求和.把 n 个小矩形的面积相加,就得到整个曲边梯形面积 A 的近似值,即

$$A=\sum_{i=1}^{n}\Delta A_i \approx \sum_{i=1}^{n}f(\varepsilon_i)\Delta x_i$$

(4)取极限. 记 $\lambda = max\{\Delta x_1, \Delta x_2, \cdots, \Delta x_n\}$，则当 $\lambda \to 0$ 时，每个小区间 $[x_{i-1}, x_i]$ 的长度 Δx_i 也趋近于零，此时，和式 $\sum\limits_{i=1}^{n} f(\varepsilon_i)\Delta x_i$ 的极限便是所求曲边梯形面积 A 的精确值，即

$$A = \lim_{\lambda \to 0} \sum_{i=1}^{n} f(\varepsilon_i)\Delta x_i$$

【引例 2】 求变速直线运动的路程.

设物体作变速直线运动，已知速度 $v = v(t)$ 是时间间隔 $[T_1, T_2]$ 上的连续函数，且 $v(t) \geq 0$，计算这段时间内运动的距离，解决这个问题的思路和步骤与求曲边梯形的面积类似.

下面是具体的实施步骤：

(1)分割区间. 在区间 $[T_1, T_2]$ 内插入 $n-1$ 个分点，使得 $T_1 = t_0 < t_1 < t_2 < \cdots < t_{n-1} < t_n = T_2$，这些分点把区间 $[T_1, T_2]$ 分成 n 个小区间 $[t_{i-1}, t_i](i = 1, 2, 3, \cdots, n)$，各小区间 $[t_{i-1}, t_i]$ 的长度依次记为 $\Delta t_i = t_i - t_{i-1}(i = 1, 2, 3, \cdots, n)$，过各个分点作垂直于 x 轴的直线，将整个时间区间分成 n 个小时间区间，如图 3-3 所示，每个小时间区间的路程记为 $\Delta S_i(i = 1, 2, 3, \cdots, n)$.

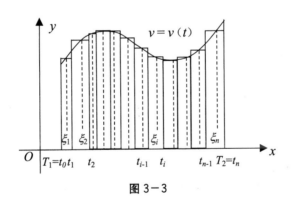

图 3-3

(2)取近似值. 在每个小区间 $[t_{i-1}, t_i]$ 上的运动视为匀速，任意取一点 $\varepsilon_i(t_{i-1} < \varepsilon_i < t_i)$，作乘积为 $v(\varepsilon_i)\Delta t_i$，每小段所走路程可近似表示为

$$\Delta S_i \approx v(\varepsilon_i)\Delta t_i (i = 1, 2, 3, \cdots, n)$$

(3)求和. 把 n 个小区间时间上的路程相加，就得到整个总路程 S 的近似值，即

$$S \approx \sum_{i=1}^{n} v(\varepsilon_i)\Delta t_i$$

(4)取极限. 记 $\lambda = max\{\Delta t_1, \Delta t_2, \cdots, \Delta t_n\}$，则当 $\lambda \to 0$ 时，每个小区间 $[t_{i-1}, t_i]$ 的长度 Δt_i 也趋近于零，此时，和式 $\sum\limits_{i=1}^{n} f(\varepsilon_i)\Delta x_i$ 的极限便是所求总路程 S 的精确值，即

$$S = \lim_{\lambda \to 0} \sum_{i=1}^{n} v(\varepsilon_i) \Delta t_i$$

任务 1　理解定积分的概念

我们看到,虽然曲边梯形面积和变速直线运动的路程的实际意义不同,但解决问题的方法却完全相同.概括起来就是分割区间、近似、求和、取极限.抛开他们各自所代表的实际意义,概括他们的数量关系上共同的本质和特点,可以得到定积分的定义.

【定义 1】设函数 $y = f(x)$ 在区间 $[a,b]$ 上有界,在 $[a,b]$ 内插入 $n-1$ 个分点,使得 $a = x_0 < x_1 < x_2 < x_3 < \cdots < x_{n-1} < x_n = b$,这些分点把区间 $[a,b]$ 分成 n 个小区间 $[x_{i-1}, x_i]$ $(i=1,2,3,\cdots,n)$,在每个小区间 $[x_{i-1}, x_i]$ 上任意取一点 ε_i $(x_{i-1} < \varepsilon_i < x_i)$,作乘积 $f(\varepsilon_i)\Delta x_i$ $(i=1,2,3,\cdots,n)$,并作出和式 $A = \sum_{i=1}^{n} f(\varepsilon_i)\Delta x_i$.记 $\lambda = max\{\Delta x_1, \Delta x_2, \cdots, \Delta x_n\}$,如果不管对区间 $[a,b]$ 怎样划分,也不管在小区间 $[x_{i-1}, x_i]$ 上点 ε_i 怎样取,只要当 $\lambda \to 0$ 时,和式 $\sum_{i=1}^{n} f(\varepsilon_i)\Delta x_i$ 总趋近于确定的值 I,则称 $f(x)$ 在区间 $[a,b]$ 上可积,称此极限值 I 为函数 $f(x)$ 上的定积分,记为 $\int_a^b f(x)dx$,即

$$\int_a^b f(x)dx = \lim_{\lambda \to 0} \sum_{i=1}^{n} f(\varepsilon_i)\Delta x_i$$

其中,$f(x)$ 称作被积函数,$f(x)dx$ 称作被积表达式,x 称作积分变量,a 称作积分下限,b 称作积分上限,$[a,b]$ 称作积分区间.

【拓展】关于定积分的概念有如下的说明:

(1)定积分是一个依赖于被积函数 $f(x)$ 及积分区间 $[a,b]$ 的常量,与积分变量使用什么字母无关,即 $\int_a^b f(x)dx = \int_a^b f(t)dt = \int_a^b f(u)du$.

(2)定义中要求 $a < b$,为方便起见,允许 $b \leq a$,并规定 $\int_a^b f(x)dx = -\int_b^a f(x)dx$ 及 $\int_a^a f(x)dx = 0$.

任务 2　理解定积分的几何意义

根据本项目的引例和定积分的定义,可得出定积分的几何意义:

(1)若在 $[a,b]$ 上 $f(x) \geq 0$,则由引例 1 中曲边梯形的面积问题可知,定积分 $\int_a^b f(x)dx$ 等于以 $y = f(x)$ 为曲边的 $[a,b]$ 上的曲边梯形的面积 A,即 $\int_a^b f(x)dx = A$.

(2)若在 $[a,b]$ 上 $f(x) \leq 0$,因 $f(\varepsilon_i) \leq 0$,从而 $\sum_{i=1}^{n} f(\varepsilon_i)\Delta x_i \leq 0$ 及 $\int_a^b f(x)dx \leq 0$.

此时 $\int_a^b f(x)dx$ 等于由直线 $x=a$, $x=b$, $y=0$ 及曲线 $y=f(x)$ 所围成的曲边梯形面积 A 的相反数,即 $\int_a^b f(x)dx=-A$.

(3)若 $f(x)$ 在 $[a,b]$ 上 $f(x)$ 有正、负数,则 $\int_a^b f(x)dx$ 等于闭区间 $[a,b]$ 上位于 x 轴上方的图形面积减去 x 轴下方的图形面积. 如图 3-4 所示.

$$A=\int_a^b f(x)dx=\int_a^{x_1} f(x)dx+\int_{x_1}^{x_2} f(x)dx+\int_{x_2}^b f(x)dx=A_1-A_2+A_3$$

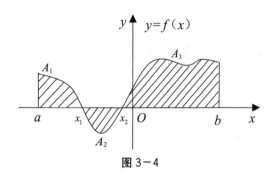

图 3-4

【实例 1】 求 $\int_0^R \sqrt{R^2-x^2}\,dx$ 的值.

解　由定积分的几何意义可知, $\int_0^R \sqrt{R^2-x^2}\,dx$ 就是由直线 $x=0$, $x=R$, $y=0$ 和曲线 $y=\sqrt{R^2-x^2}$ $(0\leqslant x<R)$ 所围成的曲边梯形的面积. 而这个曲边梯形是以原点为圆心, R 为半径的位于第一象限的四分之一圆,所以 $\int_0^R \sqrt{R^2-x^2}\,dx=\dfrac{1}{4}\pi R^2$.

任务 3　了解定积分的性质

由定积分的定义及极限的运算法则,假定有关函数都是连续的,可以推出定积分有以下性质:

【**性质 1**】 函数的和(或差)的定积分等于它们的定积分的代数和(或差),即

$$\int_a^b [f(x)\pm g(x)]dx=\int_a^b f(x)dx\pm\int_a^b g(x)dx$$

【**性质 2**】 被积函数的常数因子可提到积分符号外面,即

$$\int_a^b kf(x)dx=k\int_a^b f(x)dx\ (k\ 为常数)$$

【**性质 3**】 (积分区间的可加性)若 $a<c<b$,则

$$\int_a^b f(x)dx=\int_a^c f(x)dx+\int_c^b f(x)dx$$

【拓展】 关于定积分的性质有如下的说明：

无论 a,b,c 的相对位置如何(如 $a<b<c,c<a<b$ 等)上述性质仍成立. 其中性质 3 表明定积分对积分区间具有可加性,这个性质可以用于求分段函数的定积分.

【实例 2】 已知 $f(x)=\begin{cases}1-\dfrac{x}{2},x\geq 0\\1+x,x<0\end{cases}$,求 $\displaystyle\int_{-1}^{2}f(x)dx$.

解 由于被积函数 $f(x)$ 是一个分段函数,所以其定积分应分段积分,根据定积分性质 3 可得

$$\int_{-1}^{2}f(x)dx=\int_{-1}^{0}(1+x)dx+\int_{0}^{2}(1-\frac{x}{2})dx=(x+\frac{1}{2}x^2)\Big|_{-1}^{0}+(x-\frac{1}{4}x^2)\Big|_{0}^{2}=\frac{1}{2}+1=\frac{3}{2}$$

【性质 4】 (积分的保序性)在 $[a,b]$ 上,若 $f(x)\leq g(x)$,则 $\displaystyle\int_{a}^{b}f(x)dx\leq\int_{a}^{b}g(x)dx$.

【实例 3】 比较定积分 $\displaystyle\int_{1}^{2}xdx$ 与 $\displaystyle\int_{1}^{2}2xdx$ 的大小.

解 在区间 $[1,2]$ 上, $x<2x$,根据定积分性质 4 可得, $\displaystyle\int_{1}^{2}xdx<\int_{1}^{2}2xdx$.

【性质 5】 (积分的可估性)在 $[a,b]$ 上,若 $m\leq f(x)\leq M$,则

$$m(b-a)\leq\int_{a}^{b}f(x)dx\leq M(b-a)$$

证 因为 $m\leq f(x)\leq M(a<x<b)$,根据定积分性质 4 可得

$$\int_{a}^{b}mdx<\int_{a}^{b}f(x)dx<\int_{a}^{b}Mdx$$

再由定积分性质 2 可将常数因子提出,可得

$$m\int_{a}^{b}dx<\int_{a}^{b}f(x)dx<M\int_{a}^{b}dx$$

最后,利用定积分 $\displaystyle\int_{a}^{b}dx=b-a$,即可证

$$m(b-a)\leq\int_{a}^{b}f(x)dx\leq M(b-a)$$

【实例 4】 估计定积分 $\displaystyle\int_{-1}^{2}e^{-x^2}dx$ 的值.

解 设 $f(x)=e^{-x^2}$,则 $f(x)$ 在区间 $[-1,2]$ 上连续,令 $f'(x)=-2xe^{-x^2}=0$,求得 $x=0$. 又因为 $f(0)=e^0=1,f(-1)=e^{-1},f(2)=e^{-4}$. 所以, $f(x)$ 在区间 $[-1,2]$ 上的最大值 $M=1$,最小值 $m=e^{-4}$. 根据定积分性质 5,可得

$$3e^{-4}\leq\int_{-1}^{2}e^{-x^2}dx\leq 3$$

【性质 6】 (积分的中值定理)若函数 $f(x)$ 在 $[a,b]$ 上连续,则至少存在一点 $\varepsilon\in$

$[a,b]$，使得

$$\int_a^b f(x)dx = f(\varepsilon)(b-a)$$

证　因为函数 $f(x)$ 在闭区间 $[a,b]$ 上连续，根据闭区间上连续函数的最大值和最小值定理，$f(x)$ 在 $[a,b]$ 上一定有最大值 M 和最小值 m，由定积分的性质 5 有

$$m(b-a) \leq \int_a^b f(x)dx \leq M(b-a) \text{ 或 } m \leq \frac{1}{b-a}\int_a^b f(x)dx \leq M$$

即数值 $\frac{1}{b-a}\int_a^b f(x)dx$ 介于 $f(x)$ 在 $[a,b]$ 上的最大值 M 和最小值 m 之间. 根据闭区间上连续函数的中值定理，至少存在一点 ε，使得

$$f(\varepsilon) = \frac{1}{b-a}\int_a^b f(x)dx$$

即

$$\int_a^b f(x)dx = f(\varepsilon)(b-a)$$

【学习效果评估 3—3】

1. 利用定积分的几何意义求下列定积分的值.

(1) $\int_1^3 (2x+1)dx$ 　　　　　　(2) $\int_{-1}^2 |x| dx$

(3) $\int_0^{2\pi} \cos x dx$ 　　　　　　(4) $\int_o^a \sqrt{a^2-x^2} dx (a > 0)$

2. 不计算定积分的值，比较下列各题中两定积分值的大小.

(1) $\int_1^3 x^2 dx$ 与 $\int_1^3 x^3 dx$ 　　　　(2) $\int_0^2 x dx$ 与 $\int_0^2 \ln(x+1)dx$

(3) $\int_0^{\frac{\pi}{4}} \sin x dx$ 与 $\int_0^{\frac{\pi}{4}} \cos x dx$ 　　(4) $\int_0^1 e^x dx$ 与 $\int_0^1 (x+1)dx$

项目 4　掌握微积分基本定理

前一项目介绍了定积分的概念. 定积分就是积分和式的极限，但是用定义计算定积分是一件复杂、繁琐、难度大的事情. 本项目将通过对定积分与原函数关系的讨论，从而介绍一种简便有效的计算方法，即牛顿－莱布尼茨公式，也称为微积分基本公式.

任务 1　理解积分上限函数及其导数

1. 积分上限函数

设函数 $f(x)$ 在闭区间 $[a,b]$ 上连续，并设 x 为 $[a,b]$ 上的一点，则 $f(x)$ 在 $[a,x]$

上可积，$\int_a^x f(x)dx$ 为一个确定的值，因为定积分与积分变量的记法无关，所以为了明确，可将上面的定积分改写为 $\int_a^x f(t)dt$，如图 3-5 所示.

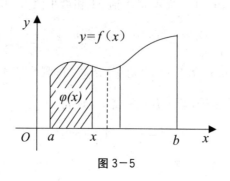

图 3-5

【定义 1】如果上限 x 在区间 $[a,b]$ 上任意变动，对于每一个取定的 x 值，定积分都有一个对应的值，所以 $\int_a^x f(t)dt$ 在区间 $[a,b]$ 上是 x 的一个函数，记为 $\varphi(x)$，即

$$\varphi(x) = \int_a^x f(t)dt \, (a \le x \le b)$$

函数 $\varphi(x)$ 是积分上限 x 的函数，因此简称为积分上限函数.

2. 积分上限函数的导数

【定理 1】如果函数 $f(x)$ 在闭区间 $[a,b]$ 上连续，则积分上限函数 $\varphi(x) = \int_a^x f(t)dt$ $(a \le x \le b)$ 在区间 $[a,b]$ 上可导，并且它的导数是 $\varphi'(x) = \dfrac{d}{dx}\int_a^x f(t)dt = f(x) \, (a \le x \le b)$.

【拓展】关于积分上限函数的导数有如下的说明：

(1)连续函数 $f(x)$ 取变上限 x 的定积分，然后求导，其结果就是 $f(x)$ 本身，说明积分运算和微分运算互为逆运算，即 $\left[\int_a^x f(t)dt\right]' = f(x)$.

(2)连续函数 $f(x)$ 的变上限定积分 $\int_a^x f(t)dt$ 是 $f(x)$ 的一个原函数，因此在区间 $[a,b]$ 上任一连续函数的原函数一定存在.

【实例 1】计算 $\left(\int_a^x e^{t^2} sintdt\right)'$.

解 $\left(\int_a^x e^{t^2} sintdt\right)' = e^{x^2} sinx$

【实例 2】计算 $\dfrac{d}{dx}\int_0^{x^2} lnt^2 dt$.

解　令 $u = x^2$，则由复合函数的求导法则可得

$$\frac{d}{dx}\int_0^{x^2} lnt^2 dt = (\frac{d}{du}\int_0^u lnt^2 dt)\cdot\frac{du}{dx} = lnu^2\cdot 2x = 2xlnx^4$$

事实上，若函数 $\varphi(x)$ 可导，总有

$$\frac{d}{dx}\int_a^{\varphi(x)} f(t)dt = f[\varphi(x)]\cdot\varphi'(x)$$

任务2　了解牛顿－莱布尼茨公式

【定理2】 如果函数 $F(x)$ 是连续函数 $f(x)$ 在区间 $[a,b]$ 上的任一原函数，则

$$\int_a^b f(x)dx = F(b) - F(a)$$

证　已知 $F(x)$ 是函数 $f(x)$ 在区间 $[a,b]$ 上的一个原函数，根据定理1可知，$f(x)$ 的变上限定积分

$$\varphi(x) = \int_a^x f(t)dt\,(a \le x \le b)$$

也是函数 $f(x)$ 的一个原函数，所以二者之间在区间 $[a,b]$ 上只差一个常数 C，即

$$F(x) - \varphi(x) = C\ (a \le x \le b)$$

令 $x = a$，则 $\varphi(a) = 0$；

再由上式可得 $C = F(a)$，将之代入到上式中，有

$$\varphi(x) = F(x) - F(a)$$

即

$$\int_a^x f(t)dt = F(x) - F(a)$$

在上式中令 $x = b$，便可得到所要证明的结论.

为方便起见，常用符号 $[F(x)]_a^b$ 表示 $F(b) - F(a)$，这时公式可以写为

$$\int_a^b f(x)dx = [F(x)]_a^b = F(x)\Big|_a^b = F(b) - F(a)$$

称为牛顿－莱布尼茨公式，也称为微积分基本公式.

牛顿－莱布尼茨公式将定积分与被积函数的原函数或不定积分直接连接起来，它把定积分问题转化为求原函数的问题，从而为定积分计算找到了一条简捷的途径，它是整个积分学最重要的公式.

【实例3】 计算定积分 $\int_1^2 2x^2 dx$.

解　因为 $(\frac{2}{3}x^3)' = 2x^2$，所以

$$\int_1^2 2x^2 dx = \frac{2}{3}x^3\Big|_1^2 = \frac{16}{3} - \frac{2}{3} = \frac{14}{3}$$

【实例 4】计算定积分 $\int_{-1}^{\sqrt{3}} \frac{1}{x^2+1} dx$.

解 因为 $(\arctan x)' = \frac{1}{x^2+1}$, 所以

$$\int_{-1}^{\sqrt{3}} \frac{1}{x^2+1} dx = \arctan x \Big|_{-1}^{\sqrt{3}} = \arctan\sqrt{3} - \arctan(-1) = \frac{\pi}{3} - \left(-\frac{\pi}{4}\right) = \frac{7\pi}{12}$$

【实例 5】计算定积分 $\int_0^{\pi} |\cos x| dx$.

解 因为函数 $|\cos x|$ 在 $[0,\pi]$ 上可写为分段函数 $f(x) = \begin{cases} \cos x, & 0 \leqslant x \leqslant \dfrac{\pi}{2} \\ -\cos x, & \dfrac{\pi}{2} \leqslant x \leqslant \pi \end{cases}$,

所以

$$\int_0^{\pi} |\cos x| dx = \int_0^{\frac{\pi}{2}} \cos x dx + \int_{\frac{\pi}{2}}^{\pi} (-\cos x) dx = \sin x \Big|_0^{\frac{\pi}{2}} - \sin x \Big|_{\frac{\pi}{2}}^{\pi} = \sin\frac{\pi}{2} + \sin\frac{\pi}{2} = 2$$

【实例 6】计算定积分 $\int_{-1}^{1} \sqrt{x^2} dx$.

解 因为函数 $\sqrt{x^2} = |x|$ 在 $[-1,1]$ 上可写为分段函数 $f(x) = \begin{cases} x, & 0 \leqslant x \leqslant 1 \\ -x, & -1 \leqslant x \leqslant 0 \end{cases}$,

所以

$$\int_{-1}^{1} \sqrt{x^2} dx = \int_0^1 x dx + \int_{-1}^0 (-x) dx = \frac{x^2}{2} \Big|_0^1 + \left(-\frac{x^2}{2}\right) \Big|_{-1}^0 = \frac{1}{2} - \frac{1}{2} = 0$$

【**学习效果评估 3—4**】

1. 求下列函数的导数.

(1) $y = \int_0^x \sin t^3 dt$ 　　　　　　(2) $y = \int_{x^2}^0 \arctan t^3 dt$

2. 求下列定积分.

(1) $\int_1^2 (x^3 + x^2 + 1) dx$ 　　　　　　(2) $\int_1^2 (x^2 + \frac{1}{x}) dx$

(3) $\int_1^e (\frac{1}{x} - a) dx$ 　　　　　　(4) $\int_4^9 (\sqrt{x} + \frac{1}{\sqrt{x}}) dx$

(5) $\int_0^2 e^{\frac{x}{2}} dx$ 　　　　　　(6) $\int_0^{\sqrt{3}a} \frac{1}{a^2 + x^2} dx$

(7) $\int_{-1}^0 \frac{3x^4 + 3x^2 + 1}{x^2 + 1} dx$ 　　　　　　(8) $\int_1^2 (x + \frac{1}{x})^2 dx$

(9) $\int_{-\frac{1}{2}}^{\frac{1}{2}} \frac{1}{\sqrt{1-x^2}} dx$ 　　　　　　(10) $\int_0^{2\pi} |\sin x| dx$

3. 设 $f(x) = \begin{cases} x^2, & 0 \leqslant x \leqslant 1 \\ x - 1, & 1 < x \leqslant 2 \end{cases}$, 求 $\int_0^2 f(x) dx$.

项目 5　掌握定积分在几何方面的应用

前面讨论了定积分的概念和计算方法,在此基础之上要进一步来研究它的应用.定积分在科学技术问题中有着广泛的应用,本项目主要介绍定积分在几何上的应用,重点是掌握微元法,将实际问题表示成定积分的分析方法.

任务 1　掌握微元法

在利用定积分研究解决实际问题时,关键在于如何把所求的量用定积分表示出来,为此我们常采用所谓的"微元法".为了说明这种方法,我们先回顾一下用本单元项目 3 引例 1 中用定积分求解曲边梯形面积问题的方法和步骤.

设 $y=f(x)$ 是区间 $[a,b]$ 上的非负连续函数,且 $f(x)\geqslant 0$,求由直线 $x=a$,$x=b$,$y=0$ 及曲线 $y=f(x)$ 所围成的曲边梯形的面积 A. 把这个面积 A 表示为定积分 $\int_a^b f(x)dx$,求面积 A 的步骤是"分割区间、取近似值、求和、取极限":

(1)分割区间,把区间 $[a,b]$ 分成 n 个小区间 $[x_{i-1},x_i]$ $(i=1,2,3,\cdots,n)$,将整个曲边梯形分成 n 个小曲边梯形,其面积记为 ΔA_i $(i=1,2,3,\cdots,n)$.

(2)取近似值,得 $\Delta A_i \approx f(\varepsilon_i)\cdot x_i$ $(i=1,2,3,\cdots,n)$.

(3)求和,得 $A=\sum_{i=1}^{n}\Delta A_i \approx \sum_{i=1}^{n}f(\varepsilon_i)\Delta x_i$.

(4)取极限,得 $A=\lim_{\lambda\to 0}\sum_{i=1}^{n}f(\varepsilon_i)\Delta x_i$.

在上述问题中我们注意到,所求量(即面积 A)与区间 $[a,b]$ 有关,如果把区间 $[a,b]$ 分成许多部分区间,则所求量相应地分成许多部分量(ΔA_i),而所求量等于所有部分量之和(如 $A=\sum_{i=1}^{n}\Delta A_i$),这一性质称作所求量对于区间 $[a,b]$ 具有可加性.

在上述计算曲边梯形的面积时,上述步骤中最关键的是(2)取近似值和(4)取极限,有了(2)取近似值的 $A=\sum_{i=1}^{n}\Delta A_i$,积分的主要形式就已经形成.为了以后使用方便,可把上述四步概括为下面两步,设所求量为 A,区间为 $[a,b]$.

(1)在区间 $[a,b]$ 任取一个小区间 $[x,x+dx]$,并求出相应于这个小区间的部分量 ΔA 的近似值,如果 ΔA 能近似地表示为 $f(x)$ 在 $[x,x+dx]$ 左端点 x 处的值与 dx 的乘积 $f(x)dx$,则把 $f(x)dx$ 称为所求量 A 的微元,记为 dA,即

$$dA=f(x)dx$$

(2)以所求量 A 的微元 $dA=f(x)dx$ 为被积表达式,在 $[a,b]$ 上求定积分,得

$$A = \int_a^b f(x)dx$$

该公式就是所求量 A 的积分表达式.

这个方法称作**"微元法"**,下面我们将应用此方法来讨论几何中的一些问题.

任务 2　掌握定积分在平面图形面积的应用

运用定积分的微元法可以容易地将平面图形的面积表示成定积分,以便求其面积.

(1)当 $f(x) \geq 0$ 时,由直线 $x = a$,$x = b$,$y = 0$(x 轴)及曲线 $y = f(x)$ 所围成图形面积的微元 $dA = f(x)dx$,即面积为

$$A = \int_a^b f(x)dx$$

(2)当 $f(x)$ 有正有负时,由直 $x = a$,$x = b$,$y = 0$(x 轴)及曲线 $y = f(x)$ 所围成图形面积的微元 $dA = | f(x) | dx$,即面积为

$$A = \int_a^b | f(x) | dx$$

(3)由直线 $x = a$,$x = b$ 及上、下两条连续曲线 $y = f(x)$、$y = g(x)$ 所围成图形,并且在 $[a,b]$ 上 $f(x) > g(x)$,其面积的微元 $dA = [f(x) - g(x)]dx$,如图 3−6 所示.

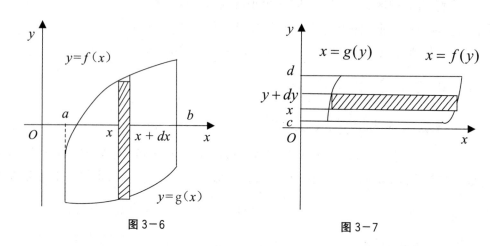

图 3−6　　　　　　　　图 3−7

即面积为

$$A = \int_a^b [f(x) - g(x)]dx \text{（选 } x \text{ 为积分变量）}$$

(4)由直线 $y = c$,$y = d$ 及左、右两条连续曲线 $x = f(y)$、$x = f(y)$ 所围成图形,并且在 $[c,d]$ 上 $f(y) > g(y)$,其面积的微元 $dA = [f(y) - g(y)]dy$,如图 3−7 所示,即面积为

$$A = \int_c^d [f(y) - g(y)]dy \text{（选 } y \text{ 为积分变量）}$$

【**实例 1**】计算由两条抛物线 $y=x^2$ 和 $y^2=x$ 所围成平面图形的面积,如图 3-8 所示.

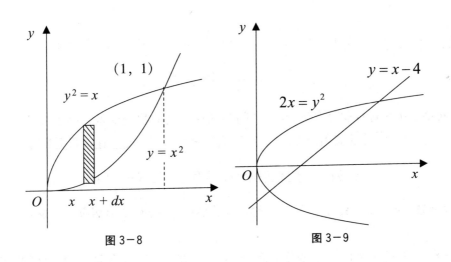

图 3-8   图 3-9

解   方法一:为了确定积分的上、下限,先求出这两条抛物曲线的交点 $(0,0)$、$(1,1)$,选择 x 为积分变量,$x\in[0,1]$,在区间 $[0,1]$ 上 $y^2=x$ 在 $y=x^2$ 的上方,即 $\sqrt{x}>x^2$,由平面图形面积公式(3)得面积为

$$A=\int_0^1(\sqrt{x}-x^2)dx=\left(\frac{2}{3}x^{\frac{3}{2}}-\frac{1}{3}x^3\right)\Big|_0^1=\frac{1}{3}$$

方法二:先求出这两条抛物曲线的交点 $(0,0)$、$(1,1)$,选择 y 为积分变量,$y\in[0,1]$,在区间 $[0,1]$ 上 $y=x^2$ 在 $x=y^2$ 的右方,即 $\sqrt{y}>y^2$,由平面图形面积公式(4)得面积为

$$A=\int_0^1(\sqrt{y}-y^2)dy=\left(\frac{2}{3}y^{\frac{3}{2}}-\frac{1}{3}y^3\right)\Big|_0^1=\frac{1}{3}$$

【**实例 2**】计算由直线 $y=x-4$ 及抛物线 $2x=y^2$ 所围成平面图形的面积,如图 3-9 所示.

解   方法一:为了确定积分的上、下限,先求出直线 $y=x-4$ 及抛物线 $2x=y^2$ 的交点 $(2,-2)$、$(8,4)$,选择 y 为积分变量,$y\in[-2,4]$,在区间 $[-2,4]$ 上直线 $y=x-4$ 在抛物线 $2x=y^2$ 的右方,即 $y+4>\frac{1}{2}y^2$,由平面图形面积公式(4)得面积为

$$A=\int_{-2}^4\left(y+4-\frac{1}{2}y^2\right)dy=\left(\frac{1}{2}y^2+4y-\frac{1}{6}y^3\right)\Big|_{-2}^4=18$$

方法二:选择 x 为积分变量,用直线 $x=2$ 将平面图像分成两个部分,$x_1\in[0,2]$,$x_2\in[2,8]$,在区间 $[0,2]$ 上抛物线 $y=\sqrt{2x}$ 在抛物线 $y=-\sqrt{2x}$ 的上方,即 $\sqrt{2x}>-\sqrt{2x}$,围成面积为 A_1;而在区间 $[2,8]$ 上抛物线 $2x=y^2$ 在直线 $y=x-4$ 的上方,即

$\sqrt{2x} > x-4$，围成面积为 A_2，则由平面图形面积公式(3)得左、右两个图形面积为

$$A_1 = \int_0^2 [\sqrt{2x} - (-\sqrt{2x})]dx = \int_0^2 2\sqrt{2x}\,dx = 2\sqrt{2} \times (\frac{2}{3}x^{\frac{3}{2}})\Big|_0^2 = \frac{16}{3}$$

$$A_2 = \int_2^8 [\sqrt{2x} - (x-4)]dx = \int_2^8 (\sqrt{2x} - x + 4)dx = (\frac{2\sqrt{2}}{3}x^{\frac{3}{2}} - \frac{1}{2}x^2 + 4x)\Big|_2^8 = \frac{38}{3}$$

$$A = A_1 + A_2 = \frac{16}{3} + \frac{38}{3} = 18$$

【拓展】 关于选择积分变量，同一个问题选择不同的积分变量直接影响计算的难易程度，因此，在定积分的应用计算时，要灵活选择合适的积分变量让计算更为简化.

任务3 掌握定积分在平面曲线弧长的应用

设函数 $y = f(x)$ 具有一阶连续导数，计算曲线 $y = f(x)$ 上相应于 x 从 a 到 b 的一段弧长.

选择 x 为积分变量，它的变化区间为 $[a,b]$. 在 $[a,b]$ 上任取一个小区间 $[x, x+dx]$，与该区间相应的小段弧的长度可以用该曲线在点 $(x, f(x))$ 处的切线上相应的一小段长度来近似代替，从而得到弧长元素 $ds = \sqrt{(dx)^2 + (dy)^2} = \sqrt{1 + y'^2}\,dx$，于是所求弧长为

$$S = \int_a^b \sqrt{1 + y'^2}\,dx$$

【实例3】 求抛物线 $y = \frac{2}{3}x^{\frac{3}{2}}$ 在 x 从 0 到 3 之间的一段弧长.

解 由定积分在平面曲线弧长的公式可得

$$S = \int_0^3 \sqrt{1 + (\frac{2}{3}x^{\frac{3}{2}})'^2}\,dx = \int_0^3 \sqrt{1+x}\,dx = \int_0^3 \sqrt{1+x}\,d(1+x) = \frac{2}{3}(1+x)^{\frac{3}{2}}\Big|_0^3$$

$$= \frac{16}{3} - \frac{2}{3} = \frac{14}{3}$$

任务4 掌握定积分在空间立体体积的应用

旋转体是一个平面图形绕此平面内一条直线旋转一周所形成的立体. 而这条直线称为它的旋转轴.

同样用微元法求：由直线 $x = a$，$x = b$，$y = 0$（x 轴）及曲线 $y = f(x)$ 所围成的曲边梯形绕 x 轴旋转一周而形成的旋转体体积 V_x，如图 3—10 所示，取 x 为积分变量，积分区间 $[a,b]$，对应于任一小区间 $[x, x+dx]$ 上旋转体的体积近似等于以 $f(x)$ 为底面圆半径、dx 为高的圆柱体体积，得到旋转体的体积微元 $dV = \pi[f(x)]^2 dx$，因此，所求旋转体的体积为

$$V_x = \pi \int_a^b [f(x)]^2 dx \text{ 或 } V_x = \pi \int_a^b y^2 dx$$

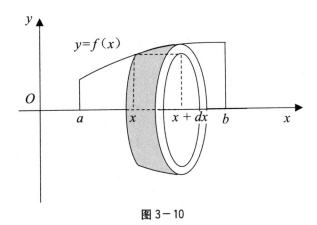

图 3－10

类似地,由直线 $y=c$, $y=d$, $x=0$(y 轴)及曲线 $x=\varphi(y)$ 所围成的曲边梯形绕 y 轴旋转一周而形成的旋转体体积 V_y,取 y 为积分变量,积分区间 $[c,d]$,对应于任一小区间 $[y,y+dy]$ 上旋转体的体积近似等于以 $\varphi(y)$ 为底面圆半径、dy 为高的圆柱体体积,得到旋转体的体积微元 $dV = \pi [\varphi(y)]^2 dy$,因此,所求旋转体的体积为

$$V_y = \pi \int_c^d [\varphi(y)]^2 dy \text{ 或 } V_y = \pi \int_c^d x^2 dy$$

【实例 4】由直线 $x=0$, $x=2$, $y=0$(x 轴)及抛物线 $y=x^2$ 所围成图形绕坐标轴旋转一周而形成的旋转体体积.

解　由定积分求旋转体体积的公式可得

$$V_x = \pi \int_a^b y^2 dx = \pi \int_0^2 x^4 dx = \frac{\pi}{5} x^5 \Big|_0^2 = \frac{32\pi}{5}$$

当图形绕 y 轴旋转时,取为 y 积分变量,积分区间为 $[0,4]$,而定积分 $\pi \int_0^4 y dy$ 表示的是由直线 $y=0$(x 轴), $y=4$, $x=0$ 及曲线 $x=\sqrt{y}$ 所围成图形绕 y 轴旋转一周而形成的旋转体体积. 因此,所求图形绕 y 轴旋转所得旋转体的体积为以 $x=2$ 为底面半径、$y=4$ 为高的圆柱体体积为 $2^2 \pi \cdot 4 - \pi \int_0^4 y dy$,即

$$V_y = 2^2 \pi \cdot 4 - \pi \int_0^4 y dy = 16\pi - \pi \int_0^4 y dy = 16\pi - \pi \cdot \frac{1}{2} y^2 \Big|_0^4 = 8\pi$$

【学习效果评估 3－5】

1. 求下列平面曲线所围成图形的面积.

(1) $y=2x^2$, $y=x^2$, $y=1$ 　　　　(2) $y=sinx$, $y=cosx$, $x=0$, $x=\dfrac{\pi}{2}$

2. 求由 $y=-2x+1$，$x=0$ 及 $y=0$ 所围成图形的面积，并求分别绕 x 轴、y 轴旋转所产生的立体的体积.

单元训练 3

1. 选择题

(1)若 $F(x)$，$G(x)$ 都是函数 $f(x)$ 的原函数，则必有（　　）.

A. $F(x)=G(x)$　　　　B. $F(x)=CG(x)$

C. $F(x)=G(x)+C$　　　D. $F(x)=\dfrac{1}{C}G(x)$

(2)函数 $cos2x$ 的不定积分为（　　）.

A. $sinxcosx+C$　　　　B. $-\dfrac{1}{2}sin2x+C$

C. $2sin2x+C$　　　　　D. $sin2x+C$

(3)设 $f'(x)$ 存在且连续，则 $\left[\int df(x)\right]'=$（　　）.

A. $f(x)$　　　　　　　B. $f'(x)$

C. $f'(x)+C$　　　　　D. $f(x)+C$

(4)若 $\int f(x)dx=x^3+C$，则 $\int x^2f(1-x^3)dx=$（　　）.

A. $3(1-x^3)^3+C$　　　B. $-3(1-x^3)^3+C$

C. $\dfrac{1}{3}(1-x^3)^3+C$　　D. $-\dfrac{1}{3}(1-x^3)^3+C$

(5)定积分 $\int_{-\frac{\pi}{2}}^{\frac{\pi}{2}}\dfrac{xcosx}{1+x^2}dx=$（　　）.

A. 2　　　　　　　　　B. -1

C. 0　　　　　　　　　D. 1

(6)下列结论正确的是（　　）.

A. $\int_0^{\frac{\pi}{2}}sin^2xdx<\int_0^{\frac{\pi}{2}}sin^3xdx$　　B. $\int_e^4 lnxdx<\int_e^4 ln^2xdx$

C. $\int_0^1 e^xdx<\int_0^1 e^{x^2}dxdx$　　D. $\int_{-\frac{\pi}{2}}^0 cos^3xdx<\int_{-\frac{\pi}{2}}^0 cos^4xdx$

(7)下列积分中可以用牛顿—莱布尼茨公式计算的是（　　）.

A. $\int_0^1 xe^xdx$　　　　B. $\int_{-1}^1 \dfrac{1}{1-x}dx$

C. $\int_0^3 \dfrac{1}{1-x}dx$　　　D. $\int_{\frac{1}{e}}^e \dfrac{1}{xlnx}dx$

(8) 设 $f(x) = x^3 + x$，则 $\int_{-2}^{2} f(x)dx = ($ 　 $)$.

A. 0 　　　　　　　　　　　B. 8

C. $\int_{0}^{2} f(x)dx$ 　　　　　　　D. $2\int_{0}^{2} f(x)dx$

(9) 若函数 $f(x) = \begin{cases} x, & x \geq 0 \\ e^x, & x < 0 \end{cases}$，则 $\int_{-1}^{2} f(x)dx = ($ 　 $)$.

A. $3 + e$ 　　　　　　　　　B. $3 - e$

C. $3 + \dfrac{1}{e}$ 　　　　　　　D. $3 - \dfrac{1}{e}$

(10) 设 $f(x)$ 在区间 $[a, b]$ 上连续，则下列各式中不成立的是(　).

A. $\int_{a}^{b} f(x)dx = \int_{a}^{b} f(t)dt$ 　　　　B. $\int_{a}^{b} f(x)dx = -\int_{b}^{a} f(t)dt$

C. $\int_{a}^{a} f(x)dx = 0$ 　　　　　　D. 若 $\int_{a}^{a} f(x)dx = 0$，则 $f(x) = 0$

2. 填空题

(1) 设 $e^x + \sin x$ 是 $f(x)$ 的一个原函数，则 $f'(x) = $ ＿＿＿ .

(2) 若函数 $f(x) = \begin{cases} x, & x \geq 0 \\ 1, & x < 0 \end{cases}$，则 $\int_{-1}^{2} f(x)dx = $ ＿＿＿ .

(3) $\int_{-1}^{1} \dfrac{\sin x}{x^2 + 1}dx = $ ＿＿＿ .

(4) $\lim\limits_{x \to 0} \dfrac{\int_{0}^{x} \sin t\, dt}{\int_{0}^{x} t\, dt} = $ ＿＿＿ .

(5) $\int_{0}^{1} \sqrt{x^2 + 1}dx$ 在几何上表示由 ＿＿＿ 、＿＿＿ 、＿＿＿ 围成的平面图形的面积.

3. 求下列不定积分.

(1) $\int \left(\dfrac{x^2}{2} + \dfrac{1}{x}\right)^2 dx$ 　　　　　　(2) $\int 2^{x-1} dx$

(3) $\int \sin\dfrac{x}{2}\left(\sin\dfrac{x}{2} + \cos\dfrac{x}{2}\right)dx$ 　　(4) $\int \dfrac{x^2}{x^2 + 1}dx$

(5) $\int \dfrac{1}{x^2}\sin\dfrac{1}{x}dx$ 　　　　　　(6) $\int e^{\sin x}\cos x\, dx$

(7) $\int e^x \cos(e^x + 3)dx$ 　　　　　(8) $\int x^2 e^{3x} dx$

(9) $\int x\ln x\, dx$ 　　　　　　　(10) $\int \dfrac{1}{1 + \sqrt{x}}dx$

4. 求下列定积分.

(1) $\int_{-1}^{1} (x^2 - x + 1)dx$ 　　　　(2) $\int_{0}^{1} (3^x + 1)dx$

(3) $\int_{0}^{\pi} |\cos x| dx$ 　　　　(4) $\int_{0}^{1} (2^x - \frac{4}{1+x^2})dx$

(5) $\int_{1}^{e} \frac{\ln^3 x}{x}dx$ 　　　　(6) $\int_{0}^{1} xe^x dx$

(7) $\int_{1}^{e} x\ln x dx$ 　　　　(8) $\int_{0}^{1} \arctan x dx$

(9) $\int_{1}^{e} \frac{1}{x}\ln x dx$ 　　　　(10) $\int_{0}^{1} x^2\sqrt{1-x^2}dx$

5. 求由曲线 $y = x^3$ 与 $y = \sqrt{x}$ 所围成平面图形的面积 S；并求平面图形绕 y 轴旋转一周所得旋转体的体积 V_x.

第 2 篇　线性代数基础

单 元 4

行列式

导　读

行列式的理论起源于解线性方程组，它在数学的许多分支以及其他自然科学方面有着广泛的应用，它可以用来表达很多数学性质，从而解释并推断许多实际现象．本单元先介绍二阶、三阶行列式，以及余子式和代数余子式，然后归纳给出 n 阶行列式的定义，讨论其性质和计算方法，最后介绍 Cramer(克莱姆)法则以作为行列式的应用．

知识与能力目标

1. 理解行列式的概念．
2. 掌握二阶、三阶行列式的计算，了解 n 阶行列式的计算方法．
3. 掌握行列式的性质，并利用行列式的性质化简行列式．
4. 熟练掌握克莱姆法则，会利用其计算线性方程组．

项目 1　掌握行列式的定义

【引例】

在许多实际问题中，人们常常会遇到求解线性方程组的问题．我们在中学已经学过如何解二元一次方程组和三元一次方程组．

设二元一次方程组

$$\begin{cases} a_{11}x_1 + a_{12}x_2 = b_1 \\ a_{21}x_1 + a_{22}x_2 = b_2 \end{cases}$$

其中 $x_j(j=1,2)$ 表示未知量，$a_{ij}(i=1,2;j=1,2)$ 表示未知量的系数，$b_i(i=1,2)$ 表示常数项．用代入消元法解该方程组，当 $a_{11}a_{22} - a_{12}a_{21} \neq 0$ 时，方程组有唯一解

$$x_1 = \frac{a_{22}b_1 - a_{12}b_2}{a_{11}a_{22} - a_{12}a_{21}}, \quad x_2 = \frac{a_{11}b_2 - a_{21}b_1}{a_{11}a_{22} - a_{12}a_{21}}$$

85

引入记号 $D = \begin{vmatrix} a_{11} & a_{12} \\ a_{21} & a_{22} \end{vmatrix} = a_{11}a_{22} - a_{21}a_{12}$，称其为二阶行列式.

任务 1　掌握二阶行列式

【定义 1】由 2^2 个元素组成的式子 $\begin{vmatrix} a_{11} & a_{12} \\ a_{21} & a_{22} \end{vmatrix}$ 称为二阶行列式，并规定二阶行列式

的值为 $a_{11}a_{22} - a_{21}a_{12}$，即 $\begin{vmatrix} a_{11} & a_{12} \\ a_{21} & a_{22} \end{vmatrix} = a_{11}a_{22} - a_{21}a_{12}$.

其中 $a_{11}, a_{12}, a_{21}, a_{22}$ 叫作行列式的元素，横排叫行，竖排叫列，元素 a_{ij} 表示位于第 i 行第 j 列的元素.

如果把 a_{11} 到 a_{22} 的连接线称为主对角线，a_{21} 到 a_{12} 的连接线称为副对角线，则二阶行列式在形式上是用两条竖线夹着的二行二列四个元素，其结果是一个数，这个数的值等于主对角线上元素之积减去副对角线上元素之积的差. 二阶行列式的这种运算规律称为对角线法则.

于是，二元一次方程组的解可以表示为

$$x_1 = \frac{\begin{vmatrix} b_1 & a_{12} \\ b_2 & a_{22} \end{vmatrix}}{\begin{vmatrix} a_{11} & a_{12} \\ a_{21} & a_{22} \end{vmatrix}}, \quad x_2 = \frac{\begin{vmatrix} a_{11} & b_1 \\ a_{21} & b_2 \end{vmatrix}}{\begin{vmatrix} a_{11} & a_{12} \\ a_{21} & a_{22} \end{vmatrix}}$$

【实例 1】求二阶行列式 $\begin{vmatrix} 1 & 3 \\ 2 & 4 \end{vmatrix}$ 的值.

解　$\begin{vmatrix} 1 & 3 \\ 2 & 4 \end{vmatrix} = 1 \times 4 - 2 \times 3 = -2$

任务 2　掌握三阶行列式

【定义 2】由 3^2 个元素组成的式子 $\begin{vmatrix} a_{11} & a_{12} & a_{13} \\ a_{21} & a_{22} & a_{23} \\ a_{31} & a_{32} & a_{33} \end{vmatrix}$ 称为三阶行列式，并规定三阶行

列式的 $a_{11}a_{22}a_{33} + a_{12}a_{23}a_{31} + a_{13}a_{21}a_{32} - a_{13}a_{22}a_{31} - a_{11}a_{23}a_{32} - a_{12}a_{21}a_{33}$.

即 $\begin{vmatrix} a_{11} & a_{12} & a_{13} \\ a_{21} & a_{22} & a_{23} \\ a_{31} & a_{32} & a_{33} \end{vmatrix} = a_{11}a_{22}a_{33} + a_{12}a_{23}a_{31} + a_{13}a_{21}a_{32} - a_{13}a_{22}a_{31} - a_{11}a_{23}a_{32} -$

$a_{12}a_{21}a_{33}$.

【实例 2】计算三阶行列式 $D = \begin{vmatrix} 3 & 2 & -1 \\ -5 & -1 & 3 \\ 2 & 1 & 1 \end{vmatrix}$.

解　$D = 3 \times (-1) \times 1 + 2 \times 3 \times 2 + (-1) \times (-5) \times 1 - (-1) \times (-1) \times 2 - 3 \times 3 \times 1 - 2 \times (-5) \times 1 = 13$

任务 3　掌握余子式与代数余子式

分析三阶行列式的定义.

$\begin{vmatrix} a_{11} & a_{12} & a_{13} \\ a_{21} & a_{22} & a_{23} \\ a_{31} & a_{32} & a_{33} \end{vmatrix}$

$= a_{11}a_{22}a_{33} + a_{12}a_{23}a_{31} + a_{13}a_{21}a_{32} - a_{13}a_{22}a_{31} - a_{11}a_{23}a_{32} - a_{12}a_{21}a_{33}$

$= a_{11}(a_{22}a_{33} - a_{23}a_{32}) + a_{12}(a_{23}a_{31} - a_{21}a_{33}) + a_{13}(a_{21}a_{32} - a_{22}a_{31})$

$= a_{11} \begin{vmatrix} a_{22} & a_{23} \\ a_{32} & a_{33} \end{vmatrix} - a_{12} \begin{vmatrix} a_{21} & a_{23} \\ a_{31} & a_{33} \end{vmatrix} + a_{13} \begin{vmatrix} a_{21} & a_{22} \\ a_{31} & a_{32} \end{vmatrix}$

$= (-1)^{1+1} a_{11} \begin{vmatrix} a_{22} & a_{23} \\ a_{32} & a_{33} \end{vmatrix} + (-1)^{1+2} a_{12} \begin{vmatrix} a_{21} & a_{23} \\ a_{31} & a_{33} \end{vmatrix} + (-1)^{1+3} a_{13} \begin{vmatrix} a_{21} & a_{22} \\ a_{31} & a_{32} \end{vmatrix}$

可知,三阶行列式可以用二阶行列式表示. 对于三阶行列式 $\begin{vmatrix} a_{11} & a_{12} & a_{13} \\ a_{21} & a_{22} & a_{23} \\ a_{31} & a_{32} & a_{33} \end{vmatrix}$,把元

素 a_{11} 所在的第 1 行和第 1 列划去后,留下的元素按原来的相对位置所成的二阶行列式.

记作 $M_{11} = \begin{vmatrix} a_{22} & a_{23} \\ a_{32} & a_{33} \end{vmatrix}$,称为元素 a_{11} 的余子式.

$A_{11} = (-1)^{1+1} M_{11}$,称其为元素 a_{11} 的代数余子式.

【定义 3】在三阶行列式中,把元素 a_{ij} 所在的第 i 行和第 j 列划去后,留下来的元素按原来的相对位置所成的二阶行列式叫作元素 a_{ij} 的**余子式**,记作 M_{ij}. 记 $A_{ij} = (-1)^{i+j} M_{ij}$,称其为 a_{ij} 的**代数余子式**.

【实例 3】求三阶行列式 $\begin{vmatrix} 1 & 0 & 4 \\ 0 & 1 & 2 \\ 1 & 3 & 1 \end{vmatrix}$ 中元素 a_{32} 的余子式和代数余子式.

解　$M_{32} = \begin{vmatrix} 1 & 4 \\ 0 & 2 \end{vmatrix} = 2$, $A_{32} = (-1)^{3+2} M_{32} = -2$

【拓展】由三阶行列式的定义可知,三阶行列式的值等于它的第一行各元素与它们的代数余子式乘积之和.

【定义 4】三阶行列式的值规定为第一行的各元素与其对应代数余子式乘积之和,并称为行列式按第一行的 Laplace 展开.

即

$$\begin{vmatrix} a_{11} & a_{12} & a_{13} \\ a_{21} & a_{22} & a_{23} \\ a_{31} & a_{32} & a_{33} \end{vmatrix} = a_{11}A_{11} + a_{12}A_{12} + a_{13}A_{13}$$

【实例 4】已知 $D = \begin{vmatrix} 1 & 2 & -4 \\ -3 & 2 & 1 \\ -3 & 4 & -2 \end{vmatrix}$,按第一行展开计算行列式的值,并计算 $a_{21}A_{21}$

$+ a_{22}A_{22} + a_{23}A_{23}$ 和 $a_{11}A_{11} + a_{21}A_{21} + a_{31}A_{31}$.

解 按第一行展开

$$D = \begin{vmatrix} 2 & 1 \\ 4 & -2 \end{vmatrix} - 2\begin{vmatrix} -3 & 1 \\ -3 & -2 \end{vmatrix} + (-4)\begin{vmatrix} -3 & 2 \\ -3 & 4 \end{vmatrix} = -8 - 18 + 24 = -2$$

$$a_{21}A_{21} + a_{22}A_{22} + a_{23}A_{23} = -(-3)\begin{vmatrix} 2 & -4 \\ 4 & -2 \end{vmatrix} + 2\begin{vmatrix} 1 & -4 \\ -3 & -2 \end{vmatrix} - \begin{vmatrix} 1 & 2 \\ -3 & 4 \end{vmatrix}$$

$$= 36 - 28 - 10 = -2$$

$$a_{11}A_{11} + a_{21}A_{21} + a_{31}A_{31} = \begin{vmatrix} 2 & 1 \\ 4 & -2 \end{vmatrix} - 3\begin{vmatrix} 2 & -4 \\ 4 & -2 \end{vmatrix} + (-3)\begin{vmatrix} 2 & -4 \\ 2 & 1 \end{vmatrix}$$

$$= -8 + 36 - 30 = -2$$

【拓展】从定义 4 可以得到启示:将三阶行列式转化为二阶行列式来计算.循此思路,三阶行列式关于元素及元素的余子式和代数余子式的概念可以推广到任意阶行列式上去.

任务 4 了解 n 阶行列式

【定义 5】由 n^2 个数 $a_{ij}(i,j = 1,2,\cdots,n)$ 所构成的如下记号称为 n 阶行列式

$$D = \begin{vmatrix} a_{11} & a_{12} & \cdots & a_{1n} \\ a_{21} & a_{22} & \cdots & a_{2n} \\ \vdots & \vdots & \ddots & \vdots \\ a_{n1} & a_{n2} & \cdots & a_{nn} \end{vmatrix}$$

其中 a_{ij} 称为行列式的元素.它表示一个数,这个数的值为

$$D = \sum_{j=1}^{n} a_{1j}A_{1j} = a_{11}A_{11} + a_{12}A_{12} + \cdots + a_{1n}A_{1n}$$

其中 A_{1j} 是第 1 行第 j 列元素 a_{1j} 的代数余子式.

即 n 阶行列式等于它第 1 行各元素与该元素代数余子式乘积之和.

该定义也被称为行列式按第一行展开.事实上,以后可以证明,行列式可以按任意一

行或任意一列展开.

【实例 5】计算行列式 $D = \begin{vmatrix} 2 & 0 & 0 & -1 \\ 3 & 0 & -2 & 0 \\ 4 & 5 & 6 & 2 \\ 1 & 3 & 2 & 4 \end{vmatrix}$.

解　$D = \begin{vmatrix} 2 & 0 & 0 & -1 \\ 3 & 0 & -2 & 0 \\ 4 & 5 & 6 & 2 \\ 1 & 3 & 2 & 4 \end{vmatrix} = 2 \times (-1)^{1+1} \begin{vmatrix} 0 & -2 & 0 \\ 5 & 6 & 2 \\ 3 & 2 & 4 \end{vmatrix} + (-1) \times (-1)^{1+4} \begin{vmatrix} 3 & 0 & -2 \\ 4 & 5 & 6 \\ 1 & 3 & 2 \end{vmatrix}$

$= 2 \times (-2) \times (-1)^{1+2} \begin{vmatrix} 5 & 2 \\ 3 & 4 \end{vmatrix} + 3 \times (-1)^{1+1} \begin{vmatrix} 5 & 6 \\ 3 & 2 \end{vmatrix} + (-2) \times (-1)^{1+3} \begin{vmatrix} 4 & 5 \\ 1 & 3 \end{vmatrix} = 18$

【拓展】有几种特殊的行列式：

(1)对角行列式. 非主对角线上元素全为 0 的行列式称为**对角行列式**.

$$\begin{vmatrix} a_1 & & & \\ & a_2 & & \\ & & \ddots & \\ & & & a_n \end{vmatrix} = a_1 a_2 \cdots a_n$$

(2)下(上)三角行列式. 对角线以上(下)元素全为 0 的行列式称为**下(上)三角行列式**.

【实例 6】计算下三角行列式.

$$D = \begin{vmatrix} a_{11} & & & \\ a_{21} & a_{22} & & \\ \vdots & \vdots & \ddots & \\ a_{n1} & a_{n2} & \cdots & a_{nn} \end{vmatrix}$$

解　$D = a_{11} \begin{vmatrix} a_{22} & & & \\ a_{32} & a_{33} & & \\ \vdots & \vdots & \ddots & \\ a_{n2} & a_{n3} & \cdots & a_{nn} \end{vmatrix} = a_{11} a_{22} \begin{vmatrix} a_{33} & & & \\ a_{43} & a_{44} & & \\ \vdots & \vdots & \ddots & \\ a_{n3} & a_{n4} & \cdots & a_{nn} \end{vmatrix} = \cdots = a_{11} a_{22} \cdots a_{nn}$

【**学习效果评估 4−1**】

1. 按定义计算行列式.

(1) $\begin{vmatrix} 1 & -1 \\ 2 & 1 \end{vmatrix}$　　　　(2) $\begin{vmatrix} a & b-a \\ b & c-b \end{vmatrix}$　　　　(3) $\begin{vmatrix} \sin x & -\cos x \\ \cos x & \sin x \end{vmatrix}$

$$(4) \quad \begin{vmatrix} 1 & -1 & -2 \\ 0 & 3 & 7 \\ 4 & 3 & -4 \end{vmatrix} \qquad (5) \quad \begin{vmatrix} 3 & 1 & -2 \\ 2 & 4 & 3 \\ 5 & 0 & 1 \end{vmatrix}$$

2. 写出行列式 $\begin{vmatrix} 1 & -1 & -2 \\ 0 & 3 & 7 \\ 4 & 3 & -4 \end{vmatrix}$ 中元素 a_{12}, a_{23}, a_{31} 的代数余子式 A_{12}, A_{23}, A_{31}.

项目 2　理解行列式的性质与计算

【引例】

n 阶行列式一共有 $n!$ 项,计算它需要 $n!(n-1)$ 次乘法. 当 n 较大时 $n!$ 是个相当大的数字,直接从定义来计算行列式几乎是不可能的事.

因此,我们有必要进一步讨论行列式的性质,利用这些性质可以简化行列式的计算.

任务 1　掌握行列式的性质

【定义 1】将行列式 D 的行与列互换后得到的行列式,称为 D 的转置行列式,记为 D^T.

$$D = \begin{vmatrix} a_{11} & a_{12} & \cdots & a_{1n} \\ a_{21} & a_{22} & \cdots & a_{2n} \\ \vdots & \vdots & \ddots & \vdots \\ a_{n1} & a_{n2} & \cdots & a_{nn} \end{vmatrix} \qquad D^T = \begin{vmatrix} a_{11} & a_{21} & \cdots & a_{n1} \\ a_{12} & a_{22} & \cdots & a_{n2} \\ \vdots & \vdots & \ddots & \vdots \\ a_{1n} & a_{2n} & \cdots & a_{nn} \end{vmatrix}$$

通过二阶、三阶行列式的计算,不难验证行列式满足以下性质:

【性质 1】行列式与它的转置行列式相等,即行列式的行列互换,值不变,即 $D = D^T$.

由此可知,后面行列式有关行的性质,对列也成立,反之亦然.

【性质 2】行列式的两行(列)互换,行列式的值变号.

【实例 1】互换行列式 $\begin{vmatrix} 3 & 0 & 2 \\ 1 & 0 & 4 \\ 0 & 2 & 1 \end{vmatrix}$ 的第二行和第三行,即

$$\begin{vmatrix} 3 & 0 & 2 \\ 1 & 0 & 4 \\ 0 & 2 & 1 \end{vmatrix} = - \begin{vmatrix} 3 & 0 & 2 \\ 0 & 2 & 1 \\ 1 & 0 & 4 \end{vmatrix} = -20$$

【推论 1】若行列式的两行(列)对应的元素完全相同,则行列式等于零.

【性质 3】行列式的某一行(列)中所有元素都乘以同一数 k,等于用数 k 乘此行

列式.

【**推论** 2】行列式的某一行(列)中所有元素的公因子可以提到行列式符号的外面.

$$D=\begin{vmatrix} a_{11} & a_{12} & \cdots & a_{1n} \\ \vdots & \vdots & & \vdots \\ ka_{i1} & ka_{i2} & \cdots & ka_{in} \\ \vdots & \vdots & & \vdots \\ a_{n1} & a_{n2} & \cdots & a_{nn} \end{vmatrix}=k\begin{vmatrix} a_{11} & a_{12} & \cdots & a_{1n} \\ \vdots & \vdots & & \vdots \\ a_{i1} & a_{i2} & \cdots & a_{in} \\ \vdots & \vdots & & \vdots \\ a_{n1} & a_{n2} & \cdots & a_{nn} \end{vmatrix}$$

【**实例** 2】 $\begin{vmatrix} 1 & 2 & 3 \\ 2 & 2 & 6 \\ 7 & 8 & 9 \end{vmatrix}=2\times3\begin{vmatrix} 1 & 1 & 1 \\ 2 & 1 & 2 \\ 7 & 4 & 3 \end{vmatrix}$

【**性质** 4】如果行列式中有两行(列)元素成比例,则此行列式为零.

【**性质** 5】若行列式的某一列(行)的元素都是两数之和,则此行列式的值等于两个行列式的和,即

$$D=\begin{vmatrix} a_{11} & a_{12} & \cdots & a_{1n} \\ \vdots & \vdots & & \vdots \\ b_{i1}+c_{i1} & b_{i2}+c_{i2} & \cdots & b_{in}+c_{in} \\ \vdots & \vdots & & \vdots \\ a_{n1} & a_{n2} & \cdots & a_{nn} \end{vmatrix}=\begin{vmatrix} a_{11} & a_{12} & \cdots & a_{1n} \\ \vdots & \vdots & & \vdots \\ b_{i1} & b_{i2} & \cdots & b_{in} \\ \vdots & \vdots & & \vdots \\ a_{n1} & a_{n2} & \cdots & a_{nn} \end{vmatrix}+\begin{vmatrix} a_{11} & a_{12} & \cdots & a_{1n} \\ \vdots & \vdots & & \vdots \\ c_{i1} & c_{i2} & \cdots & c_{in} \\ \vdots & \vdots & & \vdots \\ a_{n1} & a_{n2} & \cdots & a_{nn} \end{vmatrix}$$

【**性质** 6】把行列式的某一列(行)所有元素乘以同一数 k 后加到另一列(行)对应的元素上去,行列式不变,即

$$\begin{vmatrix} a_{11} & a_{12} & \cdots & a_{1n} \\ \vdots & \vdots & & \vdots \\ a_{i1} & a_{i2} & \cdots & a_{in} \\ \vdots & \vdots & & \vdots \\ a_{j1} & a_{j2} & \cdots & a_{jn} \\ \vdots & \vdots & & \vdots \\ a_{n1} & a_{n2} & \cdots & a_{nn} \end{vmatrix}=\begin{vmatrix} a_{11} & a_{12} & \cdots & a_{1n} \\ \vdots & \vdots & & \vdots \\ a_{i1} & a_{i2} & \cdots & a_{in} \\ \vdots & \vdots & & \vdots \\ a_{j1}+ka_{i1} & a_{j2}+ka_{i2} & \cdots & a_{jn}+ka_{in} \\ \vdots & \vdots & & \vdots \\ a_{n1} & a_{n2} & \cdots & a_{nn} \end{vmatrix}$$

【**实例** 3】把行列式第一行 $1,2,3$ 各元素乘以 -2 然后加到第三行 $2,4,7$ 各元素上去,即

$$\begin{vmatrix} 1 & 2 & 3 \\ 0 & -1 & 2 \\ 2 & 4 & 7 \end{vmatrix}=\begin{vmatrix} 1 & 2 & 3 \\ 0 & -1 & 2 \\ 0 & 0 & 1 \end{vmatrix}=-1$$

【**性质** 7】行列式的某一行(列)各元素与其对应的代数余子式乘积之和为行列式的

值. 若 $D = \begin{vmatrix} a_{11} & a_{12} & \cdots & a_{1n} \\ a_{21} & a_{22} & \cdots & a_{2n} \\ \vdots & \vdots & \ddots & \vdots \\ a_{n1} & a_{n2} & \cdots & a_{nn} \end{vmatrix}$ ，则 $D = \sum_{k=1}^{n} a_{ik}A_{ik}(i=1,2,\cdots,n)$ 或 $D =$

$\sum_{k=1}^{n} a_{kj}A_{kj}(j=1,2,\cdots,n)$.

【推论 3】若行列式的某一行(列)元素全为零,则行列式等于零.

【推论 4】行列式的某一行(列)元素与另一行(列)对应元素的代数余子式乘积之和

为零,即若 $D = \begin{vmatrix} a_{11} & a_{12} & \cdots & a_{1n} \\ a_{21} & a_{22} & \cdots & a_{2n} \\ \vdots & \vdots & \ddots & \vdots \\ a_{n1} & a_{n2} & \cdots & a_{nn} \end{vmatrix}$ ，则 $a_{i1}A_{j1} + a_{i2}A_{j2} + \cdots + a_{in}A_{jn} = 0(i \neq j)$ 或

$a_{1i}A_{1j} + a_{2i}A_{2j} + \cdots + a_{ni}A_{nj} = 0(i \neq j)$.

【拓展】一个行列式若为对角行列式、上(下)三角行列式或者某一行 0 的个数较多,则该行列式的计算比较简便. 因此,对于阶数较高的行列式,可以利用行列式的性质将它化为三角行列式或者使其某一行 0 的个数较多. 在这个过程中,主要用到了行列式的以下三种性质:

(1)互换行列式的某两行(列),记为 $r_i \leftrightarrow r_j$(第 i 行与第 j 行互换).

(2)用一个非零的常数 k 乘以行列式的某行(列) i,记为 kr_i(第 i 行乘以 k 倍).

(3)用一个非零的常数 k 乘以行列式的某行(列) i 后加到另行(列) j 上去,记为 $r_j + kr_i$(第 i 行乘以 k 倍加到第 j 行上).

如果是对列的变化,则把符号换成 c,如 $c_i \leftrightarrow c_j$ 等.

任务 2　学会行列式的计算

【实例 4】计算 4 阶行列式 $D = \begin{vmatrix} 3 & 1 & -1 & 2 \\ -5 & 1 & 3 & -4 \\ 2 & 0 & 1 & -1 \\ 1 & -5 & 3 & -3 \end{vmatrix}$ 的值.

解

$$D \xrightarrow{c_1-2c_3} \begin{vmatrix} 5 & 1 & -1 & 2 \\ -11 & 1 & 3 & -4 \\ 0 & 0 & 1 & -1 \\ -5 & -5 & 3 & -3 \end{vmatrix} \xrightarrow{c_4+c_3} \begin{vmatrix} 5 & 1 & -1 & 1 \\ -11 & 1 & 3 & -1 \\ 0 & 0 & 1 & 0 \\ -5 & -5 & 3 & 0 \end{vmatrix}$$

$$= (-1)^{3+3} \begin{vmatrix} 5 & 1 & 1 \\ -11 & 1 & -1 \\ -5 & -5 & 0 \end{vmatrix} \xrightarrow{r_2+r_1} \begin{vmatrix} 5 & 1 & 1 \\ -6 & 2 & 0 \\ -5 & -5 & 0 \end{vmatrix} = (-1)^{1+3} \begin{vmatrix} -6 & 2 \\ -5 & -5 \end{vmatrix} = 40$$

【实例 5】计算行列式 $D = \begin{vmatrix} a+b & a & a & a \\ a & a+c & a & a \\ a & a & a+d & a \\ a & a & a & a \end{vmatrix}$ 的值.

解　将第 4 行乘以 (-1) 后,分别加到前三行上,再按第 4 列展开,得

$$D \xrightarrow[k=1,2,3]{r_k-r_4} \begin{vmatrix} b & 0 & 0 & 0 \\ 0 & c & 0 & 0 \\ 0 & 0 & d & 0 \\ a & a & a & a \end{vmatrix} = abcd$$

【实例 6】计算 $D = \begin{vmatrix} 3 & 1 & 1 & 1 \\ 1 & 3 & 1 & 1 \\ 1 & 1 & 3 & 1 \\ 1 & 1 & 1 & 3 \end{vmatrix}$ 的值.

解　注意到行列式中各行(列)4 个数之和都是 6,可以把第 2、3、4 行同时加到第 1 行,提出公因子 6,然后各行减去第 1 行化为上三角行列式计算.

$$D \xrightarrow{r_1+r_2+r_3+r_4} \begin{vmatrix} 6 & 6 & 6 & 6 \\ 1 & 3 & 1 & 1 \\ 1 & 1 & 3 & 1 \\ 1 & 1 & 1 & 3 \end{vmatrix} \xrightarrow{r_1\div6} 6 \begin{vmatrix} 1 & 1 & 1 & 1 \\ 1 & 3 & 1 & 1 \\ 1 & 1 & 3 & 1 \\ 1 & 1 & 1 & 3 \end{vmatrix} \xrightarrow[r_4-r_1]{\substack{r_2-r_1 \\ r_3-r_1}} 6 \begin{vmatrix} 1 & 1 & 1 & 1 \\ 0 & 2 & 0 & 0 \\ 0 & 0 & 2 & 0 \\ 0 & 0 & 0 & 2 \end{vmatrix} = 48$$

【实例 7】证明范德蒙德(Vandermonde)行列式:

$$\begin{vmatrix} 1 & a & a^2 \\ 1 & b & b^2 \\ 1 & c & c^2 \end{vmatrix} = (b-a)(c-a)(c-b)$$

解　$\begin{vmatrix} 1 & a & a^2 \\ 1 & b & b^2 \\ 1 & c & c^2 \end{vmatrix} \xrightarrow[r_3-r_1]{r_2-r_1} \begin{vmatrix} 1 & a & a^2 \\ 0 & b-a & b^2-a^2 \\ 0 & c-a & c^2-a^2 \end{vmatrix} = (b-a)(c-a) \begin{vmatrix} 1 & a & a^2 \\ 0 & 1 & b+a \\ 0 & 1 & c+a \end{vmatrix}$

$$\xrightarrow{r_3-r_2}(b-a)(c-a)\begin{vmatrix} 1 & a & a^2 \\ 0 & 1 & b+a \\ 0 & 0 & c-b \end{vmatrix}=(b-a)(c-a)(c-b)$$

【学习效果评估 4-2】

1. 计算下列行列式的值.

(1) $\begin{vmatrix} a^2 & ab & b^2 \\ 2a & a+b & 2b \\ 1 & 1 & 1 \end{vmatrix}$ (2) $\begin{vmatrix} y & y & x+y \\ x & x+y & x \\ x+y & x & y \end{vmatrix}$

(3) $\begin{vmatrix} 0 & a & b & a \\ a & 0 & a & b \\ b & a & 0 & a \\ a & b & a & 0 \end{vmatrix}$ (4) $\begin{vmatrix} 1 & 2 & 3 & 4 \\ 2 & 3 & 4 & 1 \\ 3 & 4 & 1 & 2 \\ 4 & 1 & 2 & 3 \end{vmatrix}$

2. 如果 $D=\begin{vmatrix} a_{11} & a_{12} & a_{13} \\ a_{21} & a_{22} & a_{23} \\ a_{31} & a_{32} & a_{33} \end{vmatrix}=3$，求 $\begin{vmatrix} 2a_{11} & 2a_{12} & 2a_{13} \\ 2a_{21} & 2a_{22} & 2a_{23} \\ 2a_{31} & 2a_{32} & 2a_{33} \end{vmatrix}$ 的值.

项目 3　掌握 Cramer(克莱姆)法则

【引例】

求直线 $x_1-3x_2=1$ 与 $3x_1-2x_2=5$ 的交点.

这个问题,实际上是求解二元线性方程组 $\begin{cases} x_1-3x_2=1 \\ 3x_1-2x_2=5 \end{cases}$. 具体解题过程如下:

解　计算系数行列式

$$D=\begin{vmatrix} 1 & -3 \\ 3 & -2 \end{vmatrix}=7\neq 0$$

方程有唯一解,且解为

$$x_1=\frac{\begin{vmatrix} 1 & -3 \\ 5 & -2 \end{vmatrix}}{\begin{vmatrix} 1 & -3 \\ 3 & -2 \end{vmatrix}}=\frac{13}{7},\quad x_2=\frac{\begin{vmatrix} 1 & 1 \\ 3 & 5 \end{vmatrix}}{\begin{vmatrix} 1 & -3 \\ 3 & -2 \end{vmatrix}}=\frac{2}{7}$$

类似地,含有 n 个未知量,n 个方程的线性方程组

$$
\begin{cases}
a_{11}x_1 + a_{12}x_2 + \cdots + a_{1n}x_n = b_1 \\
a_{21}x_1 + a_{22}x_2 + \cdots + a_{2n}x_n = b_2 \\
\qquad\qquad \cdots \\
a_{n1}x_1 + a_{n2}x_2 + \cdots + a_{nn}x_n = b_n
\end{cases}
\qquad (4-1)
$$

其中，$a_{ij}(i,j=1,2,3,\cdots,n)$ 是方程组的系数，$b_i(i=1,2,3,\cdots,n)$ 是常数项. 同二元线性方程组，在一定条件下，它的解也可用 n 阶行列式来表示，这个法则称为 Cramer（克莱姆）法则.

【**定理 1**】(Cramer 法则)如果线性方程组(4-1)的系数行列式不为 0，即

$$
D = \begin{vmatrix}
a_{11} & a_{12} & \cdots & a_{1n} \\
a_{21} & a_{22} & \cdots & a_{2n} \\
\vdots & \vdots & & \vdots \\
a_{n1} & a_{n2} & \cdots & a_{nn}
\end{vmatrix} \neq 0
$$

则方程组(4-1)有唯一解

$$
x_1 = \frac{D_1}{D}, x_2 = \frac{D_2}{D}, \cdots, x_n = \frac{D_n}{D}
$$

其中 $D_j(j=1,2,3,\cdots,n)$ 是把系数行列式 D 中第 j 列的各元素用方程组右端的常数项 $b_1,b_2,\cdots,b_n$ 代替后所得到的 n 阶行列式，即

$$
D_j = \begin{vmatrix}
a_{11} & a_{12} & \cdots & a_{1,j-1} & b_1 & a_{1,j+1} & \cdots & a_{1n} \\
a_{21} & a_{22} & \cdots & a_{2,j-1} & b_2 & a_{2,j+1} & \cdots & a_{2n} \\
\cdots & \cdots & \cdots & \cdots & \cdots & \cdots & \cdots & \cdots \\
a_{n1} & a_{n2} & \cdots & a_{n,j-1} & b_n & a_{n,j+1} & \cdots & a_{nn}
\end{vmatrix}
$$

【**实例 1**】求线性方程组 $\begin{cases} x_1 - x_2 + x_3 - 2x_4 = 2 \\ 2x_1 \qquad - x_3 + 4x_4 = 4 \\ 3x_1 + 2x_2 + x_3 \qquad = -1 \\ -x_1 + 2x_2 - x_3 + 2x_4 = -4 \end{cases}$ 的解.

解　因为系数行列式 $D = \begin{vmatrix} 1 & -1 & 1 & -2 \\ 2 & 0 & -1 & 4 \\ 3 & 2 & 1 & 0 \\ -1 & 2 & -1 & 2 \end{vmatrix} = -2 \neq 0$，故方程组有唯一解.

$$
D_1 = \begin{vmatrix} 2 & -1 & 1 & -2 \\ 4 & 0 & -1 & 4 \\ -1 & 2 & 1 & 0 \\ -4 & 2 & -1 & 2 \end{vmatrix} = -2, \quad
D_2 = \begin{vmatrix} 1 & 2 & 1 & -2 \\ 2 & 4 & -1 & 4 \\ 3 & -1 & 1 & 0 \\ -1 & -4 & -1 & 2 \end{vmatrix} = 4,
$$

$$D_3 = \begin{vmatrix} 1 & -1 & 2 & -2 \\ 2 & 0 & 4 & 4 \\ 3 & 2 & -1 & 0 \\ -1 & 2 & -4 & 2 \end{vmatrix} = 0, \quad D_4 = \begin{vmatrix} 1 & -1 & 1 & 2 \\ 2 & 0 & -1 & 4 \\ 3 & 2 & 1 & -1 \\ -1 & 2 & -1 & -4 \end{vmatrix} = -1.$$

所以方程组的解为 $x_1 = \dfrac{D_1}{D} = 1$, $x_2 = \dfrac{D_2}{D} = -2$, $x_3 = \dfrac{D_3}{D} = 0$, $x_4 = \dfrac{D_4}{D} = \dfrac{1}{2}$.

【实例 2】 设方程组 $\begin{cases} x_1 + & x_2 - & x_3 = 0 \\ 2x_1 + (a+2)x_2 - & (b+2)x_3 = 3 \\ & -3ax_2 + (a+2b)x_3 = -3 \end{cases}$，问 a, b 满足什么条件时方程组有唯一解?

解 系数行列式

$$D = \begin{vmatrix} 1 & 1 & -1 \\ 2 & a+2 & -(b+2) \\ 0 & -3a & a+2b \end{vmatrix} \xrightarrow{r_2 - 2r_1} \begin{vmatrix} 1 & 1 & -1 \\ 0 & a & -b \\ 0 & -3a & a+2b \end{vmatrix} \xrightarrow{r_3 + 3r_2} \begin{vmatrix} 1 & 1 & -1 \\ 0 & a & -b \\ 0 & 0 & a-b \end{vmatrix}$$
$$= a(a-b)$$

当 $D \neq 0$，即 $a \neq 0$ 且 $a \neq b$ 时，方程组有唯一解.

【学习效果评估 4-3】

1. 用 Cramer 法则求解下列方程组.

(1) $\begin{cases} 2x - 3y = 3 \\ 3x - y = 8 \end{cases}$
(2) $\begin{cases} x_1 + x_2 + 2x_3 = 5 \\ 2x_1 - x_2 + 2x_3 = 4 \\ 4x_1 + x_2 + 4x_3 = 10 \end{cases}$

2. 问 k 为何值时，齐次线性方程组 $\begin{cases} 2x_1 + 4x_2 + kx_3 = 0 \\ -x_1 + kx_2 + x_3 = 0 \\ x_1 - x_2 + 3x_3 = 0 \end{cases}$ 只有零解.

单元训练 4

1. 填空题

(1) $D = \begin{vmatrix} 0 & a & b \\ -a & 0 & c \\ -b & -c & 0 \end{vmatrix} = \underline{\qquad}$, $D = \begin{vmatrix} 1 & 1 & 1 & 1 \\ -1 & 1 & 1 & 1 \\ -1 & -1 & 1 & 1 \\ -1 & -1 & -1 & 1 \end{vmatrix} = \underline{\qquad}$.

(2) $|A| = \begin{vmatrix} 1 & 2 & 2 & 2 \\ 2 & 3 & 1 & 2 \\ 1 & 1 & 1 & 1 \\ 1 & 0 & 2 & 2 \end{vmatrix}$，代数余子式 $A_{23} = $ _____ .

2. 计算下列行列式的值.

(1) $\begin{vmatrix} 1 & 0 & 0 & 1 \\ -1 & 3 & 2 & -1 \\ 2 & 1 & 0 & 2 \\ 5 & 0 & -1 & 1 \end{vmatrix}$

(2) $\begin{vmatrix} 1 & 1 & 1 & 1 \\ a & b & c & d \\ a^2 & b^2 & c^2 & d^2 \\ a^3 & b^3 & c^3 & d^3 \end{vmatrix}$

(3) $\begin{vmatrix} 1+x & 1 & 1 & 1 \\ 1 & 1-x & 1 & 1 \\ 1 & 1 & 1+x & 1 \\ 1 & 1 & 1 & 1-x \end{vmatrix}$

(4) $\begin{vmatrix} 1+x & 1 & 1 & 1 \\ 1 & 1-x & 1 & 1 \\ 1 & 1 & 1+y & 1 \\ 1 & 1 & 1 & 1-y \end{vmatrix}$

3. 用 Cramer 法则求解下列方程组.

(1) $\begin{cases} x_1 + 2x_2 - x_3 = -3 \\ 2x_1 - x_2 + 3x_3 = 9 \\ -x_1 + x_2 + 4x_3 = 6 \end{cases}$

(2) $\begin{cases} x + y + z = a + b + c \\ ax + by + cz = a^2 + b^2 + c^2 \\ bcx + cay + abz = 3abc \end{cases}$

4. 证明：

(1) $\begin{vmatrix} 1 & ax & a^2 + x^2 \\ 1 & ay & a^2 + y^2 \\ 1 & az & a^2 + z^2 \end{vmatrix} = a(x-y)(y-z)(z-x)$

(2) $\begin{vmatrix} a-b-c & 2a & 2a \\ 2b & b-a-c & 2b \\ 2c & 2c & c-a-b \end{vmatrix} = (a+b+c)^3$

矩 阵

矩阵是线性代数最重要的概念之一,在自然科学、工程技术和社会科学等行业中都有着广泛的应用.矩阵和行列式一样,是从研究线性方程组的问题引出来的.只不过行列式是从特殊的线性方程组(即未知量个数与方程个数相同,而且只有唯一解)引出来的,而矩阵则是从一般的线性方程组引出来的,所以矩阵的应用更为广泛.矩阵的意义不仅在于确定了一些数表,而且还定义了一些有理论意义和实际意义的运算,从而使它成为进行理论研究和解决实际问题的有力工具.本单元先介绍矩阵的加法、数乘、乘法等运算,以及矩阵的求逆,然后求解矩阵方程.

知识与能力目标

1. 理解矩阵的定义.
2. 了解几种特殊的矩阵.
3. 理解逆矩阵的定义,掌握矩阵可逆的条件.
4. 掌握逆矩阵的性质.
5. 掌握矩阵和矩阵方程的计算方法.
6. 掌握矩阵的初等变换,会用初等变换求矩阵的秩和逆矩阵.

项目 1 理解矩阵及其运算

【引例 1】甲乙丙三名同学的期末考试成绩如下,见表 5—1.

表 5−1 期末考试成绩表

	计算机数学基础	英语	Python
甲	82	88	80
乙	70	75	86
丙	90	85	78

表 5−1 就是一个矩阵

$$\begin{bmatrix} 82 & 88 & 80 \\ 70 & 75 & 86 \\ 90 & 85 & 78 \end{bmatrix}$$

【引例 2】某种物质从 3 处生产地运往 4 处销售地,调运的里程(单位:km)如表 5−2.

表 5−2 调运销售地的里程

里程		销售地			
		1	2	3	4
生产地	1	40	50	70	100
	2	50	30	80	90
	3	60	40	30	50

可以用如下的三行四列矩阵表示

$$A = \begin{bmatrix} 40 & 50 & 70 & 100 \\ 50 & 30 & 80 & 90 \\ 60 & 40 & 30 & 50 \end{bmatrix}$$

其中矩阵 A 的元素 a_{ij} 表示从生产地 i 运往销售地 j 的调运里程为 $a_{ij}km$.

设线性方程组

$$\begin{cases} a_{11}x_1 + a_{12}x_2 + \cdots + a_{1n}x_n = b_1 \\ a_{21}x_1 + a_{22}x_2 + \cdots + a_{2n}x_n = b_2 \\ \cdots \\ a_{m1}x_1 + a_{m2}x_2 + \cdots + a_{mn}x_n = b_m \end{cases}$$

如果把未知量的系数按其在方程组中原有的相对位置排成个 m 行 n 列的矩形数表,就得到一个 m 行 n 列的矩阵.

任务 1 掌握矩阵的定义

【定义 1】由 $m \times n$ 个 $a_{ij}(i=1,2,\cdots,m;j=1,2,\cdots,n)$ 排成的 m 行 n 列的矩形数表

$$\begin{pmatrix} a_{11} & a_{12} & \cdots & a_{1n} \\ a_{21} & a_{22} & \cdots & a_{2n} \\ \vdots & \vdots & & \vdots \\ a_{m1} & a_{m2} & \cdots & a_{mn} \end{pmatrix}$$

称为 m 行 n 列矩阵,简称 $m \times n$ 矩阵. 其中 a_{ij} 表示矩阵的第 i 行第 j 列的元素. 通常用大写的英文字母 $A,B,C,\cdots$ 表示矩阵,有时候为了明确矩阵的行列数,将一个 m 行 n 列的矩阵记作 $A=(a_{ij})_{m \times n}$ 或 $A_{m \times n}$.

值得注意的是,矩阵与行列式在形式上有些类似,但在意义上完全不同. 一个行列式是一个数,而矩阵是 m 行 n 列的一个数表.

若两矩阵的行数、列数分别相等,则称它们为**同型矩阵**.

【定义 2】如果 A 和 B 为两个 $m \times n$ 的同型矩阵

$$A = \begin{pmatrix} a_{11} & a_{12} & \cdots & a_{1n} \\ a_{21} & a_{22} & \cdots & a_{2n} \\ \vdots & \vdots & & \vdots \\ a_{m1} & a_{m2} & \cdots & a_{mn} \end{pmatrix} \qquad B = \begin{pmatrix} b_{11} & b_{12} & \cdots & b_{1n} \\ b_{21} & b_{22} & \cdots & b_{2n} \\ \vdots & \vdots & & \vdots \\ b_{m1} & b_{m2} & \cdots & b_{mn} \end{pmatrix}$$

且它们对应的元素分别相等,即 $a_{ij}=b_{ij}(i=1,2,\cdots,m;j=1,2,\cdots,n)$,则称矩阵 A 与 B 相等,记作 $A=B$.

任务 2 了解几种特殊的矩阵

1. 零矩阵

所有元素都为零的矩阵,记为 O.

2. n 阶方阵

行数与列数相等的矩阵,也称为 n 阶矩阵,简称方阵.

3. 单位矩阵

主对角线上元素为 1,其余元素都为零的 n 阶方阵,记为 E_n 或 I_n. 即

$$E_n = \begin{pmatrix} 1 & 0 & \cdots & 0 \\ 0 & 1 & \cdots & 0 \\ \vdots & \vdots & & \vdots \\ 0 & 0 & \cdots & 1 \end{pmatrix}$$

4. 对角矩阵

主对角线以外的元素皆为零的 n 阶方阵,记为 $\Lambda = diag(a_{11}, a_{22}, \cdots, a_{nn})$. 即

$$\Lambda = \begin{bmatrix} a_{11} & 0 & \cdots & 0 \\ 0 & a_{22} & \cdots & 0 \\ \cdots & \cdots & \cdots & \cdots \\ 0 & 0 & \cdots & a_{nn} \end{bmatrix}$$

5. 上(下)三角形矩阵

主对角线下(上)方元素皆为零的方阵,记为

$$A = \begin{bmatrix} a_{11} & a_{12} & \cdots & a_{1n} \\ & a_{22} & \cdots & a_{2n} \\ & & \ddots & \vdots \\ & & & a_{nn} \end{bmatrix} \qquad B = \begin{bmatrix} b_{11} & & & \\ b_{21} & b_{22} & & \\ \vdots & \vdots & \ddots & \\ b_{n1} & b_{n2} & \cdots & b_{nn} \end{bmatrix}$$

6. 对称矩阵

如果 n 阶矩阵 $A = (a_{ij})$ 满足 $a_{ij} = a_{ji}(i, j = 1, 2, \cdots, n)$,则称 A 为对称矩阵. 例如

$$A = \begin{bmatrix} 1 & -2 & 3 \\ -2 & 3 & 4 \\ 3 & 4 & 6 \end{bmatrix}$$

7. 行矩阵或行向量

$m = 1$,即 A 中只有一行的矩阵,记为

$$A = (a_1, a_2, \cdots, a_n)$$

8. 列矩阵或列向量

$n = 1$,即 A 中只有一列的矩阵,记为

$$A = \begin{bmatrix} a_1 \\ a_2 \\ \vdots \\ a_m \end{bmatrix}$$

任务 3   学会矩阵的运算

1. 矩阵的加法

【定义 3】 设有两个 $m \times n$ 矩阵 $A = (a_{ij})_{m \times n}$ 与 $B = (b_{ij})_{m \times n}$，那么矩阵 A 与矩阵 B 的和记作 $A + B$，即 $A + B = (a_{ij} + b_{ij})_{m \times n}$.

【实例 1】 某供应商在两家商店 S_1, S_2，供应三种商品 P_1, P_2, P_3，第 1 天的销量可用矩阵表示为

$$A = \begin{array}{c} \\ S_1 \\ S_2 \end{array} \begin{array}{ccc} P_1 & P_2 & P_3 \\ \begin{pmatrix} 4 & 1 & 5 \\ 2 & 0 & 6 \end{pmatrix} \end{array}$$

第 2 天的销售用矩阵表示为

$$B = \begin{array}{c} \\ S_1 \\ S_2 \end{array} \begin{array}{ccc} P_1 & P_2 & P_3 \\ \begin{pmatrix} 6 & 2 & 4 \\ 4 & 1 & 5 \end{pmatrix} \end{array}$$

则这两天各商店销售各种商品的总量可用矩阵表示为

$$A + B = \begin{pmatrix} 4+6 & 1+2 & 5+4 \\ 2+4 & 0+1 & 6+5 \end{pmatrix} = \begin{pmatrix} 10 & 3 & 9 \\ 6 & 1 & 11 \end{pmatrix}$$

即两个矩阵的和还是一个矩阵，它的元素就是这两个矩阵对应元素分别相加，显然，只有当两个矩阵是同型矩阵，即行列数都相等时，才能进行加法运算.

不难验证，矩阵的加法满足以下运算规律（设 A, B, C 都是 $m \times n$ 矩阵）：

(1) 交换律：$A + B = B + A$.

(2) 结合律：$A + B + C = A + (B + C)$.

(3) $A + O = A$.

(4) $A + (-A) = O$.

2. 数乘矩阵

【实例 2】 在实例 1 中，若供应的商品第 3 天的销量恰好是第 2 天销量的两倍，设第 3 天的销量为矩阵 C，则有

$$C = 2B = 2 \begin{pmatrix} 6 & 2 & 4 \\ 4 & 1 & 5 \end{pmatrix} = \begin{pmatrix} 2 \times 6 & 2 \times 2 & 2 \times 4 \\ 2 \times 4 & 2 \times 1 & 2 \times 5 \end{pmatrix} = \begin{pmatrix} 12 & 4 & 8 \\ 8 & 2 & 10 \end{pmatrix}$$

【定义 4】 设 $m \times n$ 矩阵 $A = (a_{ij})_{m \times n}$，$\lambda$ 是任意常数，用 λ 乘以矩阵 A 当中的每一个元素所得到的矩阵

$$C = \begin{pmatrix} \lambda a_{11} & \lambda a_{12} & \cdots & \lambda a_{1n} \\ \lambda a_{21} & \lambda a_{22} & \cdots & \lambda a_{2n} \\ \vdots & \vdots & & \vdots \\ \lambda a_{m1} & \lambda a_{m2} & \cdots & \lambda a_{mn} \end{pmatrix}$$

称为数 λ 与矩阵 A 的乘积(或 λ 与矩阵 A 的数乘),记作 $C = \lambda A$.

数乘矩阵得到的还是一个矩阵,它的元素是原矩阵相应位置上元素的 λ 倍. 当 $\lambda = -1$ 时,得到 $C = (-1)A = -A$,称为矩阵 A 的负矩阵,显然有 $A + (-A) = O$,根据负矩阵,可以将矩阵的减法定义为 $A - B = A + (-B)$.

根据数乘矩阵的定义,矩阵的数乘运算满足以下规律:

(1)结合律: $(kl)A = k(lA)$.

(2)矩阵对数的分配律: $(k + l)A = kA + lA$.

(3)数对矩阵的分配律: $k(A + B) = kA + kB$.

【实例 3】设矩阵 $A = \begin{pmatrix} 1 & -1 & 0 \\ 2 & 3 & 4 \end{pmatrix}$, $B = \begin{pmatrix} 1 & 3 & 2 \\ 3 & 4 & 6 \end{pmatrix}$,求 $C = 3A - 2B$.

解 $C = 3\begin{pmatrix} 1 & -1 & 0 \\ 2 & 3 & 4 \end{pmatrix} - 2\begin{pmatrix} 1 & 3 & 2 \\ 3 & 4 & 6 \end{pmatrix} = \begin{pmatrix} 3 & -3 & 0 \\ 6 & 9 & 12 \end{pmatrix} - \begin{pmatrix} 2 & 6 & 4 \\ 6 & 8 & 12 \end{pmatrix} = \begin{pmatrix} 1 & -9 & -4 \\ 0 & 1 & 0 \end{pmatrix}$

3. 矩阵的乘法

【实例 4】某公司有两个车间生产甲、乙和丙三种产品,用矩阵 A 表示他们一个月的产量(单位:支),三种产品的单位售价和单位利润(单位:元)用矩阵 B 表示,即

$$\begin{array}{ccc} 甲 & 乙 & 丙 \end{array}$$
$$A = \begin{pmatrix} a_{11} & a_{12} & a_{13} \\ a_{21} & a_{22} & a_{23} \end{pmatrix} \begin{matrix} 车间1 \\ 车间2 \end{matrix} \qquad B = \begin{pmatrix} b_{11} & b_{12} \\ b_{21} & b_{22} \\ b_{31} & b_{32} \end{pmatrix} \begin{matrix} 甲 \\ 乙 \\ 丙 \end{matrix}$$

若用矩阵 C 表示两个车间一个月的总产值和总利润,则有

总产值　总利润

$$C = \begin{pmatrix} c_{11} & c_{12} \\ c_{21} & c_{22} \end{pmatrix} \begin{matrix} 车间1 \\ 车间2 \end{matrix} = \begin{pmatrix} a_{11}b_{11} + a_{12}b_{21} + a_{13}b_{31} & a_{11}b_{12} + a_{12}b_{22} + a_{13}b_{32} \\ a_{21}b_{11} + a_{22}b_{21} + a_{23}b_{31} & a_{21}b_{12} + a_{22}b_{22} + a_{23}b_{32} \end{pmatrix}$$

可见,C 的元素 c_{11} 正是矩阵 A 的第一行与矩阵 B 的第一列所有对应元素的乘积之和,而 c_{21} 则是矩阵 A 的第二行与矩阵 B 的第一列所有对应元素的乘积之和,等等. 称矩阵 C 为矩阵 A 与矩阵 B 的乘积.

【定义 5】设矩阵 $A = (a_{ij})_{m \times s}$ 与 $B = (b_{ij})_{s \times n}$,则矩阵 $C = (c_{ij})_{m \times n}$ 称为矩阵 A 与矩阵 B 的乘积,记作 $C = AB$,其中

$$c_{ij} = a_{i1}b_{1j} + a_{i2}b_{2j} + \cdots + a_{is}b_{sj} = \sum_{k=1}^{s} a_{ik}b_{kj} (i = 1, 2, \cdots, m; j = 1, 2, \cdots, n)$$

即矩阵 $C = AB$ 的第 i 行第 j 列元素 c_{ij} 就是矩阵 A 的第 i 行与矩阵 B 的第 j 列的对应元素乘积之和.

两个矩阵能够进行乘法运算的先决条件是:左边矩阵的列数等于右边矩阵的行数.

【实例5】设 $A = \begin{pmatrix} 3 & -1 \\ 0 & 3 \\ 1 & 0 \end{pmatrix}$, $B = \begin{pmatrix} 1 & 0 & 1 & -1 \\ 0 & 2 & 1 & 0 \end{pmatrix}$, 求 AB 与 BA.

解
$$AB = \begin{pmatrix} 3 \times 1 + (-1) \times 0 & 3 \times 0 + (-1) \times 2 & 3 \times 1 + (-1) \times 1 & 3 \times (-1) + (-1) \times 0 \\ 0 \times 1 + 3 \times 0 & 0 \times 0 + 3 \times 2 & 0 \times 1 + 3 \times 1 & 0 \times (-1) + 3 \times 0 \\ 1 \times 1 + 0 \times 0 & 1 \times 0 + 0 \times 2 & 1 \times 1 + 0 \times 1 & 1 \times (-1) + 0 \times 0 \end{pmatrix}$$
$$= \begin{pmatrix} 3 & -2 & 2 & -3 \\ 0 & 6 & 3 & 0 \\ 1 & 0 & 1 & -1 \end{pmatrix}$$

因为 $A = A_{3 \times 2}$, $B = B_{2 \times 4}$, B 的列数与 A 行数不相等, BA 不满足矩阵乘法的运算条件,无意义.

【实例6】已知 $A = \begin{pmatrix} 3 & -2 \\ 5 & -4 \end{pmatrix}$, $B = \begin{pmatrix} 3 & 4 \\ 2 & 5 \end{pmatrix}$, 求 AB 与 BA.

解
$$AB = \begin{pmatrix} 3 & -2 \\ 5 & -4 \end{pmatrix}\begin{pmatrix} 3 & 4 \\ 2 & 5 \end{pmatrix} = \begin{pmatrix} 5 & 2 \\ 7 & 0 \end{pmatrix}, BA = \begin{pmatrix} 3 & 4 \\ 2 & 5 \end{pmatrix}\begin{pmatrix} 3 & -2 \\ 5 & -4 \end{pmatrix} = \begin{pmatrix} 29 & -22 \\ 31 & -24 \end{pmatrix}.$$

显然 $AB \neq BA$, 这说明矩阵的乘法不满足交换律.

矩阵乘法满足以下运算规律:

(1)结合律: $(AB)C = A(BC)$.

(2)分配律: $A(B+C) = AB + AC$, $(B+C)A = BA + CA$.

(3) $\lambda(AB) = (\lambda A)B = A(\lambda B)$, λ 为常数.

(4) $E_m \times A_{m \times n} = A_{m \times n}$, $A_{m \times n} \times E_n = A_{m \times n}$.

单位矩阵 E 在乘法运算中的作用相当于实数运算当中 1 的作用.

4. 方阵的幂

【定义6】设 A 为 n 阶方阵, k 为自然数,称 k 个 A 的连乘积为方阵 A 的 k 次幂,记作

$$A^k = \underbrace{AA \cdots A}_{k}$$

称为方阵 A 的 k 次幂,同时规定, $A^0 = E$, $A^1 = A$.

矩阵的幂满足以下运算规律:

(1) $A^k A^l = A^{k+l}$.

(2) $(A^k)^l = A^{kl}$.

其中 k, l 为非负整数.

由于矩阵乘法不满足交换律,所以对于两个 n 阶方阵 A 与 B,一般来说,$(AB)^k \neq A^k B^k$.

【实例 7】设 $A = \begin{pmatrix} 1 & 0 \\ 0 & -1 \end{pmatrix}$,$B = \begin{pmatrix} 0 & 1 \\ -1 & 0 \end{pmatrix}$,求 $(AB)^2$ 和 $A^2 B^2$.

解

$$AB = \begin{pmatrix} 0 & 1 \\ 1 & 0 \end{pmatrix}, A^2 = \begin{pmatrix} 1 & 0 \\ 0 & 1 \end{pmatrix}, B^2 = \begin{pmatrix} -1 & 0 \\ 0 & -1 \end{pmatrix}$$

则

$$(AB)^2 = \begin{pmatrix} 1 & 0 \\ 0 & 1 \end{pmatrix}, A^2 B^2 = \begin{pmatrix} -1 & 0 \\ 0 & -1 \end{pmatrix}$$

显然

$$(AB)^2 \neq A^2 B^2$$

5. 矩阵的转置

【定义 7】将 $m \times n$ 矩阵

$$A = \begin{pmatrix} a_{11} & a_{12} & \cdots & a_{1n} \\ a_{21} & a_{22} & \cdots & a_{2n} \\ \vdots & \vdots & & \vdots \\ a_{m1} & a_{m2} & \cdots & a_{mn} \end{pmatrix}$$

的行和列互换后得到一个矩阵,称为转置矩阵,记为 A^T,即

$$A^T = \begin{pmatrix} a_{11} & a_{21} & \cdots & a_{m1} \\ a_{12} & a_{22} & \cdots & a_{m2} \\ \vdots & \vdots & & \vdots \\ a_{1n} & a_{2n} & \cdots & a_{mn} \end{pmatrix}$$

例如

$$A = \begin{pmatrix} 1 & 3 & 5 \\ 2 & 4 & 6 \end{pmatrix}_{2 \times 3}, A^T = \begin{pmatrix} 1 & 2 \\ 3 & 4 \\ 5 & 6 \end{pmatrix}_{3 \times 2}$$

显然,方阵 A 为对称矩阵的充要条件是 $A = A^T$.

矩阵的转置满足以下运算规律:

(1) $(A^T)^T = A$.

(2) $(A+B)^T = A^T + B^T$.

(3) $(kA)^T = kA^T$（k 为常数）.

(4) $(AB)^T = B^T A^T$.

【实例 8】设 $A = \begin{pmatrix} 0 & 1 & 3 \\ 1 & -1 & 2 \\ 1 & 2 & 1 \end{pmatrix}$，$B = \begin{pmatrix} 1 & -1 \\ 3 & 1 \\ 2 & 2 \end{pmatrix}$ 设 A 为 n 阶方阵求 A^T，B^T，AB，

$(AB)^T$，$B^T A^T$.

解

$$A^T = \begin{pmatrix} 0 & 1 & 1 \\ 1 & -1 & 2 \\ 3 & 2 & 1 \end{pmatrix}, \quad B^T = \begin{pmatrix} 1 & 3 & 2 \\ -1 & 1 & 2 \end{pmatrix}$$

$$AB = \begin{pmatrix} 0 & 1 & 3 \\ 1 & -1 & 2 \\ 1 & 2 & 1 \end{pmatrix} \begin{pmatrix} 1 & -1 \\ 3 & 1 \\ 2 & 2 \end{pmatrix} = \begin{pmatrix} 9 & 7 \\ 2 & 2 \\ 9 & 3 \end{pmatrix}, \quad (AB)^T = \begin{pmatrix} 9 & 2 & 9 \\ 7 & 2 & 3 \end{pmatrix}$$

$$B^T A^T = \begin{pmatrix} 1 & 3 & 2 \\ -1 & 1 & 2 \end{pmatrix} \begin{pmatrix} 0 & 1 & 1 \\ 1 & -1 & 2 \\ 3 & 2 & 1 \end{pmatrix} = \begin{pmatrix} 9 & 2 & 9 \\ 7 & 2 & 3 \end{pmatrix}, \quad 即 \ (AB)^T = B^T A^T$$

矩阵的转置的运算规律(4)可以推广到多个矩阵相乘的情况，即

$$(A_1 A_2 \cdots A_t)^T = A_t^T A_{t-1}^T \cdots A_1^T$$

6. 方阵的行列式

【定义 8】设 n 阶方阵

$$A = \begin{pmatrix} a_{11} & a_{12} & \cdots & a_{1n} \\ a_{21} & a_{22} & \cdots & a_{2n} \\ \vdots & \vdots & & \vdots \\ a_{n1} & a_{n2} & \cdots & a_{nn} \end{pmatrix}$$

则称行列式 $\begin{vmatrix} a_{11} & a_{12} & \cdots & a_{1n} \\ a_{21} & a_{22} & \cdots & a_{2n} \\ \vdots & \vdots & \ddots & \vdots \\ a_{n1} & a_{n2} & \cdots & a_{nn} \end{vmatrix}$ 为方阵 A 的行列式，记作 $\det A$ 或 $|A|$.

显然单位矩阵的行列式等于 1，即 $|E| = 1$.

【注意】方阵与行列式是两个不同的概念，n 阶方阵是 n^2 个数按一定形式构成的数表，而 n 阶行列式是 n^2 个数按一定的运算法则所确定的一个数.

【实例 9】设 $A = \begin{pmatrix} 1 & 2 \\ 0 & 3 \end{pmatrix}$，$B = \begin{pmatrix} -1 & 0 \\ 3 & 5 \end{pmatrix}$.

(1)求矩阵 $A+B,2A,AB$；

(2)计算行列式 $|A|$，$|B|$，$|A+B|$，$|2A|$，$|AB|$．

解

$$A+B=\begin{pmatrix} 0 & 2 \\ 3 & 8 \end{pmatrix},2A=\begin{pmatrix} 2 & 4 \\ 0 & 6 \end{pmatrix},AB=\begin{pmatrix} 5 & 10 \\ 9 & 15 \end{pmatrix}$$

$$|A|=\begin{vmatrix} 1 & 2 \\ 0 & 3 \end{vmatrix}=3,|B|=\begin{vmatrix} -1 & 0 \\ 3 & 5 \end{vmatrix}=-5,|A+B|=\begin{vmatrix} 0 & 2 \\ 3 & 8 \end{vmatrix}=-6$$

$$|2A|=\begin{vmatrix} 2 & 4 \\ 0 & 6 \end{vmatrix}=12=2^2|A|,|AB|=\begin{vmatrix} 5 & 10 \\ 9 & 15 \end{vmatrix}=-15=|A||B|$$

设 A,B 为阶方阵,则方阵的行列式满足下列运算律：

(1) $|A^T|=|A|$．

(2) $|AB|=|A||B|=|B||A|=|BA|$．

(3) $|kA|=k^n|A|$．

【实例 10】设 A 为三阶矩阵，$|A|=5$，$k=-2$，求 $|kA|$．

解　$|kA|=k^3|A|=(-2)^3\times5=-40$

【学习效果评估 5-1】

1. 设 $\begin{pmatrix} x & y \\ 2 & x-y \end{pmatrix}=\begin{pmatrix} 3 & 1 \\ 2 & z \end{pmatrix}$，求 x,y,z．

2. 设 $A=\begin{pmatrix} 2 & 4 \\ 1 & -2 \end{pmatrix}$，$B=\begin{pmatrix} 1 & 2 \\ 3 & 0 \end{pmatrix}$，计算 $2A-3B$，AB，BA，AB^T，B^2．

3. 设 $A=\begin{pmatrix} -1 & 3 & 1 \\ 0 & 4 & 2 \end{pmatrix}$，$B=\begin{pmatrix} 4 & 1 \\ 2 & 5 \\ 3 & 4 \end{pmatrix}$，求 $(AB)^T$，B^TA^T．

项目 2　掌握逆矩阵

【引例】

在数集中有加法、减法、乘法、除法等运算,对于矩阵,我们定义了加法、减法、数乘、乘法等运算,现在的问题是:矩阵是否有类似除法的运算,若有,它包含什么含义呢?

回忆在数的运算中,有

$$a \cdot a^{-1}=a^{-1} \cdot a=1$$

在矩阵乘法中单位矩阵相当于数的乘法运算中的1,那么人们自然会问,对于一个矩阵 A,是否能找到一个与 a^{-1} 地位相似的矩阵记作 A^{-1},使得 $AA^{-1}=A^{-1}A=E$ 成立呢?

任务 1　理解逆矩阵的定义

【定义 1】设 A 为 n 阶方阵,若存在 n 阶方阵 B,使得 $AB=BA=E$,则称 B 为 A 的逆矩阵,简称逆阵,并称 A 为可逆矩阵,记作 $A^{-1}=B$.

由逆矩阵的定义可以得到下面结论:逆矩阵一定是方阵,反之则不一定成立.

【实例 1】设 $A=\begin{pmatrix} 1 & 2 \\ 0 & 1 \end{pmatrix}$, $B=\begin{pmatrix} 1 & -2 \\ 0 & 1 \end{pmatrix}$,则

$$AB=\begin{pmatrix} 1 & 2 \\ 0 & 1 \end{pmatrix}\begin{pmatrix} 1 & -2 \\ 0 & 1 \end{pmatrix}=\begin{pmatrix} 1 & 0 \\ 0 & 1 \end{pmatrix}=E$$

$$BA=\begin{pmatrix} 1 & -2 \\ 0 & 1 \end{pmatrix}\begin{pmatrix} 1 & 2 \\ 0 & 1 \end{pmatrix}=\begin{pmatrix} 1 & 0 \\ 0 & 1 \end{pmatrix}=E$$

所以,矩阵 A 和 B 互为逆矩阵.

矩阵中没有除法运算,但以逆矩阵的形式给出,逆矩阵在矩阵代数中所起的作用类似于实数中倒数的作用.

任务 2　掌握矩阵可逆的条件

如何判断一个矩阵是否可逆,若可逆又如何求其逆矩阵呢? 为此,首先介绍两个定义.

【定义 2】如果 n 阶矩阵 A 的行列式 $|A|\neq 0$,则称 A 是非奇异矩阵,否则称 A 是奇异矩阵.

【定义 3】设 n 阶矩阵

$$A=\begin{pmatrix} a_{11} & a_{12} & \cdots & a_{1n} \\ a_{21} & a_{22} & \cdots & a_{2n} \\ \vdots & \vdots & & \vdots \\ a_{n1} & a_{n2} & \cdots & a_{nn} \end{pmatrix}$$

由 A 的行列式 $|A|$ 中的元素 $a_{ij}(i,j=1,2,\cdots,n)$ 的代数余子式 A_{ij} 构成的如下 n 阶方阵

$$A^{*}=\begin{pmatrix} A_{11} & A_{21} & \cdots & A_{n1} \\ A_{12} & A_{22} & \cdots & A_{n2} \\ \vdots & \vdots & & \vdots \\ A_{1n} & A_{2n} & \cdots & A_{nn} \end{pmatrix}$$

称为矩阵 A 的**伴随矩阵**,它是将 A 的每个元素换成其对应的代数余子式,转置得到的矩阵.

显然 $AA^* = \begin{pmatrix} a_{11} & a_{12} & \cdots & a_{1n} \\ a_{21} & a_{22} & \cdots & a_{2n} \\ \vdots & \vdots & & \vdots \\ a_{n1} & a_{n2} & \cdots & a_{nn} \end{pmatrix} \begin{pmatrix} A_{11} & A_{21} & \cdots & A_{n1} \\ A_{12} & A_{22} & \cdots & A_{n2} \\ \vdots & \vdots & & \vdots \\ A_{1n} & A_{2n} & \cdots & A_{nn} \end{pmatrix}$ 是一个 n 阶方阵,其第 i 行

第 j 列元素为 $a_{i1}A_{j1} + a_{i2}A_{j2} + \cdots + a_{in}A_{jn}$,由行列式的性质可知

$$a_{i1}A_{j1} + a_{i2}A_{j2} + \cdots + a_{in}A_{jn} = \begin{cases} |A|, & i=j \\ 0, & i \neq j \end{cases}$$

于是 $AA^* = \begin{pmatrix} |A| & 0 & \cdots & 0 \\ 0 & |A| & \cdots & 0 \\ \vdots & \vdots & & \vdots \\ 0 & 0 & \cdots & |A| \end{pmatrix} = |A|E$,同理可得 $A^*A = |A|E$.

【定理1】n 阶方阵 A 可逆的充分必要条件是方阵 A 的行列式 $|A| \neq 0$,并且当 A 可逆时,$A^{-1} = \dfrac{1}{|A|}A^*$,其中 A^* 是 A 的伴随矩阵.

【推论】设 A,B 均为 n 阶方阵,且满足 $AB = E$(或 $BA = E$),则 A,B 都可逆,且 $A^{-1} = B$,$B^{-1} = A$.

【实例2】设方阵 $A = \begin{pmatrix} 1 & -1 & 2 \\ 0 & 1 & -1 \\ 2 & 1 & 0 \end{pmatrix}$,判断 A 是否可逆,若可逆,求 A^{-1}.

解　因为 $|A| = \begin{vmatrix} 1 & -1 & 2 \\ 0 & 1 & -1 \\ 2 & 1 & 0 \end{vmatrix} = -1 \neq 0$,所以 A 可逆.

$A_{11} = \begin{vmatrix} 1 & -1 \\ 1 & 0 \end{vmatrix} = 1$,$A_{12} = -\begin{vmatrix} 0 & -1 \\ 2 & 0 \end{vmatrix} = -2$,$A_{13} = \begin{vmatrix} 0 & 1 \\ 2 & 1 \end{vmatrix} = -2$,

$A_{21} = -\begin{vmatrix} -1 & 2 \\ 1 & 0 \end{vmatrix} = 2$,$A_{22} = \begin{vmatrix} 1 & 2 \\ 2 & 0 \end{vmatrix} = -4$,$A_{23} = -\begin{vmatrix} 1 & -1 \\ 2 & 1 \end{vmatrix} = -3$,

$A_{31} = \begin{vmatrix} -1 & 2 \\ 1 & -1 \end{vmatrix} = -1$,$A_{32} = -\begin{vmatrix} 1 & 2 \\ 0 & -1 \end{vmatrix} = 1$,$A_{33} = \begin{vmatrix} 1 & -1 \\ 0 & 1 \end{vmatrix} = 1$,

于是　$A^{-1} = \dfrac{1}{|A|}A^* = \dfrac{1}{-1}\begin{pmatrix} 1 & 2 & -1 \\ -2 & -4 & 1 \\ -2 & -3 & 1 \end{pmatrix} = \begin{pmatrix} -1 & -2 & 1 \\ 2 & 4 & -1 \\ 2 & 3 & -1 \end{pmatrix}$

任务 3　理解逆矩阵的性质

【性质1】如果矩阵 A 可逆,则 A 的逆矩阵是唯一的.

证　设 B_1 和 B_2 都是 A 的逆矩阵,则 B_1 和 B_2 都应同时满足

$$AB_1 = B_1 A = E,\ AB_2 = B_2 A = E$$

从而有

$$B_1 = B_1 E = B_1(AB_2) = (B_1 A)B_2 = EB_2 = B_2$$

所以 A 的逆矩阵是唯一的.

【性质 2】 若矩阵 A 可逆,那么 A 的逆矩阵 A^{-1} 也可逆,且 $(A^{-1})^{-1} = A$.

【性质 3】 若矩阵 A 可逆,数 $k \neq 0$,则 kA 也可逆,且 $(kA)^{-1} = \dfrac{1}{k}A^{-1}$.

【性质 4】 若 A,B 均为同阶可逆矩阵,则 AB 也可逆,且 $(AB)^{-1} = B^{-1}A^{-1}$.

证   由 A,B 均可逆,存在 A^{-1},B^{-1},且有

$$B^{-1}A^{-1}(AB) = B^{-1}(A^{-1}A)B = B^{-1}EB = B^{-1}B = E$$

所以 $(AB)^{-1} = B^{-1}A^{-1}$.

【性质 5】 若矩阵 A 可逆,则 A^T 也可逆,且 $(A^T)^{-1} = (A^{-1})^T$.

【性质 6】 若矩阵 A 可逆,则 $|A^{-1}| = \dfrac{1}{|A|} = |A|^{-1}$.

任务 4   掌握矩阵方程

【引例】

利用矩阵的逆,可以简洁地表示 n 元 n 个方程的线性方程组的解. 设 A 为 n 阶可逆矩阵,X,B 都是 $n \times m$ 矩阵,对线性方程组

$$AX = B$$

两边左乘 A^{-1},得

$$A^{-1}AX = A^{-1}B$$

即该矩阵方程的解为

$$X = A^{-1}B$$

这与用 Cramer 法则求得的解是相同的.

同理,对于矩阵方程 $XA = B$,两边同时右乘 A^{-1},解得

$$X = BA^{-1}$$

【实例 3】 已知矩阵方程 $\begin{pmatrix} 1 & 2 \\ 1 & 1 \end{pmatrix} X = \begin{pmatrix} 1 \\ 2 \end{pmatrix}$,求矩阵 X.

解 $X = \begin{pmatrix} 1 & 2 \\ 1 & 1 \end{pmatrix}^{-1} \begin{pmatrix} 1 \\ 2 \end{pmatrix} = \begin{pmatrix} -1 & 2 \\ 1 & -1 \end{pmatrix} \begin{pmatrix} 1 \\ 2 \end{pmatrix} = \begin{pmatrix} 3 \\ -1 \end{pmatrix}$

【实例 4】 设 A,B 满足关系式 $AB = 2B + A$,且 $A = \begin{pmatrix} 3 & 0 & 1 \\ 1 & 1 & 0 \\ 0 & 1 & 4 \end{pmatrix}$,求 B.

解   由 $AB = 2B + A$,有 $(A - 2E)B = A$. 因为

$$|A-2E| = \begin{vmatrix} 1 & 0 & 1 \\ 1 & -1 & 0 \\ 0 & 1 & 2 \end{vmatrix} = -1 \neq 0$$

故 $A-2E$ 可逆,且

$$(A-2E)^{-1} = \begin{pmatrix} 2 & -1 & -1 \\ 2 & -2 & -1 \\ -1 & 1 & 1 \end{pmatrix}$$

得

$$B = (A-2E)^{-1}A = \begin{pmatrix} 2 & -1 & -1 \\ 2 & -2 & -1 \\ -1 & 1 & 1 \end{pmatrix} \begin{pmatrix} 3 & 0 & 1 \\ 1 & 1 & 0 \\ 0 & 1 & 4 \end{pmatrix} = \begin{pmatrix} 5 & -2 & -2 \\ 4 & -3 & -2 \\ -2 & 2 & 3 \end{pmatrix}$$

【学习效果评估 5—2】

1. 求下列矩阵的逆矩阵.

(1) $\begin{pmatrix} 2 & 0 \\ 1 & 3 \end{pmatrix}$

(2) $\begin{pmatrix} 1 & 0 & -1 \\ 0 & 2 & 1 \\ 1 & 1 & -1 \end{pmatrix}$

(3) $\begin{pmatrix} 2 & 2 & 3 \\ 1 & -1 & 0 \\ -1 & 2 & 1 \end{pmatrix}$

(4) $\begin{pmatrix} \cos\alpha & -\sin\alpha \\ \sin\alpha & \cos\alpha \end{pmatrix}$

2. 解下列矩阵方程.

(1) $\begin{pmatrix} 2 & 5 \\ 1 & 3 \end{pmatrix} X = \begin{pmatrix} 4 & -6 \\ 2 & 1 \end{pmatrix}$

(2) $X \begin{pmatrix} 2 & 1 & -1 \\ 2 & 1 & 0 \\ 1 & -1 & 1 \end{pmatrix} = \begin{pmatrix} 1 & -1 & 3 \\ 4 & 3 & 2 \end{pmatrix}$

(3) $\begin{pmatrix} 2 & 3 & -1 \\ 1 & 2 & 0 \\ -1 & 2 & -2 \end{pmatrix} X = \begin{pmatrix} 2 & 1 \\ -1 & 0 \\ 3 & 1 \end{pmatrix}$

项目 3　掌握矩阵的初等变换与矩阵的秩

任务 1　掌握矩阵的初等变换

【定义 1】矩阵的行(列)初等变换是指对一个矩阵施行的下列三种变换:

(1)互换矩阵的第 i 行(列)与第 j 行(列)的位置,记为 $r_i \leftrightarrow r_j (c_i \leftrightarrow c_j)$.

(2)用一个非零常数 k 乘矩阵的第 i 行(列),记为 $kr_i (kc_i)$.

（3）将矩阵第 j 行（列）元素的 k 倍加到第 i 行（列）上，记为 $r_i + kr_j (c_i + kc_j)$.

矩阵的初等行变换和初等列变换统称为矩阵的初等变换，其变换的过程用记号"→"表示.

【实例1】对矩阵 $A = \begin{pmatrix} 3 & 7 & -3 & 1 \\ -2 & -5 & 2 & 0 \\ -4 & -10 & 4 & 0 \end{pmatrix}$ 施行初等行变换.

解　$A \xrightarrow{r_1 + r_2} \begin{pmatrix} 1 & 2 & -1 & 1 \\ -2 & -5 & 2 & 0 \\ -4 & -10 & 4 & 0 \end{pmatrix} \xrightarrow[r_3 + 4r_1]{r_2 + 2r_1} \begin{pmatrix} 1 & 2 & -1 & 1 \\ 0 & -1 & 0 & 2 \\ 0 & -2 & 0 & 4 \end{pmatrix} \xrightarrow{r_3 - 2r_2} \begin{pmatrix} 1 & 2 & -1 & 1 \\ 0 & -1 & 0 & 2 \\ 0 & 0 & 0 & 0 \end{pmatrix}$

该矩阵称为行阶梯形矩阵.

任务2　理解阶梯形矩阵

【定义2】满足下列条件的矩阵称为行阶梯形矩阵：

（1）零行（元素全为 0 的行）在下方.

（2）各非零行（元素不全为 0 的行）的第一个非零元素的列标随着行标的增大而严格增大.

【定义3】满足下列条件的阶梯形矩阵称为行最简阶梯形矩阵：

（1）非零行的首非零元都是 1.

（2）首非零元所在列的其他元素都是 0.

【实例2】将 $A = \begin{pmatrix} 2 & -1 & 3 & 1 \\ 4 & -2 & 5 & 4 \\ -4 & 2 & -6 & -2 \\ 2 & -1 & 4 & 0 \end{pmatrix}$ 矩阵化为行最简阶梯形矩阵.

解　$A \xrightarrow[r_3 + r_2]{r_4 - r_1} \begin{pmatrix} 2 & -1 & 3 & 1 \\ 4 & -2 & 5 & 4 \\ 0 & 0 & -1 & 2 \\ 0 & 0 & 1 & -1 \end{pmatrix} \xrightarrow[-r_3]{\substack{r_4 + r_3 \\ r_2 - 2r_1}} \begin{pmatrix} 2 & -1 & 3 & 1 \\ 0 & 0 & -1 & 2 \\ 0 & 0 & 1 & -2 \\ 0 & 0 & 0 & 1 \end{pmatrix}$

$\xrightarrow[r_3 + 2r_4]{r_2 + r_3} \begin{pmatrix} 2 & -1 & 3 & 1 \\ 0 & 0 & 0 & 0 \\ 0 & 0 & 1 & 0 \\ 0 & 0 & 0 & 1 \end{pmatrix} \xrightarrow[r_3 \leftrightarrow r_4]{r_2 \leftrightarrow r_3} \begin{pmatrix} 2 & -1 & 3 & 1 \\ 0 & 0 & 1 & 0 \\ 0 & 0 & 0 & 1 \\ 0 & 0 & 0 & 0 \end{pmatrix}$（行阶梯形矩阵）

$$\xrightarrow[r_1-3r_2]{r_1-r_3}\begin{pmatrix}2 & -1 & 0 & 0\\0 & 0 & 1 & 0\\0 & 0 & 0 & 1\\0 & 0 & 0 & 0\end{pmatrix}\xrightarrow{\frac{1}{2}r_1}\begin{pmatrix}1 & -\dfrac{1}{2} & 0 & 0\\0 & 0 & 1 & 0\\0 & 0 & 0 & 1\\0 & 0 & 0 & 0\end{pmatrix}$$ （最简阶梯形矩阵）

【定理 1】任意一个矩阵经过有限次初等行变换可以化成行阶梯形矩阵和行最简阶梯形矩阵.

任务 3 掌握矩阵的秩

矩阵的秩是矩阵的一个重要数字特征,它反映出该矩阵所代表的线性变换某种性质的不变性.运用它,可以证明矩阵标准形的唯一性,同时,它在讨论向量、解线性方程组等问题时也起着重要的作用.

【定义 4】在一个 $m\times n$ 的矩阵 A 中,任取 k 行 k 列 $(k\leq m,k\leq n)$,位于这些行与列交叉点处的元素按原来的相应位置构成的 k 阶行列式称为矩阵 A 的 k 阶子式,如果子式的值不为零,则称为非零子式.

【实例 3】在矩阵 $A=\begin{pmatrix}1 & 2 & 2 & 1\\3 & 2 & -3 & 2\\0 & 4 & 1 & 5\end{pmatrix}$ 中,选取第 1、2、3 行和第 1、2、4 列,它们相交处的元素构成的三阶行列式 $\begin{vmatrix}1 & 2 & 1\\3 & 2 & 2\\0 & 4 & 5\end{vmatrix}$ 就是矩阵 A 的一个三阶子式;选取第 1、2 行和第

1、4 列交叉点上的元素构成 A 的一个二阶子式 $\begin{vmatrix}1 & 1\\3 & 2\end{vmatrix}$.

一般来说, $m\times n$ 矩阵 A 共有 $C_m^k C_n^k$ 个 k 阶子式.

【定义 5】对于矩阵 $A_{m\times n}$ 如果至少存在一个 r 阶子式不为零,而所有的 $r+1$ 阶子式全为零,则称矩阵 A 的秩为 r,记作 $r(A)$,且规定零矩阵的秩为零.

根据矩阵秩的定义,可知矩阵的秩具有以下性质:

(1)如果 A 是 $m\times n$ 的矩阵,则 $r(A)\leq \min\{m,n\}$,即矩阵 A 的秩既不超过其行数,又不超过其列数.

(2)如果 $r(A)=r$,则 A 至少存在一个非零的 r 阶子式,而所有 $r+1$ 阶子式全为零,且更高阶的子式均为零.

(3)如果 A 为 n 阶方阵,则 $r(A)\leq n$,且仅当 $|A|\neq 0$ 时, $r(A)=n$;反之,如果 $r(A)=n$,则 $|A|\neq 0$.

(4) $r(A)=r(A^T)$, $r(kA)=kr(A)$, k 为不等于零的数.

【实例 4】求下列矩阵的秩.

$$(1)\ A = \begin{pmatrix} 1 & -2 & 0 & 3 & 2 \\ 0 & 2 & 1 & -1 & 5 \\ 0 & 0 & 0 & 4 & -3 \\ 0 & 0 & 0 & 0 & 0 \end{pmatrix} \qquad (2)\ B = \begin{pmatrix} 1 & 3 & -9 & 3 \\ 1 & 4 & -12 & 7 \\ -1 & 0 & 0 & 9 \end{pmatrix}$$

解

(1) A 是一个行阶梯形矩阵,其非零行有 3 行,即 A 的所有四阶子式全为 0. 而以非零行的首非零元为对角元的三阶行列式为 $\begin{vmatrix} 1 & -2 & 3 \\ 0 & 2 & -1 \\ 0 & 0 & 4 \end{vmatrix} = 8 \neq 0$,因此 $r(A) = 3$.

(2) B 的最大阶子式为三阶,共有四个

$$\begin{vmatrix} 1 & 3 & -9 \\ 1 & 4 & -12 \\ -1 & 0 & 0 \end{vmatrix} = 0, \begin{vmatrix} 1 & 3 & 3 \\ 1 & 4 & 7 \\ -1 & 0 & 9 \end{vmatrix} = 0, \begin{vmatrix} 1 & -9 & 3 \\ 1 & -12 & 7 \\ -1 & 0 & 9 \end{vmatrix} = 0, \begin{vmatrix} 3 & -9 & 3 \\ 4 & -12 & 7 \\ 0 & 0 & 9 \end{vmatrix} = 0$$

B 的所有三阶子式皆为零,且 B 有一个二阶子式 $\begin{vmatrix} 1 & 3 \\ 1 & 4 \end{vmatrix} \neq 0$,故 $r(B) = 2$.

从本实例可知,当矩阵的阶数较高时,按定义求该秩是比较麻烦的. 然而对于行阶梯形矩阵,它的秩就等于非零行的行数,一看便知无须计算. 因此自然想到用初等变换把矩阵化为行阶梯形矩阵.

【定理 2】 矩阵的初等变换不改变矩阵的秩.

如果矩阵 A 经过一系列的初等变换可以变为 B,则称 A 与 B 是等价矩阵,记作 $A \sim B$.

由定理 2,如果 $A \sim B$,则 $r(A) = r(B)$.

由此可见,用初等行变换化 $m \times n$ 矩阵 A 为行阶梯形矩阵,则该行阶梯形矩阵非零行的行数就是矩阵 A 的秩.

【实例 5】 用初等变换求矩阵 $A = \begin{pmatrix} 1 & -2 & -1 & 0 & 2 \\ -2 & 4 & 2 & 6 & -6 \\ 2 & -1 & 0 & 2 & 3 \\ 3 & 3 & 3 & 3 & 4 \end{pmatrix}$ 的秩.

解 $A \xrightarrow[\substack{r_2 + 2r_1 \\ r_3 - 2r_1 \\ r_4 - 3r_1}]{} \begin{pmatrix} 1 & -2 & -1 & 0 & 2 \\ 0 & 0 & 0 & 6 & -2 \\ 0 & 3 & 2 & 2 & -1 \\ 0 & 9 & 6 & 3 & -2 \end{pmatrix} \xrightarrow[\substack{r_2 \leftrightarrow r_3 \\ r_3 \leftrightarrow r_4}]{} \begin{pmatrix} 1 & -2 & -1 & 0 & 2 \\ 0 & 3 & 2 & 2 & -1 \\ 0 & 9 & 6 & 3 & -2 \\ 0 & 0 & 0 & 6 & -2 \end{pmatrix}$

$$\xrightarrow{r_3-3r_2}\begin{pmatrix}1 & -2 & -1 & 0 & 2\\0 & 3 & 2 & 2 & -1\\0 & 0 & 0 & -3 & 1\\0 & 0 & 0 & 6 & -2\end{pmatrix}\xrightarrow{r_4+2r_3}\begin{pmatrix}1 & -2 & -1 & 0 & 2\\0 & 3 & 2 & 2 & -1\\0 & 0 & 0 & -3 & 1\\0 & 0 & 0 & 0 & 0\end{pmatrix}$$

所以 $r(A)=3$.

任务 4　理解初等矩阵

【定义 6】由单位矩阵 E 经过一次初等变换得到的矩阵称为初等矩阵.

对应于三种初等变换,有下列三种类型的初等矩阵.

(1)交换 E 的第 i,j 行(列),得到的初等矩阵记作 $P(i,j)$,即

$$P(i,j)=\begin{pmatrix}1 & & & & & & & & \\ & \ddots & & & & & & & \\ & & 1 & & & & & & \\ & & & 0 & \cdots & 1 & & & \\ & & & \vdots & & \vdots & & & \\ & & & 1 & \cdots & 0 & & & \\ & & & & & & 1 & & \\ & & & & & & & \ddots & \\ & & & & & & & & 1\end{pmatrix}\begin{matrix}\\ \\ i\ 行\\ \\ \\ \\ \\ j\ 行\\ \end{matrix}$$

(2)用非零常数 k 乘以 E 的第 i 行(列),得到的矩阵记作 $P(i(k))$,即

$$P(i(k))=\begin{pmatrix}1 & & & & & & \\ & \ddots & & & & & \\ & & 1 & & & & \\ & & & k & & & \\ & & & & 1 & & \\ & & & & & \ddots & \\ & & & & & & 1\end{pmatrix}\begin{matrix}\\ \\ \\ i\ 行\\ \\ \\ \end{matrix}$$

(3)将 E 的第 j 行的 k 倍加到第 i 行(或第 j 列的 k 倍加到第 i 列),得到的初等矩阵记作 $P(i,j(k))$,即

$$P(i,j(k)) = \begin{pmatrix} 1 & & & & & & & & \\ & \ddots & & & & & & & \\ & & 1 & & & & & & \\ & & & 1 & \cdots & k & & & \\ & & & & \ddots & \vdots & & & \\ & & & & & 1 & & & \\ & & & & & & 1 & & \\ & & & & & & & \ddots & \\ & & & & & & & & 1 \end{pmatrix} \begin{matrix} \\ \\ i\ 行 \\ \\ \\ \\ \\ j\ 行 \\ \\ \end{matrix}$$

【实例 6】对于三阶单位矩阵 $E_3 = \begin{pmatrix} 1 & 0 & 0 \\ 0 & 1 & 0 \\ 0 & 0 & 1 \end{pmatrix}$，可得下列初等矩阵

$$P(1,3) = \begin{pmatrix} 0 & 0 & 1 \\ 0 & 1 & 0 \\ 1 & 0 & 0 \end{pmatrix}, P(2(3)) = \begin{pmatrix} 1 & 0 & 0 \\ 0 & 3 & 0 \\ 0 & 0 & 1 \end{pmatrix}, P(2,1(-3)) = \begin{pmatrix} 1 & 0 & 0 \\ -3 & 1 & 0 \\ 0 & 0 & 1 \end{pmatrix}$$

【定理 3】对 $m \times n$ 矩阵 A，进行一次初等行变换，相当于用一个相应 m 阶初等矩阵左乘 A；对 A 进行一次初等列变换，相当于用一个相应 n 阶初等矩阵右乘 A.

【实例 7】对于三阶单位矩阵将矩阵 $A = \begin{pmatrix} 1 & 2 & 3 \\ 4 & 5 & 6 \\ 7 & 0 & 8 \end{pmatrix}$ 第 1 行的 2 倍加到第 3 行，得到

$$A = \begin{pmatrix} 1 & 2 & 3 \\ 4 & 5 & 6 \\ 9 & 4 & 14 \end{pmatrix}, 相当于 P(3,1(2)) = \begin{pmatrix} 1 & 0 & 0 \\ 0 & 1 & 0 \\ 2 & 0 & 1 \end{pmatrix} \begin{pmatrix} 1 & 2 & 3 \\ 4 & 5 & 6 \\ 7 & 0 & 8 \end{pmatrix} = \begin{pmatrix} 1 & 2 & 3 \\ 4 & 5 & 6 \\ 9 & 4 & 14 \end{pmatrix}.$$

有了初等变换和初等矩阵的概念，就可以给出求逆矩阵的另一种较为简便有效的方法.

任务 5　利用初等行变换求逆矩阵

【定理 4】设 A 为 n 阶可逆矩阵，则 A 可表示为有限个初等矩阵的乘积即 $A = P_1 P_2 \cdots P_m$，其中 $P_i (i = 1, 2, \cdots, m)$ 为初等矩阵.

【推论】$m \times n$ 阶矩阵 A 与 B 等价的充分必要条件是存在 m 阶可逆矩阵 P 和 n 阶可逆矩阵 Q，使得 $PAQ = B$ 成立.

设 n 阶可逆矩阵 A，存在初等矩阵 $P_i(i=1,2,\cdots,m)$，使得 $A=P_1P_2\cdots P_m$，有

$$P_m^{-1}\cdots P_2^{-1}P_1^{-1}A=E$$

对 A 实施初等行变换，可将 A 化为单位矩阵 E，上式两边同时右乘 A^{-1}，则有

$$P_m^{-1}\cdots P_2^{-1}P_1^{-1}AA^{-1}=EA^{-1}$$

$$P_m^{-1}\cdots P_2^{-1}P_1^{-1}E=A^{-1}$$

即对 E 实施同样的初等行变换，可将单位矩阵 E 化为 A^{-1}，合起来可写成

$$P_m^{-1}\cdots P_2^{-1}P_1^{-1}(A\vdots E)=(E\vdots A^{-1})$$

即

$$(A\vdots E)\sim(E\vdots A^{-1})$$

也就是说，要求可逆矩阵 A 的逆矩阵 A^{-1}，只要作 n 行 $2n$ 列矩阵 $(A\vdots E)$，对 $(A\vdots E)$ 进行若干次初等行变换，使得前 n 列化为单位矩阵 E，则后 n 列即为 A 的逆矩阵 A^{-1}.

【实例 8】利用初等变换求矩阵的逆矩阵 $\begin{pmatrix}1 & 0 & -1\\0 & 2 & 1\\1 & 1 & -1\end{pmatrix}$.

解 $(A\vdots E)=\begin{pmatrix}1 & 0 & -1 & 1 & 0 & 0\\0 & 2 & 1 & 0 & 1 & 0\\1 & 1 & -1 & 0 & 0 & 1\end{pmatrix}\xrightarrow{r_3-r_1}\begin{pmatrix}1 & 0 & -1 & 1 & 0 & 0\\0 & 2 & 1 & 0 & 1 & 0\\0 & 1 & 0 & -1 & 0 & 1\end{pmatrix}$

$\xrightarrow{r_2\leftrightarrow r_3}\begin{pmatrix}1 & 0 & -1 & 1 & 0 & 0\\0 & 1 & 0 & -1 & 0 & 1\\0 & 2 & 1 & 0 & 1 & 0\end{pmatrix}\xrightarrow{r_3-2r_2}\begin{pmatrix}1 & 0 & -1 & 1 & 0 & 0\\0 & 1 & 0 & -1 & 0 & 1\\0 & 0 & 1 & 2 & 1 & -2\end{pmatrix}$

$\xrightarrow{r_1+r_3}\begin{pmatrix}1 & 0 & 0 & 3 & 1 & -2\\0 & 1 & 0 & -1 & 0 & 1\\0 & 0 & 1 & 2 & 1 & -2\end{pmatrix}\rightarrow(E\vdots A^{-1})$

即

$$A^{-1}=\begin{pmatrix}3 & 1 & -2\\-1 & 0 & 1\\2 & 1 & -2\end{pmatrix}$$

【学习效果评估 5—3】

1. 将下列矩阵化为最简阶梯形矩阵.

$(1)\begin{pmatrix}0 & 2 & -1\\1 & 1 & 2\\-1 & -1 & -1\end{pmatrix}$　　$(2)\begin{pmatrix}1 & 2 & 1\\3 & 6 & -1\\5 & 4 & 1\end{pmatrix}$　　$(3)\begin{pmatrix}1 & 2 & -1\\1 & 2 & 2\\-1 & 3 & 4\end{pmatrix}$

2. 用初等行变换求下列矩阵的秩.

$(1)\begin{bmatrix} 1 & -1 & 2 \\ 2 & -3 & 2 \\ -2 & 2 & -4 \end{bmatrix}$　　$(2)\begin{bmatrix} 2 & 3 & 5 & 7 \\ 1 & 3 & 2 & 4 \\ 2 & 6 & 4 & 8 \end{bmatrix}$　　$(3)\begin{bmatrix} 0 & 1 & 1 & -1 & 2 \\ 0 & 2 & 2 & -2 & 0 \\ 0 & -1 & -1 & 1 & 1 \\ 1 & 1 & 0 & 1 & -1 \end{bmatrix}$

3. 设 $A = \begin{bmatrix} 1 & 1 & 2 \\ 2 & 1 & -1 \\ 1 & -2 & 1 \end{bmatrix}$, 用初等行变换求 A^{-1}.

单元训练 5

1. 选择题和填空题

(1) 设 A, B 为同阶方阵, $A \neq O$, 且 $AB = O$, 正确的是( ).

A. $B = O$　　B. $A = O$　　C. $|B| = 0$ 或 $|A| = 0$　　D. $(A + B)^2 = A^2 + B^2$

(2) 设 A 是一个三阶矩阵, 则 $(x_1 \ \ x_2 \ \ x_3) A \begin{bmatrix} y_1 \\ y_2 \\ y_3 \end{bmatrix}$ 是_____ 行_____ 列矩阵.

(3) 设 A, B 为阶对称矩阵, 若 AB 也是对称矩阵, 则 A, B 满足_____ .

(4) 设 A, B, C 为 n 阶方阵, 若 $AB = AC$, 则当_____ 时, $B = C$.

(5) 设 A 为 n 阶方阵, $A \neq O$, 则存在 $B \neq O$, 使得 $AB = O$ 的充要条件是____.

(6) 已知 $A = \begin{bmatrix} 1 & 5 & 4 \\ 0 & 2 & 4 \\ 1 & 3 & 1 \end{bmatrix}$, 则 $(A^*)^{-1} = $_____ .

(7) 已知 A 是一个 4 阶矩阵, 且 $|A| = 2$, 则 $r(A) = $_____ , $|2A^T| = $_____ , $|2A^{-1}| = $_____ , $||A|A^*| = $_____ .

2. 下列矩阵是否可逆? 若可逆, 求出其逆矩阵.

$(1) A = \begin{bmatrix} 1 & 2 & 3 \\ 2 & 1 & 2 \\ 1 & 3 & 3 \end{bmatrix}$　　$(2) B = \begin{bmatrix} 1 & 3 \\ 2 & 4 \end{bmatrix}$　　$(3) C = \begin{bmatrix} 2 & 3 & -1 \\ -1 & -3 & 5 \\ 1 & 5 & -11 \end{bmatrix}$

3. 设 $A = \begin{bmatrix} 1 & 2 & 1 & 2 \\ 2 & 1 & 2 & 1 \\ 1 & 2 & 3 & 4 \end{bmatrix}$, $B = \begin{bmatrix} 4 & 3 & 2 & 1 \\ -2 & 1 & -2 & 1 \\ 0 & -1 & 0 & 1 \end{bmatrix}$.

(1) 若矩阵 X 满足: $A + X = B$, 求 X.

(2) 若矩阵 Y 满足: $(2A - Y) + (B - Y) = 0$, 求 Y.

4. 已知 $A = \begin{pmatrix} 1 & 0 & 0 \\ 0 & 1 & 0 \end{pmatrix}$, $B = \begin{pmatrix} 1 & 0 \\ 0 & 1 \\ 0 & 0 \end{pmatrix}$, $C = \begin{pmatrix} 1 & 0 \\ 0 & 1 \\ 1 & 0 \end{pmatrix}$, 求 AB, BA, AC.

5. 设 $A = \begin{pmatrix} 1 & 2 & 3 \\ 2 & 2 & 1 \\ 3 & 4 & 3 \end{pmatrix}$, $B = \begin{pmatrix} 1 & 3 & -2 \\ -\dfrac{3}{2} & -3 & \dfrac{5}{2} \\ 1 & 1 & -1 \end{pmatrix}$, 验证 $AB = BA = E$, 并写出 A^{-1}, B^{-1}.

6. 设 $A = \begin{pmatrix} 1 & 2 & 2 \\ 2 & -2 & 1 \\ -2 & -1 & 2 \end{pmatrix}$, 试计算 $A^T A$, 由此给出 A^{-1}.

7. 求 $A = \begin{pmatrix} a & 0 & 0 \\ 0 & b & 0 \\ 0 & 0 & c \end{pmatrix}$ $(abc \neq 0)$ 的逆矩阵.

线性方程组

导 读

　　求解线性方程组的问题被认为是数学中最重要的问题之一,统计表明,在科学及其工程应用中,有超过75%的问题会涉及线性方程组,更有大量复杂的数学模型是靠简化为线性方程组来解决的. 向量与向量空间是重要的数学工具,在线性代数中,只有一行或者一列的矩阵被称为向量,这就是代数向量. 本单元首先利用矩阵的初等变换求线性方程组,然后以代数向量为研究对象,基于线性运算,讨论一组向量之间的线性关系和向量组的秩,提出线性相关的基本概念,并将其基本理论应用于线性方程组求解的理论和方法中.

知识与能力目标

　　1. 了解方程组的一般形式,掌握方程组的矩阵解法.

　　2. 会判断非齐次线性方程组解的存在性及唯一性.

　　3. 了解 n 维向量及其线性关系.

　　4. 掌握向量组秩的概念,会用极大无关组表示向量组.

　　5. 了解线性方程组解的结构,掌握齐次线性方程组的基础解系与通解,非齐次线性方程组的解的判定条件及通解的求法.

项目1　利用矩阵的初等变换解线性方程组

【引例】

用消元法解线性方程组

$$\begin{cases} -2x_1 + 5x_2 = 8 & (1) \\ x_1 - 2x_2 = -3 & (2) \end{cases}$$

解　　第一步:交换方程(1)和(2)的位置,则

$$\begin{cases} x_1 - 2x_2 = -3 & (1) \\ -2x_1 + 5x_2 = 8 & (2) \end{cases}$$

第二步：方程(1)左右两端同时乘以 2，则

$$\begin{cases} 2x_1 - 4x_2 = -6 & (1) \\ -2x_1 + 5x_2 = 8 & (2) \end{cases}$$

第三步：把方程(1)加到方程(2)上去，消去未知数 x_1，得到方程组的解为

$$\begin{cases} x_1 = 1 \\ x_2 = 2 \end{cases}$$

消元法的基本思路是通过方程组的消元变形把方程组化成容易求解的同解方程组.

任务 1　掌握线性方程组的消元解法

设 n 个未知量、m 个方程的线性方程组

$$\begin{cases} a_{11}x_1 + a_{12}x_2 + \cdots + a_{1n}x_n = b_1 \\ a_{21}x_1 + a_{22}x_2 + \cdots + a_{2n}x_n = b_2 \\ \cdots \\ a_{m1}x_1 + a_{m2}x_2 + \cdots + a_{mn}x_n = b_m \end{cases} \quad (5-1)$$

当 $b_1, b_2, \cdots, b_m$ 不全为零时称为非齐次线性方程组，否则称为齐次线性方程组.

$$A = \begin{pmatrix} a_{11} & a_{12} & \cdots & a_{1n} \\ a_{21} & a_{22} & \cdots & a_{2n} \\ \vdots & \vdots & & \vdots \\ a_{m1} & a_{m2} & \cdots & a_{mn} \end{pmatrix}, B = \begin{pmatrix} a_{11} & a_{12} & \cdots & a_{1n} & b_1 \\ a_{21} & a_{22} & \cdots & a_{2n} & b_2 \\ \vdots & \vdots & & \vdots & \vdots \\ a_{m1} & a_{m2} & \cdots & a_{mn} & b_m \end{pmatrix}, b = \begin{pmatrix} b_1 \\ b_2 \\ \vdots \\ b_m \end{pmatrix}.$$

矩阵 A 和矩阵 B 分别称为方程组的**系数矩阵**和**增广矩阵**. 增广矩阵也可以表示为 (A, b).

【实例 1】用矩阵的初等行变换来求解引例中的方程组 $\begin{cases} -2x_1 + 5x_2 = 8 \\ x_1 - 2x_2 = -3 \end{cases}$

解　$B = \begin{pmatrix} -2 & 5 & 8 \\ 1 & -2 & -3 \end{pmatrix} \xrightarrow{r_1 \leftrightarrow r_2} \begin{pmatrix} 1 & -2 & -3 \\ -2 & 5 & 8 \end{pmatrix} \xrightarrow{r_2 + 2r_1} \begin{pmatrix} 1 & -2 & -3 \\ 0 & 1 & 2 \end{pmatrix}$

$\xrightarrow{r_1 + 2r_2} \begin{pmatrix} 1 & 0 & 1 \\ 0 & 1 & 2 \end{pmatrix}$

所以方程组的解为 $x_1 = 1, x_2 = 2$.

【定义 1】线性方程组进行如下三种变换：

(1)互换两个方程的位置.

(2)用一个非零数乘某个方程的两端.

(3)用一个数乘某个方程后加到另一个方程上.

这被称为线性方程组的**初等变换**. 用上面三种初等变换将一个线性方程组化成增广矩阵是行阶梯形或行标准形的线性方程组的过程称为 Gauss(高斯)消元法.

线性方程组经过上述任意一种变换所得的方程组与原方程组同解. 由此可见,用消元法解线性方程组的过程与对其增广矩阵施行相应的初等行变换是一致的. 因此,只要用初等行变换将线性方程组的增广矩阵化为行最简阶梯形矩阵,而行最简阶梯形矩阵对应的方程组的解就是原方程的解.

任务 2　理解齐次线性方程组解的判定

齐次线性方程组

$$\begin{cases} a_{11}x_1 + a_{12}x_2 + \cdots + a_{1n}x_n = 0 \\ a_{21}x_1 + a_{22}x_2 + \cdots + a_{2n}x_n = 0 \\ \qquad\qquad \cdots \\ a_{m1}x_1 + a_{m2}x_2 + \cdots + a_{mn}x_n = 0 \end{cases}$$

设

$$A = \begin{pmatrix} a_{11} & a_{12} & \cdots & a_{1n} \\ a_{21} & a_{22} & \cdots & a_{2n} \\ \vdots & \vdots & & \vdots \\ a_{m1} & a_{m2} & \cdots & a_{mn} \end{pmatrix}, \quad x = \begin{pmatrix} x_1 \\ x_2 \\ \vdots \\ x_n \end{pmatrix}$$

用矩阵形式表示为

$$Ax = 0$$

下面通过分析线性方程组求解过程,总结齐次线性方程组解的判定条件.

【实例 2】解以下齐次线性方程组.

$$\begin{cases} x_1 + x_2 \qquad\quad = 0 \\ x_1 - 2x_2 - x_3 = 0 \\ 2x_1 + 2x_2 + 3x_3 = 0 \end{cases}$$

解　对系数矩阵 A 进行初等行变换

$$A = \begin{pmatrix} 1 & 1 & 0 \\ 1 & -2 & -1 \\ 2 & 2 & 3 \end{pmatrix} \xrightarrow[r_3 - 2r_1]{r_2 - r_1} \begin{pmatrix} 1 & 1 & 0 \\ 0 & -3 & -1 \\ 0 & 0 & 3 \end{pmatrix}$$

得同解方程组

$$\begin{cases} x_1 + x_2 \qquad\quad = 0 \\ -3x_2 - x_3 = 0 \\ 3x_3 = 0 \end{cases}$$

即方程组的解为

$$\begin{cases} x_1 = 0 \\ x_2 = 0 \\ x_3 = 0 \end{cases}$$

注意到 $r(A) = 3$，即系数矩阵的秩等于未知数的个数，此时齐次线性方程组有唯一解且为零解.

【实例 3】解以下齐次线性方程组.

$$\begin{cases} x_1 + x_2 + x_3 + x_4 = 0 \\ 3x_1 + 2x_2 + x_3 - 3x_4 = 0 \\ 5x_1 + 4x_2 + 3x_3 - x_4 = 0 \\ x_2 + 2x_3 + 6x_4 = 0 \end{cases}$$

解　对系数矩阵 A 进行初等行变换

$$A = \begin{pmatrix} 1 & 1 & 1 & 1 \\ 3 & 2 & 1 & -3 \\ 5 & 4 & 3 & -1 \\ 0 & 1 & 2 & 6 \end{pmatrix} \xrightarrow[r_3 \leftrightarrow r_4]{r_4 \leftrightarrow r_2} \begin{pmatrix} 1 & 1 & 1 & 1 \\ 0 & 1 & 2 & 6 \\ 3 & 2 & 1 & -3 \\ 5 & 4 & 3 & -1 \end{pmatrix} \xrightarrow[r_4 - 5r_1]{r_3 - 3r_1} \begin{pmatrix} 1 & 1 & 1 & 1 \\ 0 & 1 & 2 & 6 \\ 0 & -1 & -2 & -6 \\ 0 & -1 & -2 & -6 \end{pmatrix}$$

$$\xrightarrow[\substack{r_3 + r_2 \\ r_4 + r_2}]{r_1 - r_2} \begin{pmatrix} 1 & 0 & -1 & -5 \\ 0 & 1 & 2 & 6 \\ 0 & 0 & 0 & 0 \\ 0 & 0 & 0 & 0 \end{pmatrix}$$

得同解方程组

$$\begin{cases} x_1 - x_3 - 5x_4 = 0 \\ x_2 + 2x_3 + 6x_4 = 0 \end{cases}$$

移项，得方程组的解

$$\begin{cases} x_1 = x_3 + 5x_4 \\ x_2 = -2x_3 - 6x_4 \end{cases} (x_3, x_4 \text{ 可取任意值})$$

令 $x_3 = c_1, x_4 = c_2$，得方程组解的参数形式

$$\begin{cases} x_1 = c_1 + 5c_2 \\ x_2 = -2c_1 - 6c_2 \\ x_3 = c_1 \\ x_4 = c_2 \end{cases}$$

$r(A) = 2 < 4$，即系数矩阵的秩小于未知数的个数，此时齐次线性方程组有无限多解.

由以上两个实例，可以得到如下齐次线性方程组解的判定定理.

【定理 1】n 元齐次线性方程组 $Ax = 0$.

(1)有唯一解(零解)的充分必要条件是 $r(A) = n$.

(2)有无限多解的充分必要条件是 $r(A) < n$.

【推论】n 元齐次线性方程组 $Ax = 0$ 有非零解的充分必要条件是 $r(A) < n$.

可以总结出求解齐次线性方程组的步骤为:

(1)用初等行变换把系数矩阵 A 化为行阶梯形矩阵,得到 $r(A)$,根据定理1判定解的情况.

(2)若 $r(A) < n$,则进一步把 A 化为行最简阶梯形矩阵,得到同解方程组,即可求得方程组的解.

任务3　掌握非齐次线性方程组的解法

非齐次线性方程组

$$\begin{cases} a_{11}x_1 + a_{12}x_2 + \cdots + a_{1n}x_n = b_1 \\ a_{21}x_1 + a_{22}x_2 + \cdots + a_{2n}x_n = b_2 \\ \cdots \\ a_{m1}x_1 + a_{m2}x_2 + \cdots + a_{mn}x_n = b_m \end{cases}$$

用矩阵形式表示为

$$Ax = b.$$

利用系数矩阵 A 和增广矩阵 B 的秩,可以方便地讨论非齐次线性方程组是否有解以及有解时解是否唯一等问题.

【实例4】解以下非齐次线性方程组.

$$\begin{cases} x_2 - x_3 = -1 \\ 2x_1 + 4x_2 - x_3 = 9 \\ x_1 + 2x_2 - x_3 = 2 \end{cases}$$

解　对增广矩阵实施初等行变换

$$B = \begin{pmatrix} 0 & 1 & -1 & -1 \\ 2 & 4 & -1 & 9 \\ 1 & 2 & -1 & 2 \end{pmatrix} \xrightarrow{r_3 \leftrightarrow r_1} \begin{pmatrix} 1 & 2 & -1 & 2 \\ 2 & 4 & -1 & 9 \\ 0 & 1 & -1 & -1 \end{pmatrix} \xrightarrow{r_2 - 2r_1} \begin{pmatrix} 1 & 2 & -1 & 2 \\ 0 & 0 & 1 & 5 \\ 0 & 1 & -1 & -1 \end{pmatrix}$$

$$\xrightarrow{r_2 \leftrightarrow r_3} \begin{pmatrix} 1 & 2 & -1 & 2 \\ 0 & 1 & -1 & -1 \\ 0 & 0 & 1 & 5 \end{pmatrix} \xrightarrow[r_2 + r_3]{r_1 - 2r_2} \begin{pmatrix} 1 & 0 & 1 & 4 \\ 0 & 1 & 0 & 4 \\ 0 & 0 & 1 & 5 \end{pmatrix} \xrightarrow{r_1 - r_3} \begin{pmatrix} 1 & 0 & 0 & -1 \\ 0 & 1 & 0 & 4 \\ 0 & 0 & 1 & 5 \end{pmatrix}$$

得同解方程组,即方程组的解为

$$\begin{cases} x_1 = -1 \\ x_2 = 4 \\ x_3 = 5 \end{cases}$$

此时 $r(A) = r(B) = 3$.

【实例 5】解以下非齐次线性方程组.

$$\begin{cases} -3x_1 - 3x_2 + 14x_3 + 29x_4 = -16 \\ x_1 + x_2 + 4x_3 - x_4 = 1 \\ -x_1 - x_2 + 2x_3 + 7x_4 = -4 \end{cases}$$

解　对增广矩阵实施初等行变换

$$B = \begin{bmatrix} -3 & -3 & 14 & 29 & -16 \\ 1 & 1 & 4 & -1 & 1 \\ -1 & -1 & 2 & 7 & -4 \end{bmatrix} \xrightarrow{r_2 \leftrightarrow r_1} \begin{bmatrix} 1 & 1 & 4 & -1 & 1 \\ -3 & -3 & 14 & 29 & -16 \\ -1 & -1 & 2 & 7 & -4 \end{bmatrix}$$

$$\xrightarrow[r_3 + r_1]{r_2 + 3r_1} \begin{bmatrix} 1 & 1 & 4 & -1 & 1 \\ 0 & 0 & 26 & 26 & -13 \\ 0 & 0 & 6 & 6 & -3 \end{bmatrix} \xrightarrow{\frac{1}{13} r_2} \begin{bmatrix} 1 & 1 & 4 & -1 & 1 \\ 0 & 0 & 2 & 2 & -1 \\ 0 & 0 & 6 & 6 & -3 \end{bmatrix}$$

$$\xrightarrow{r_3 - 3r_2} \begin{bmatrix} 1 & 1 & 4 & -1 & 1 \\ 0 & 0 & 2 & 2 & -1 \\ 0 & 0 & 0 & 0 & 0 \end{bmatrix} \xrightarrow[r_1 - 2r_2]{\frac{1}{2} r_2} \begin{bmatrix} 1 & 1 & 0 & -5 & 3 \\ 0 & 0 & 1 & 1 & -\frac{1}{2} \\ 0 & 0 & 0 & 0 & 0 \end{bmatrix}$$

得同解方程组 $\begin{cases} x_1 + x_2 - 5x_4 = 3 \\ x_3 + x_4 = -\dfrac{1}{2} \end{cases}$

取 x_2, x_4 自由未知量,将其移至等式右边,得 $\begin{cases} x_1 = -x_2 + 5x_4 + 3 \\ x_3 = -x_4 - \dfrac{1}{2} \end{cases}$

自由未知量 x_2, x_4 取任意实数 c_1, c_2,得方程组的解为 $\begin{cases} x_1 = -c_1 + 5c_2 + 3 \\ x_2 = c_1 \\ x_3 = -c_2 - \dfrac{1}{2} \\ x_4 = c_2 \end{cases}$

$r(A) = r(B) = 2 < 4$,此时非齐次线性方程组有无限多解.

【实例 6】解以下非齐次线性方程组.

$$\begin{cases} x_1 + x_2 + x_3 + x_4 = 0 \\ 3x_1 + 2x_2 + x_3 = 2 \\ x_2 + 2x_3 + 3x_4 = 3 \\ 5x_1 + 4x_2 + 3x_3 + 2x_4 = 4 \end{cases}$$

解　对增广矩阵实施初等行变换

$$B = \begin{pmatrix} 1 & 1 & 1 & 1 & 0 \\ 3 & 2 & 1 & 0 & 2 \\ 0 & 1 & 2 & 3 & 3 \\ 5 & 4 & 3 & 2 & 4 \end{pmatrix} \xrightarrow[r_4 - 5r_1]{r_2 - 3r_1} \begin{pmatrix} 1 & 1 & 1 & 1 & 0 \\ 0 & -1 & -2 & -3 & 2 \\ 0 & 1 & 2 & 3 & 3 \\ 0 & -1 & -2 & -3 & 4 \end{pmatrix}$$

$$\xrightarrow[r_4 - r_2]{r_3 + r_2} \begin{pmatrix} 1 & 1 & 1 & 1 & 0 \\ 0 & -1 & -2 & -3 & 2 \\ 0 & 0 & 0 & 0 & 5 \\ 0 & 0 & 0 & 0 & 2 \end{pmatrix} \xrightarrow[r_4 - \frac{2}{5}r_3]{(-1)r_2} \begin{pmatrix} 1 & 1 & 1 & 1 & 0 \\ 0 & 1 & 2 & 3 & -2 \\ 0 & 0 & 0 & 0 & 5 \\ 0 & 0 & 0 & 0 & 0 \end{pmatrix}$$

得同解方程组 $\begin{cases} x_1 + x_2 + x_3 + x_4 = 0 \\ x_2 + 2x_3 + 3x_4 = -2 \\ \qquad\qquad\quad 0 = 5 \end{cases}$

此方程组无解,这是由于 $r(A) = 2$,$r(B) = 3$,$r(A) < r(B)$.

由以上 3 个实例,可以得到非齐次线性方程组解的判定定理.

【定理 2】 n 元非齐次线性方程组 $Ax = b$.

(1)有唯一解的充分必要条件是 $r(A) = r(B) = n$.

(2)有无限多解的充分必要条件是 $r(A) = r(B) < n$.

(3)无解的充分必要条件是 $r(A) < r(B)$.

【推论】 非齐次线性方程组有解的充分必要条件是方程组的系数矩阵 A 与增广矩阵 B 的秩相等,即 $r(A) = r(B)$.

求解非齐次线性方程组的步骤归纳如下:

(1)用初等行变换把增广矩阵 B 化为行阶梯形矩阵,得到 $r(A)$ 和 $r(B)$,根据定理 2 判定解的情况.

(2)若 $r(A) = r(B)$,则进一步把 B 化为行最简阶梯形矩阵,得到同解方程组,即可求得方程组的解.

【实例 7】 当 λ 取何值时,线性方程组

$$\begin{cases} \lambda x_1 + x_2 + x_3 = 1 \\ x_1 + \lambda x_2 + x_3 = \lambda \\ x_1 + x_2 + \lambda x_3 = \lambda^2 \end{cases}$$

(1)有唯一解;(2)有无穷多解;(3)无解.

解 对增广矩阵实施初等行变换

$$B = \begin{pmatrix} \lambda & 1 & 1 & 1 \\ 1 & \lambda & 1 & \lambda \\ 1 & 1 & \lambda & \lambda^2 \end{pmatrix} \xrightarrow{r_1 \leftrightarrow r_3} \begin{pmatrix} 1 & 1 & \lambda & \lambda^2 \\ 1 & \lambda & 1 & \lambda \\ \lambda & 1 & 1 & 1 \end{pmatrix} \xrightarrow[r_3 - \lambda r_1]{r_2 - r_1} \begin{pmatrix} 1 & 1 & \lambda & \lambda^2 \\ 0 & \lambda-1 & 1-\lambda & \lambda-\lambda^2 \\ 0 & 1-\lambda & 1-\lambda^2 & 1-\lambda^3 \end{pmatrix}$$

$$\xrightarrow{r_3+r_2}\begin{bmatrix}1 & 1 & \lambda & \lambda^2 \\ 0 & \lambda-1 & 1-\lambda & \lambda-\lambda^2 \\ 0 & 0 & 2-\lambda-\lambda^2 & 1+\lambda-\lambda^2-\lambda^3\end{bmatrix}$$

$$=\begin{bmatrix}1 & 1 & \lambda & \lambda^2 \\ 0 & \lambda-1 & 1-\lambda & \lambda-\lambda^2 \\ 0 & 0 & (2+\lambda)(1-\lambda) & (1+\lambda)^2(1-\lambda)\end{bmatrix}$$

当 $\lambda\neq 1$ 且 $\lambda\neq -2$ 时，$r(A)=r(B)=3$，线性方程组有唯一解.

当 $\lambda=1$ 时，$r(A)=r(B)=1<3=n$，线性方程组有无穷多解.

当 $\lambda=-2$ 时，$r(A)=2$，$r(B)=3$，线性方程组无解.

【学习效果评估 6—1】

1. 判定下列线性方程组是否有解. 若有解，判别是唯一解还是无穷多解. 若为无穷多解，求出其一般解，并指出自由未知量的个数.

(1) $\begin{cases}2x_1+ x_2+ x_3+ x_4=1 \\ 4x_1+2x_2-2x_3+2x_4=2 \\ 2x_1+ x_2- x_3- x_4=1\end{cases}$　　(2) $\begin{cases}2x_1-3x_2+ 5x_3+ 7x_4=1 \\ 4x_1-6x_2+ 2x_3+ 3x_4=2 \\ 2x_1-3x_2-11x_3-15x_4=4\end{cases}$

(3) $\begin{cases}x_1+ x_2- x_3=-1 \\ 2x_1+ x_2-2x_3=1 \\ x_1+ x_2+ x_3=3 \\ x_1+2x_2-3x_3=1\end{cases}$　　(4) $\begin{cases}x_1- x_2- x_3=0 \\ 2x_1+ x_2-2x_3=1 \\ x_1- x_2+2x_3=2 \\ 2x_1-2x_2+ x_3=2\end{cases}$

2. 当 λ 取何值时，线性方程组 $\begin{cases}x_1- x_2+2x_3=0 \\ x_1-2x_2+3x_3=-1 \\ 2x_1- x_2+\lambda x_3=2\end{cases}$

(1)有唯一解；(2)有无穷多解；(3)无解.

3. 当 λ 取何值时，齐次线性方程组 $\begin{cases}(\lambda+3)x_1+ x_2+ 2x_3=0 \\ \lambda x_1+(\lambda-1)x_2+ x_3=0 \\ 3(\lambda+1)x_1+\lambda x_2+(\lambda+3)x_3=0\end{cases}$ 有非

零解？并求出它的解.

项目 2　理解 n 维向量组及其线性关系

任务 1　掌握 n 维向量的定义

【定义 1】由 n 个有次序的数 $a_1,a_2,\cdots,a_n$ 所组成的数组称为 n 维向量. 记为

$$\alpha^T = (a_1, a_2, \cdots, a_n) \text{ (行向量) 或 } \alpha = \begin{pmatrix} a_1 \\ a_2 \\ \vdots \\ a_n \end{pmatrix} \text{ (列向量)}$$

其中 $a_i(i=1,2,\cdots,n)$ 称为 n 维向量 α 的第 i 个分量. 分量全为零的向量称为零向量, 记作 0.

常用黑体小写希腊字母列向量, 用 $\alpha, \beta, \gamma, \cdots$ 表示列向量, 用黑体小写希腊字母 α^T, $\beta^T, \gamma^T, \cdots$ 表示行向量.

若干个同维数的列向量(或同维数的行向量)所组成的集合叫作向量组.

例如 $\alpha_1 = \begin{pmatrix} 1 \\ 2 \\ 3 \end{pmatrix}$, $\alpha_2 = \begin{pmatrix} 2 \\ -5 \\ 1 \end{pmatrix}$ 构成一个向量组.

n 维向量可以看作特殊的矩阵, 即行矩阵和列矩阵规定行向量与列向量都按矩阵的运算规则进行运算.

下面用矩阵的有关知识来研究向量组.

【实例 1】矩阵 $A = \begin{pmatrix} 1 & 2 & 3 & 4 \\ 0 & -3 & 2 & 3 \\ 3 & 1 & -1 & 2 \end{pmatrix}$ 的每一行可以看作一个行向量, 设

$$\alpha_1^T = (1 \quad 2 \quad 3 \quad 4), \alpha_2^T = (0 \quad -3 \quad 2 \quad 3), \alpha_3^T = (3 \quad 1 \quad -1 \quad 2)$$

则称 $\alpha_1^T, \alpha_2^T, \alpha_3^T$ 为矩阵 A 的行向量组.

矩阵的每一列可以看作一个列向量, 设

$$\beta_1 = \begin{pmatrix} 1 \\ 0 \\ 3 \end{pmatrix}, \beta_2 = \begin{pmatrix} 2 \\ -3 \\ 1 \end{pmatrix}, \beta_3 = \begin{pmatrix} 3 \\ 2 \\ -1 \end{pmatrix}, \beta_4 = \begin{pmatrix} 4 \\ 3 \\ 2 \end{pmatrix}$$

则称 $\beta_1, \beta_2, \beta_3, \beta_4$ 为矩阵 A 的列向量组.

对于方程组 $(5-1)$, 设

$$\alpha_j = \begin{pmatrix} a_{1j} \\ a_{2j} \\ \vdots \\ a_{mj} \end{pmatrix} (j=1,2,\cdots,n), \beta = \begin{pmatrix} b_1 \\ b_2 \\ \vdots \\ b_m \end{pmatrix}$$

若方程组 $(5-1)$ 有解, 则线性方程组可以写成向量方程的形式

$$\alpha_1 x_1 + \alpha_2 x_2 + \cdots + \alpha_n x_n = \beta$$

称 β 是向量组 $\alpha_1, \alpha_2, \cdots, \alpha_n$ 的线性组合.

任务 2　理解向量间的线性关系

【定义 2】设 $\alpha_1,\alpha_2,\cdots,\alpha_m$ 和 β 都是 n 维向量，若存在一组数 $k_1,k_2,\cdots,k_m$，使

$$k_1\alpha_1+k_2\alpha_2+\cdots+k_m\alpha_m=\beta$$

则称向量 β 是向量组 $\alpha_1,\alpha_2,\cdots,\alpha_m$ 的线性组合，或称 β 可由向量组 $\alpha_1,\alpha_2,\cdots,\alpha_m$ 线性表示.

【实例 2】设有向量 $\alpha_1=(1,-1,1),\alpha_2=(2,5,-7),\beta=(-4,-17,23)$，问 β 是否为向量 α_1,α_2 的线性组合.

解　如果 β 是向量 α_1,α_2 的线性组合，则存在一组数 k_1,k_2，使得 $\beta=k_1\alpha_1+k_2\alpha_2$，即

$$(-4,-17,23)=k_1(1,-1,1)+k_2(2,5,-7)$$

得线性方程组

$$\begin{cases} k_1+2k_2=-4 \\ -k_1+5k_2=-17 \\ k_1-7k_2=23 \end{cases}$$

解之得 $k_1=2,k_2=-3$. 所以向量 β 是向量 α_1,α_2 的线性组合，且有 $\beta=2\alpha_1-3\alpha_2$.

【实例 3】已知向量 $\alpha_1=(-1,2),\alpha_2=(2,-4),\beta=(1,-3)$，问向量 β 是否可用向量组 α_1,α_2 线性表示.

解　设 $\beta=k_1\alpha_1+k_2\alpha_2$，得线性方程组 $\begin{cases} -k_1+2k_2=1 \\ 2k_1-4k_2=-3 \end{cases}$，显然两方程矛盾，所以方程组无解，因而 β 不能用向量组 α_1,α_2 线性表示.

【定义 3】设有 n 维向量组 $\alpha_1,\alpha_2,\cdots,\alpha_m$，如果存在一组不全为零的数 $k_1,k_2,\cdots,k_m$，使

$$k_1\alpha_1+k_2\alpha_2+\cdots+k_m\alpha_m=0$$

成立，则称向量组 $\alpha_1,\alpha_2,\cdots,\alpha_m$ 线性相关，否则只有当 $k_1=k_2=\cdots=k_m=0$ 时，才有 $k_1\alpha_1+k_2\alpha_2+\cdots+k_m\alpha_m=0$ 成立，则称向量组 $\alpha_1,\alpha_2,\cdots,\alpha_m$ 线性无关.

【实例 4】判别向量组 $\alpha_1=\begin{bmatrix}1\\2\\1\end{bmatrix},\alpha_2=\begin{bmatrix}-1\\1\\1\end{bmatrix},\alpha_3=\begin{bmatrix}-1\\7\\5\end{bmatrix}$ 是否线性相关.

解　设 $k_1\alpha_1+k_2\alpha_2+k_3\alpha_3=0$，即

$$k_1\begin{bmatrix}1\\2\\1\end{bmatrix}+k_2\begin{bmatrix}-1\\1\\1\end{bmatrix}+k_3\begin{bmatrix}-1\\7\\5\end{bmatrix}=\begin{bmatrix}0\\0\\0\end{bmatrix}$$

得

$$\begin{cases} k_1 - k_2 - k_3 = 0 \\ 2k_1 + k_2 + 7k_3 = 0 \\ k_1 + k_2 + 5k_3 = 0 \end{cases}$$

解得 $k_1 = -2c, k_2 = -3c, k_3 = c(c \in R)$.

令 $c = 1$，得一组不全为零的数 $k_1 = -2, k_2 = -3, k_3 = 1$，使得

$$-2\alpha_1 - 3\alpha_2 + \alpha_3 = 0$$

所以向量组 $\alpha_1, \alpha_2, \alpha_3$ 线性相关.

【拓展】 判断由 $k_1\alpha_1 + k_2\alpha_2 + \cdots + k_m\alpha_m = 0$ 所得的齐次方程组是否有非零解，若有非零解，则向量组 $\alpha_1, \alpha_2, \cdots, \alpha_m$ 线性相关；若只有零解，则向量组 $\alpha_1, \alpha_2, \cdots, \alpha_m$ 线性无关. 因此，也可用求秩的方法来判别向量组是否线性相关. 具体步骤如下：

(1) 由向量组 $\alpha_1, \alpha_2, \cdots, \alpha_m$ 构造矩阵 A，使矩阵 A 的各列元素依次为 $\alpha_1, \alpha_2, \cdots, \alpha_m$ 的分量.

(2) 求 A 的秩 $r(A)$，若 $r(A) = m$（唯一零解），则向量组 $\alpha_1, \alpha_2, \cdots, \alpha_m$ 线性无关；若 $r(A) < m$（有非零解），则向量组 $\alpha_1, \alpha_2, \cdots, \alpha_m$ 线性相关.

【实例 5】 判别向量组 $\alpha_1 = \begin{pmatrix} 3 \\ 1 \\ 0 \\ 2 \end{pmatrix}, \alpha_2 = \begin{pmatrix} 1 \\ -1 \\ 2 \\ -1 \end{pmatrix}, \alpha_3 = \begin{pmatrix} 1 \\ 3 \\ -4 \\ 4 \end{pmatrix}$ 的线性相关性.

解 对矩阵 $(\alpha_1, \alpha_2, \alpha_3)$ 施以初等变换化为阶梯形矩阵

$$\begin{pmatrix} 3 & 1 & 1 \\ 1 & -1 & 3 \\ 0 & 2 & -4 \\ 2 & -1 & 4 \end{pmatrix} \rightarrow \begin{pmatrix} 1 & -1 & 3 \\ 3 & 1 & 1 \\ 0 & 2 & -4 \\ 2 & -1 & 4 \end{pmatrix} \rightarrow \begin{pmatrix} 1 & -1 & 3 \\ 0 & 4 & -8 \\ 0 & 2 & -4 \\ 0 & 1 & -2 \end{pmatrix} \rightarrow \begin{pmatrix} 1 & 0 & 5 \\ 0 & 1 & -2 \\ 0 & 0 & 0 \\ 0 & 0 & 0 \end{pmatrix}$$

由于 $r(A) = 2 < 3$，所以向量组 $\alpha_1, \alpha_2, \alpha_3$ 线性相关. 可得：

(1) n 维列向量 $\alpha_1, \alpha_2, \cdots, \alpha_m$ 线性无关的充分必要条件为以 $\alpha_1, \alpha_2, \cdots, \alpha_m$ 为列向量的矩阵的秩等于向量的个数 m.

(2) n 个 n 维列向量 $\alpha_1, \alpha_2, \cdots, \alpha_m$ 线性无关的充分必要条件为以 $\alpha_1, \alpha_2, \cdots, \alpha_m$ 为列向量的矩阵的行列式不等于零. 即

$$\begin{vmatrix} a_{11} & a_{12} & \cdots & a_{1n} \\ a_{21} & a_{22} & \cdots & a_{2n} \\ \vdots & \vdots & \ddots & \vdots \\ a_{n1} & a_{n2} & \cdots & a_{mn} \end{vmatrix} \neq 0$$

(3) 当向量组中所含向量的个数大于向量的维数时，此向量组一定线性相关.

任务 3　了解向量组的秩

对任意给定的一个 n 维向量组,在讨论其线性相关性问题时,如何用尽可能少的向量表示全体向量组呢? 这就是本任务要讨论的问题.

【定义 4】设 T 是 n 维向量所组成的向量组,在 T 中选取 r 个向量 $\alpha_1,\alpha_2,\cdots,\alpha_r$,如果满足:

(1) $\alpha_1,\alpha_2,\cdots,\alpha_r$ 线性无关.

(2)对于任意 $\alpha \in T$,α 可由 $\alpha_1,\alpha_2,\cdots,\alpha_r$ 线性表示,则称向量组 $\alpha_1,\alpha_2,\cdots,\alpha_r$ 为向量组 T 的一个**极大无关组**.

【实例 6】求向量组

$$\alpha_1=\begin{bmatrix}1\\2\\4\end{bmatrix},\ \alpha_2=\begin{bmatrix}-1\\2\\0\end{bmatrix},\ \alpha_3=\begin{bmatrix}0\\4\\4\end{bmatrix}$$

的极大线性无关组.

解　$\alpha_1 \neq 0$,故部分组 $\{\alpha_1\}$ 线性无关.

又 α_1 和 α_2 对应的分量不成比例,所以部分组 $\{\alpha_1,\alpha_2\}$ 线性无关. 又 $\alpha_3=\alpha_1+\alpha_2$,故 $\alpha_1,\alpha_2,\alpha_3$ 线性相关,从而 $\{\alpha_1,\alpha_2\}$ 是向量组的极大线性无关组. 同理可验证 $\{\alpha_1,\alpha_3\}$,$\{\alpha_2,\alpha_3\}$ 也是向量组的极大线性无关组.

由此可见,向量组的极大线性无关组不是唯一的. 但向量组的任意两个极大无关组所含向量的个数是相同的,这就是向量组的秩.

特别地,若向量组本身线性无关,则该向量组就是极大无关组.

【定理 1】一个向量组中,若存在多个极大无关组,则它们所含向量的个数是相同的.

由该定理可知,向量组的极大无关组所含的向量的个数是一个不变量.

【定义 5】一个向量组的极大无关组所含的向量的个数,叫作**向量组的秩**.

类似地,可定义矩阵 A 的行秩(行向量组的秩)与列秩(列向量组的秩).

【定理 2】矩阵 A 的行秩与矩阵 A 的列秩相等且等于矩阵 A 的秩.

求向量组 $\alpha_1,\alpha_2,\cdots,\alpha_m$ 的秩与极大无关组的步骤如下:

(1)由向量组 $\alpha_1,\alpha_2,\cdots,\alpha_m$ 构造成一个矩阵 A,使矩阵 A 的各列元素依次为 α_1,$\alpha_2,\cdots,\alpha_m$ 的分量.

(2)用矩阵初等行变换将 A 化为阶梯形矩阵 B,于是向量组的秩等于 $r(B)$.

(3)与矩阵 B 的非零行第一个非零元素所在列对应的矩阵 A 的列向量组,构成向量组 $\alpha_1,\alpha_2,\cdots,\alpha_m$ 的一个极大无关组.

【实例 7】设向量组

$$\alpha_1=\begin{pmatrix}1\\-2\\2\\3\end{pmatrix},\ \alpha_2=\begin{pmatrix}-2\\4\\-1\\3\end{pmatrix},\ \alpha_3=\begin{pmatrix}-1\\2\\0\\3\end{pmatrix},\ \alpha_4=\begin{pmatrix}0\\6\\2\\3\end{pmatrix}$$

求向量组的秩及其一个极大无关组，并把其余向量用此极大无关组线性表示.

解　构造以 $\alpha_1,\alpha_2,\alpha_3,\alpha_4$ 为列向量的矩阵 A

$$A=\begin{pmatrix}1&-2&-1&0\\-2&4&2&6\\2&-1&0&2\\3&3&3&3\end{pmatrix}\rightarrow\begin{pmatrix}1&-2&-1&0\\0&0&0&6\\0&3&2&2\\0&9&6&3\end{pmatrix}\rightarrow\begin{pmatrix}1&-2&-1&0\\0&3&2&2\\0&9&6&3\\0&0&0&6\end{pmatrix}$$

$$\rightarrow\begin{pmatrix}1&-2&-1&0\\0&3&2&2\\0&0&0&-3\\0&0&0&6\end{pmatrix}\rightarrow\begin{pmatrix}1&-2&-1&0\\0&3&2&2\\0&0&0&-3\\0&0&0&0\end{pmatrix}\rightarrow\begin{pmatrix}1&0&\frac13&0\\0&1&\frac23&0\\0&0&0&1\\0&0&0&0\end{pmatrix}$$

$r(A)=3$，向量组 $\alpha_1,\alpha_2,\alpha_3,\alpha_4$ 的秩等于 3，向量组 $\alpha_1,\alpha_2,\alpha_4$ 就是原向量组的一个极大无关组，且 $\alpha_3=\frac13\alpha_1+\frac23\alpha_2$.

【实例8】 如果向量组 $\alpha_1,\alpha_2,\alpha_3$ 线性无关，$\beta_1=\alpha_1+\alpha_2$，$\beta_2=\alpha_2+\alpha_3$，$\beta_3=\alpha_3+\alpha_1$，试证：向量组 β_1,β_2,β_3 线性无关.

证　设有一组数 k_1,k_2,k_3 使

$$k_1\beta_1+k_2\beta_2+k_3\beta_3=0$$

即

$$k_1(\alpha_1+\alpha_2)+k_2(\alpha_2+\alpha_3)+k_3(\alpha_3+\alpha_1)=0$$

成立，整理得

$$(k_1+k_3)\alpha_1+(k_1+k_2)\alpha_2+(k_2+k_3)\alpha_3=0$$

因 $\alpha_1,\alpha_2,\alpha_3$ 线性无关，故

$$\begin{cases}k_1+k_3=0\\k_1+k_2=0\\k_2+k_3=0\end{cases}$$

又因系数行列式 $\begin{vmatrix}1&0&1\\1&1&0\\0&1&1\end{vmatrix}=2\neq0$，故方程组只有零解，即只有 $k_1=k_2=k_3=0$ 时，

才有 $k_1(\alpha_1+\alpha_2)+k_2(\alpha_2+\alpha_3)+k_3(\alpha_3+\alpha_1)=0$ 成立，所以向量组 β_1,β_2,β_3 线性无关.

【学习效果评估 6－2】

1. 讨论向量组 $\alpha_1=\begin{pmatrix}1\\-1\\2\end{pmatrix},\alpha_2=\begin{pmatrix}1\\1\\4\end{pmatrix},\alpha_3=\begin{pmatrix}2\\0\\3\end{pmatrix}$ 的线性相关性.

2. 讨论向量组 $\alpha_1=\begin{pmatrix}1\\-1\\2\end{pmatrix},\alpha_2=\begin{pmatrix}1\\1\\4\end{pmatrix},\alpha_3=\begin{pmatrix}2\\0\\3\end{pmatrix},\alpha_4=\begin{pmatrix}4\\0\\9\end{pmatrix}$ 的线性相关性.

3. 设有向量组

$$\alpha_1=\begin{pmatrix}1\\2\\3\\-1\end{pmatrix},\alpha_2=\begin{pmatrix}3\\2\\1\\-1\end{pmatrix},\alpha_3=\begin{pmatrix}2\\3\\1\\1\end{pmatrix},\alpha_4=\begin{pmatrix}2\\2\\2\\-1\end{pmatrix}$$

(1)求向量组的秩,并讨论它的线性相关性.

(2)求向量组的一个极大线性无关组.

(3)把其余向量表示成为该极大线性无关组的线性组合.

项目 3　理解线性方程组解的结构

任务 1　了解齐次线性方程组解的结构

1. 齐次线性方程组的解向量

齐次线性方程组

$$\begin{cases}a_{11}x_1+a_{12}x_2+\cdots+a_{1n}x_n=0\\a_{21}x_1+a_{22}x_2+\cdots+a_{2n}x_n=0\\\cdots\\a_{m1}x_1+a_{m2}x_2+\cdots+a_{mn}x_n=0\end{cases}$$

的矩阵方程形式为

$$Ax=0.$$

如果 $x_1=\lambda_1,x_2=\lambda_2,\cdots,x_n=\lambda_n$ 是方程组的解,则 $x=\begin{pmatrix}\lambda_1\\\lambda_2\\\vdots\\\lambda_n\end{pmatrix}$ 称为方程组的**解向量**,

也是矩阵方程 $Ax=0$ 的解.

本单元项目 1 中实例 3 的齐次线性方程组

$$\begin{cases} x_1 + x_2 + x_3 + x_4 = 0 \\ 3x_1 + 2x_2 + x_3 - 3x_4 = 0 \\ 5x_1 + 4x_2 + 3x_3 - x_4 = 0 \\ x_2 + 2x_3 + 6x_4 = 0 \end{cases}$$

解的参数形式为

$$\begin{cases} x_2 = c_1 + 5c_2 \\ x_2 = -2c_1 - 6c_2 \\ x_3 = c_1 \\ x_4 = c_2 \end{cases}$$

用向量形式表示为

$$x = \begin{pmatrix} x_1 \\ x_2 \\ \vdots \\ x_n \end{pmatrix} = c_1 \begin{pmatrix} 1 \\ -2 \\ 1 \\ 0 \end{pmatrix} + c_2 \begin{pmatrix} 5 \\ -6 \\ 0 \\ 1 \end{pmatrix}$$

记

$$\xi_1 = \begin{pmatrix} 1 \\ -2 \\ 1 \\ 0 \end{pmatrix}, \ \xi_2 = \begin{pmatrix} 5 \\ -6 \\ 0 \\ 1 \end{pmatrix}$$

ξ_1, ξ_2 称为齐次线性方程组的**解向量**.

2. 齐次线性方程组解的性质

【**性质 1**】若 ξ_1 和 ξ_2 是齐次线性方程组 $Ax = 0$ 的两个解,则 $x = \xi_1 + \xi_2$ 也是方程组的解.

证　因为 ξ_1 和 ξ_2 是其次线性方程组 $Ax = 0$ 的两个解,有 $A\xi_1 = 0, A\xi_2 = 0$.

故有 $A(\xi_1 + \xi_2) = A\xi_1 + A\xi_2 = 0$,即 $\xi_1 + \xi_2$ 也是齐次线性方程组 $Ax = 0$ 的解.

【**性质 2**】若 ξ 是齐次线性方程组 $Ax = 0$ 的解,k 是任意实数,则 $x = k\xi$ 也是方程组 $Ax = 0$ 的解.

证　因为 ξ 是其次线性方程组 $Ax = 0$ 的两个解,有 $A\xi = 0$.

故有 $A(k\xi) = kA\xi = 0$,即 $k\xi$ 也是齐次线性方程组 $Ax = 0$ 的解.

【**推论**】若 $\xi_1, \xi_2, \cdots, \xi_n$ 是齐次线性方程组 $Ax = 0$ 的解,则它们的任意一个线性组合

$$k_1\xi_1 + k_2\xi_2 + \cdots + k_n\xi_n$$

也是齐次线性方程组 $Ax=0$ 的解.

若齐次线性方程组 $Ax=0$ 有非零解,则一定有无穷多解,这无穷多解就构成了一个解向量空间. 显然,我们不能用列举法列出全部的解向量,但总能找到解向量空间的一个最大无关组,然后用它的线性组合表示方程组的全部解,这个解向量空间的极大无关组就称为方程组的一个基础解系.

3. 齐次线性方程组的基础解系

【定义 1】设 $\xi_1,\xi_2,\cdots,\xi_n$ 是方程组 $Ax=0$ 的一组解向量,并且满足:

(1) $\xi_1,\xi_2,\cdots,\xi_n$ 线性无关.

(2) 方程组 $Ax=0$ 的任意一个解向量都可由 $\xi_1,\xi_2,\cdots,\xi_n$ 线性表示,则称 $\xi_1,\xi_2,\cdots,$ ξ_n 是方程组 $Ax=0$ 的一个基础解系.

从而其线性组合 $k_1\xi_1+k_2\xi_2+\cdots+k_n\xi_n$ 就是方程组的全部解,也称为通解.

【定理 1】如果齐次线性方程组 $Ax=0$ 的系数矩阵 A 的秩 $r(A)=r<n$,则该齐次线性方程组有 $n-r$ 个解向量且线性无关,而任意解向量均为它们的线性组合,则称该 $n-r$ 个解向量是齐次线性方程组的基础解系,如果 $r(A)=n$,那么它只有零解.

【实例 1】求齐次线性方程组

$$\begin{cases} x_1+ x_2+ x_3+ x_4=0 \\ 2x_1+2x_2+ x_3+3x_4=0 \\ x_1+ x_2+2x_3 =0 \end{cases}$$

的一个基础解系,并用它表示该线性方程组的全部解.

解　对方程组的系数矩阵 A 作初等行变换,变为行最简阶梯形矩阵,有

$$A=\begin{bmatrix} 1 & 1 & 1 & 1 \\ 2 & 2 & 1 & 3 \\ 1 & 1 & 2 & 0 \end{bmatrix} \rightarrow \begin{bmatrix} 1 & 1 & 1 & 1 \\ 0 & 0 & -1 & 1 \\ 0 & 0 & 1 & -1 \end{bmatrix} \rightarrow \begin{bmatrix} 1 & 1 & 1 & 1 \\ 0 & 0 & -1 & 1 \\ 0 & 0 & 0 & 0 \end{bmatrix} \rightarrow \begin{bmatrix} 1 & 1 & 0 & 2 \\ 0 & 0 & 1 & -1 \\ 0 & 0 & 0 & 0 \end{bmatrix}$$

得方程组的解为

$$\begin{cases} x_1=-x_2-2x_4 \\ x_3= x_4 \end{cases} \text{(其中 } x_2,x_4 \text{ 为自由未知量)}$$

取自由未知量 $\begin{bmatrix} x_2 \\ x_4 \end{bmatrix}$ 为 $\begin{bmatrix} 1 \\ 0 \end{bmatrix},\begin{bmatrix} 0 \\ 1 \end{bmatrix}$,得方程组的一个基础解系

$$\xi_1=\begin{bmatrix} -1 \\ 1 \\ 0 \\ 0 \end{bmatrix},\ \xi_2=\begin{bmatrix} -2 \\ 0 \\ 1 \\ 1 \end{bmatrix}$$

所以方程组的全部解为

$$x = k_1\xi_1 + k_2\xi_2 = k_1\begin{pmatrix} -1 \\ 1 \\ 0 \\ 0 \end{pmatrix} + k_2\begin{pmatrix} -2 \\ 0 \\ 1 \\ 1 \end{pmatrix} \quad (k_1, k_2 \in R)$$

任务 2　了解非齐次线性方程组解的结构

设非齐次线性方程组

$$\begin{cases} a_{11}x_1 + a_{12}x_2 + \cdots + a_{1n}x_n = b_1 \\ a_{21}x_1 + a_{22}x_2 + \cdots + a_{2n}x_n = b_2 \\ \cdots \\ a_{m1}x_1 + a_{m2}x_2 + \cdots + a_{mn}x_n = b_m \end{cases}$$

的矩阵形式为 $Ax = b$，对应的齐次线性方程组 $Ax = 0$，称为非齐次线性方程组的导出方程组. 方程组 $Ax = b$ 的解与它的导出组 $Ax = 0$ 的解之间有着密切的关系，有如下性质：

【性质 3】 若 η 是非齐次线性方程组 $Ax = b$ 的解，ξ 是其导出组 $Ax = 0$ 的解，则 $\eta + \xi$ 是非齐次线性方程组 $Ax = b$ 的解.

【性质 4】 若 α, β 都是非齐次线性方程组 $Ax = b$ 的解，则 $\alpha - \beta$ 是其导出组 $Ax = 0$ 的解. 根据上述性质可得：

【定理 2】 如果 η^* 是非齐次线性方程组 $Ax = b$ 的一个解，$\bar{\xi}$ 是其导出组 $Ax = 0$ 的全部解，则 $x = \eta^* + \bar{\xi}$ 是非齐次线性方程组 $Ax = b$ 的全部解.

证　由性质 1 知 $x = \eta^* + \bar{\xi}$ 是非齐次线性方程组 $Ax = b$ 解，只需证明，非齐次线性方程组 $Ax = b$ 的任意一个解 β，一定能表示成 η^* 与其导出组某一解的和即可.

构造向量 $\gamma = \beta - \eta^*$，由性质 2 知 γ 是对应齐次方程组 $Ax = 0$ 的一个解.

于是得到 $\beta = \eta^* + \gamma$，即非齐次线性方程组的任意解都可以表示为其一个解与其导出组某个解的和.

【定理 3】 若非齐次线性方程组 $Ax = b$ 有解，即满足 $r(A) = r(B) = r < n$，且 η^* 是方程组的一个解，$\xi_1, \xi_2, \cdots, \xi_{n-r}$ 是它对应的齐次线性方程组 $Ax = 0$ 的一个基础解系，则 $Ax = b$ 的通解为 $x = \eta^* + k_1\xi_1 + k_2\xi_2 + \cdots + k_{n-r}\xi_{n-r}$，其中 $k_1, k_2, \cdots, k_{n-r}$ 为任意实数.

【推论】 若非齐次线性方程组 $Ax = b$ 有解，且它的导出组 $Ax = 0$ 仅有零解，则该非齐次线性方程组 $Ax = b$ 只有一个解；如果其导出组 $Ax = 0$ 有无穷多解，则该非齐次线性方程组 $Ax = b$ 也有无穷多解.

【实例 2】 求下列非齐次线性方程组的全部解.

$$\begin{cases} x_1 - x_2 - x_3 + x_4 = 0 \\ x_1 - x_2 + x_3 - 3x_4 = 2 \\ x_1 - x_2 - 2x_3 + 3x_4 = -1 \end{cases}$$

解　　对增广矩阵 B 施行初等行变换

$$B=\begin{pmatrix}1 & -1 & -1 & 1 & 0\\ 1 & -1 & 1 & -3 & 2\\ 1 & -1 & -2 & 3 & -1\end{pmatrix}\rightarrow\begin{pmatrix}1 & -1 & -1 & 1 & 0\\ 0 & 0 & 2 & -4 & 2\\ 0 & 0 & -1 & 2 & -1\end{pmatrix}$$

$$\rightarrow\begin{pmatrix}1 & -1 & -1 & 1 & 0\\ 0 & 0 & 1 & -2 & 1\\ 0 & 0 & 0 & 0 & 0\end{pmatrix}\rightarrow\begin{pmatrix}1 & -1 & 0 & -1 & 1\\ 0 & 0 & 1 & -2 & 1\\ 0 & 0 & 0 & 0 & 0\end{pmatrix}$$

得方程组的解为

$$\begin{cases}x_1=x_2+\ x_4+1\\ x_3=\qquad\ 2x_4+1\end{cases}\text{（其中 }x_2,x_4\text{ 为自由未知量）}$$

对自由未知量 (x_2,x_4) 取 $(0,0)$，得方程组的一个特解

$$\eta^*=\begin{pmatrix}1\\ 0\\ 1\\ 0\end{pmatrix}$$

方程组的导出组的解为

$$\begin{cases}x_1=x_2+\ x_4\\ x_3=\qquad\ 2x_4\end{cases}\text{（其中 }x_2,x_4\text{ 为自由未知量）}$$

对自由未知量 $\begin{pmatrix}x_2\\ x_4\end{pmatrix}$ 取 $\begin{pmatrix}1\\ 0\end{pmatrix},\begin{pmatrix}0\\ 1\end{pmatrix}$，得导出组的基础解系

$$\xi_1=\begin{pmatrix}1\\ 1\\ 0\\ 0\end{pmatrix},\ \xi_2=\begin{pmatrix}1\\ 0\\ 2\\ 1\end{pmatrix}$$

故所给方程组的全部解为

$$x=\eta^*+k_1\xi_1+k_2\xi_2=\begin{pmatrix}1\\ 0\\ 1\\ 0\end{pmatrix}+k_1\begin{pmatrix}1\\ 1\\ 0\\ 0\end{pmatrix}+k_2\begin{pmatrix}1\\ 0\\ 2\\ 1\end{pmatrix}\quad(k_1,k_2\in R)$$

【学习效果评估 6－3】

1. 求下列齐次线性方程组的一个基础解系和全部解.

$$(1)\begin{cases}2x_1 - x_2 + 8x_3 + 7x_4 = 0 \\ x_1 + 3x_2 - x_3 + 2x_4 = 0 \\ 4x_1 + 5x_2 + 6x_3 + 11x_4 = 0\end{cases}$$

$$(2)\begin{cases}3x_1 + 5x_2 + 6x_3 - 4x_4 = 0 \\ x_1 + 2x_2 + 4x_3 - 3x_4 = 0 \\ 4x_1 + 5x_2 - 2x_3 + 3x_4 = 0 \\ 3x_1 + 8x_2 + 24x_3 - 19x_4 = 0\end{cases}$$

2. 求下列非齐次线性方程组的全部解.

$$(1)\begin{cases}2x_1 - 3x_2 + 5x_3 + 7x_4 = 1 \\ 4x_1 - 6x_2 + 2x_3 + 3x_4 = 2 \\ 2x_1 - 3x_2 - 11x_3 - 15x_4 = 1\end{cases}$$

$$(2)\begin{cases}4x_1 + 2x_2 - x_3 = 2 \\ 3x_1 - x_2 + 2x_3 = 10 \\ 11x_1 + 3x_2 = 8\end{cases}$$

3. 问 a,b 为何值时，非齐次线性方程组 $\begin{cases}x_1 + x_2 + x_3 + x_4 = 0 \\ x_2 + 2x_3 + 2x_4 = 1 \\ -x_2 + (a-3)x_3 - 2x_4 = b \\ 3x_1 + 2x_2 + x_3 + ax_4 = -1\end{cases}$ 有唯

一解、无解、无穷多解？当有无穷多解时，写出通解表达式.

单元训练 6

1. 选择题

(1)适用于任意线性方程组的解法是(　　).

A. 矩阵求法　　　　　　　　B. 克莱姆法则

C. 高斯消元法　　　　　　　D. 以上方法都行

(2)设 A 是 $m \times n$ 矩阵，则齐次线性方程组 $Ax = 0$ 有非零解的充要条件是(　　).

A. $r(A) \leq m$　　　　　　　B. $r(A) < m$

C. $r(A) \leq n$　　　　　　　D. $r(A) < n$

(3)如果非齐次线性方程组 $Ax = b$ 有唯一解，则其对应的齐次方程组(　　).

A. 基础解系不存在　　　　　B. 基础解系中仅有一个解

C. 基础解系中至少有两个解　D. 以上都不对

(4)设 $Ax = b$ 有 n 个未知量，m 个方程，且 $r(A) = r(B) = r$，其中 B 为 A 的增广矩阵，则此方程组(　　).

A. $r = m$ 时有唯一解　　　　B. $r = n$ 时有唯一解

C. $m = n$ 时有解　　　　　　D. $r \geq m$ 时有无穷多解

(5)已知 $\alpha_1, \alpha_2, \alpha_3$ 是齐次线性方程组 $Ax = 0$ 的基础解系，则基础解系还可以是(　　).

A. $k_1\alpha_1 + k_2\alpha_2 + k_3\alpha_3$　　　　B. $\alpha_1 - \alpha_2, \alpha_2 - \alpha_3$

C. $\alpha_1 + \alpha_2, \alpha_2 + \alpha_3, \alpha_3 + \alpha_1$　　D. $\alpha_1, \alpha_1 - \alpha_2 + \alpha_3, \alpha_3 - \alpha_2$

2. 填空题

(1)如果一个向量组的秩等于该向量组中所含向量的个数,则这个向量组必线性_____关.

(2)设 η_1 和 η_2 是非齐次线性方程组 $Ax=b$ 的两个解,则 $\eta_1-\eta_2$ _____ 齐次线性方程组 $Ax=0$ 的解.

(3)设线性方程组 $\begin{cases} x_1- x_2+ x_3=1 \\ 2x_1+ x_2-3x_3=5 \\ x_1+4x_2+ax_3=b \end{cases}$ 有解且其对应的齐次线性方程组的基础解系只含有一个解向量,则 $a=$_____, $b=$_____.

(4)当 $a=$_____,线性方程组 $\begin{cases} x_1+ x_2+x_3=4 \\ x_1+ax_2+x_3=3 \\ x_1+2x_2-x_3=4 \end{cases}$ 无解.

(5)齐次线性方程组 $\begin{cases} kx_1+ x_2+ x_3=0 \\ x_1+kx_2+ x_3=0 \\ x_1+ x_2+kx_3=0 \end{cases}$ 有非零解,则 $k=$_____.

(6)设 $\eta_1,\eta_2,\cdots,\eta_s$ 及 $k_1\eta_1+k_2\eta_2+\cdots+k_s\eta_s$ 都是 $Ax=b(b\neq 0)$ 的解向量,则 $k_1+k_2+\cdots+k_s=$_____.

3. 求解齐次线性方程组的一个基础解系及一般解.

(1) $\begin{cases} x_1+2x_2-2x_3=0 \\ 2x_1+4x_2-4x_3=0 \\ -2x_1-4x_2+3x_3=0 \end{cases}$　　(2) $\begin{cases} 2x_1-4x_2+17x_3-6x_4=0 \\ x_1+ x_2- 2x_3+3x_4=0 \\ 3x_1+ x_2+ x_3+5x_4=0 \\ 3x_1- x_2+ 8x_3+ x_4=0 \end{cases}$

4. 求解非齐次线性方程组的通解.

(1) $\begin{cases} x_1+ x_2+ x_3+ x_4=0 \\ 3x_1+2x_2+ x_3=2 \\ x_2+2x_3+3x_4=0 \\ 5x_1+4x_2+3x_3+2x_4=4 \end{cases}$　　(2) $\begin{cases} x_1+ 3x_3+ x_4=2 \\ x_1- 3x_2+ x_4=-1 \\ 2x_1+ x_2+ 7x_3+2x_4=5 \\ 4x_1+2x_2+14x_3=6 \end{cases}$

5. 设方程组为

$$\begin{cases} x_1+ x_2-2x_3+3x_4=0 \\ 2x_1+ x_2-6x_3+4x_4=-1 \\ 3x_1+2x_2+ax_3+7x_4=-1 \\ x_1- x_2-6x_3- x_4=b \end{cases}$$

讨论 a,b 取何值时,方程组有解或无解,并在有解时求出全部的解.

6.λ 为何值时,非齐次线性方程组 $\begin{cases} \lambda x_1 + x_2 + x_3 = \lambda - 3 \\ x_1 + \lambda x_2 + x_3 = -2 \\ x_1 + x_2 + \lambda x_3 = -2 \end{cases}$ 有唯一解、无解、无穷

多解? 当有无穷多解时,写出通解.

7. 已知 $\alpha_1 = \begin{pmatrix} -3 \\ 2 \\ 0 \end{pmatrix}, \alpha_2 = \begin{pmatrix} -1 \\ 0 \\ -2 \end{pmatrix}$ 是方程组 $\begin{cases} k_1 x_1 + k_2 x_2 + k_3 x_3 = k_4 \\ x_1 + 2x_2 - x_3 = 1 \\ 2x_1 + x_2 + x_3 = -4 \end{cases}$ 的两个解,求方

程组的通解.

8. 已知下列齐次线性方程组

(1) $\begin{cases} x_1 + 2x_2 + 3x_3 = 0 \\ 2x_1 + 3x_2 + 5x_3 = 0 \\ x_1 + x_2 + ax_3 = 0 \end{cases}$ 和 (2) $\begin{cases} x_1 + bx_2 + cx_3 = 0 \\ 2x_1 + b^2 x_2 + (c+1)x_3 = 0 \end{cases}$

同解,求 a, b, c 的值.

第 3 篇　概率论基础

单 元 7

概率论

📖 导 读

生活中我们常常遇到不少关于概率的问题,如购买福利彩票概率、扑克游戏同花顺概率、同一天生日概率……有很多例子,计算其概率不是靠运气,而是要用科学的计算方法求得. 可见,概率知识渗透到我们生活的方方面面,其中,归纳法、类推法等发现真理都是建立在概率论的基础之上. 因此,我们应该准确地掌握事件发生的概率,不要盲目判断.

📖 知识与能力目标

1. 理解随机事件、概率的概念及事件的"和""积""差"的性质.

2. 掌握古典概型及其计算方法.

3. 掌握运用概率的加法公式、条件概率公式和乘法公式的基本运算.

4. 理解事件的独立性的概念及性质.

5. 掌握全概率公式和贝叶斯公式的运用.

项目1 理解随机事件及其概率

概率论是一门从数量化的角度来研究现实世界的一类不确定现象(随机现象)及其规律性的应用数学学科. 20 世纪以来,概率论逐步应用于工业、国防、国民经济及工程电子技术等各个领域. 本项目介绍概率的基础知识.

任务1 理解随机事件的概念

1. 随机试验与随机事件

自然现象和社会现象可分为以下两类:

一类是确定性的现象,即在一定条件下必然出现的现象,如:①上抛石子,石子必然会落下;②在标准大气压下,水加热到 100 摄氏度必然会沸腾.

对于这类现象来说,其结果有两种:一种是预先知道某种情况必然发生;另一种是预先知道某种情况必然不会发生. 我们把必然发生结果的事件称为必然事件,用 S 表示;把必然不发生结果的事件称为不可能事件,用 $\varnothing$ 表示.

另一类是随机现象,即在一定条件下我们事先无法预测其结果的现象,如:①向上抛硬币,可能出现正面,也可能出现反面;②明天的天气可能晴,也可能下雨;③明天的股市可能涨,也可能跌.

为了对随机现象的统计规律性进行研究,需要对随机现象进行重复观察,我们把对随机现象的观察称作随机试验,简称试验.

随机试验具有以下三个特点:

(1)可以在相同条件下重复多次.

(2)可以知道试验所有可能的结果不止一个,并且能事先明确试验的所有可能结果.

(3)每次试验之前不能确定会出现哪一个结果.

例如,抛一枚质地均匀的硬币,观察其出现的结果只有正面和反面两种情况,但每次抛硬币之前我们都无法确定结果究竟是正面还是反面;又如,投掷一颗骰子之前我们都无法确定出现的点数究竟是多少,这些都是随机试验的例子.

【定义 1】 我们把随机试验观察到的结果称为**随机事件**(简称**事件**),通常用大写字母 A、B、C 等表示. 为了讨论方便,我们把必然事件 S 和不可能事件 $\varnothing$ 也称为随机事件.

在随机试验中,不能再分解的事件称作基本事件(也称样本点)记为 ω;全体基本事件的集合称作该试验的样本空间(也称基本事件组),记为 S.

【实例 1】 将一枚质地均匀的硬币抛两次,事件 A、B 分部表示"第一次出现反面""两次出现不同面".试写出样本空间及事件 A、B 的样本点.

解 样本空间 $S = \{(正,正),(正,反),(反,正),(反,反)\}$;

$A = \{(反,正),(反,反)\}$;$B = \{(正,反),(反,正)\}$.

2. 事件间的关系

随机事件可以看作样本空间 S 的子集,因此,可以用集合的方法讨论事件之间的关系.

(1)事件的包含关系. 若事件 A 发生,必定导致事件 B 发生,则称事件 A 包含于事件 B,或称事件 B 包含事件 A,记为 $A \subseteq B$ 或 $B \supseteq A$. 其具有如下性质:

1)$A \subseteq A$.

2)若 $A \subseteq B$,$B \subseteq C$,则 $A \subseteq C$.

3)$\varnothing \subseteq A \subseteq S$.

4)若 $A \subseteq B$,$B \subseteq A$,则 $A = B$.

【实例 2】一个盒子中有 10 个完全相同的骰子,点数分别为 $1,2,3,\cdots,6$,从中任抛一个,指出下列事件之间的包含关系.

$A=\{$点数大于 1$\}$,$B=\{$点数小于 6$\}$,$C=\{$点数为单数$\}$,$D=\{$点数为双数$\}$.

解 由题意可得,样本空间 $S=\{1,2,3,4,5,6\}$,

$A=\{2,3,4,5,6\}$,$B=\{1,2,3,4,5\}$,$C=\{1,3,5\}$,$D=\{2,4,6\}$,所以 $D\subseteq A$,$C\subseteq B$.

(2)事件的互不相容(或互斥)关系.若事件 A 和事件 B 不能同时发生,则称事件 A 与事件 B 为互不相容(或互斥)事件,如实例 2 中 $C=\{$点数为单数$\}$,$D=\{$点数为双数$\}$,则 C 与 D 为互不相容(或互斥)事件.

(3)事件的对立(或互逆)关系.若事件 A 与事件 B 至少发生一个,且互不相容,则称事件 A 与事件 B 为对立(或互逆)事件.分别记为 $A=\bar{B}$ 或 $B=\bar{A}$.其具有如下性质:

1)$\bar{S}=\varnothing$.

2)$\bar{\varnothing}=S$.

3)$\bar{\bar{A}}=A$.

任务 2 理解事件的"和""积""差"的性质

1. 事件的和(并)

若事件 A 与事件 B 至少有一个发生的事件称作事件 A 与事件 B 的和(并)事件,记为 $A\bigcup B$ 或 $A+B$,即 $A\bigcup B=\{A,B$ 至少发生一个$\}$.如实例 2 中 $A\bigcup B=\{1,2,3,4,5,6\}$.

2. 事件的积(交)

若事件 A 与事件 B 是同时发生的事件,称作事件 A 与事件 B 的积(交)事件,记为 $A\bigcap B$ 或 AB,即 $A\bigcap B=\{A,B$ 同时发生$\}$.如实例 2 中 $A\bigcap C=\{3,5\}$.

【拓展】若事件 A 与事件 B 是互不相容事件,则有 $AB=\varnothing$;又若事件 A 与事件 B 是对立事件,则有 $AB=\varnothing$ 且 $A+B=S$.

3. 事件的差

若事件 A 发生而事件 B 不发生的事件称作事件 A 与事件 B 的差事件,记为 $A-B$,即 $\bar{A}=S-A$,$A-B=A\bar{B}$.如实例 2 中 $A-C=\{2,4,6\}$.

以上三种基本运算均可通过韦恩图(文氏图)表示,如图 $7-1$ 所示.

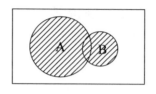

图 7-1

【实例 3】设 A、B、C 分别表示三个事件,以 A、B、C 的运算表示下列事件.

(1)仅 A 发生;(2) A、B、C 恰好一个发生;(3) A、B、C 至少发生一个.

解 由题意可得

(1) $A\bar{B}\bar{C}$;(2) $A\bar{B}\bar{C} \bigcup \bar{A}B\bar{C} \bigcup \bar{A}\bar{B}C$;(3) $A \bigcup B \bigcup C$.

任务 3　理解概率的概念

【定义 2】在相同的条件下进行 n 次试验,如果事件 A 发生了 m 次,则称比值 $\dfrac{m}{n}$ 为事件 A 发生的频率,记为 $f_n(A)$,即

$$f_n(A) = \frac{m}{n}$$

一般地,在大量重复试验中,随机事件 A 发生的频率会稳定于某个常数 p,这个常数 p 就是事件 A 发生的可能性大小的度量,我们就把常数 p 称作事件 A 发生的**概率**,记为 $P(A) = p$.

【拓展】频率是个试验值,具有偶然性,可以取多个不同值,它近似地反映了事件发生的可能性的大小;而概率则是个理论值,只能取唯一值.

【学习效果评估 7-1】

1.写出下列各随机试验的样本空间.

(1)抛 3 个硬币.

(2)投掷 2 颗骰子,出现的点数之和.

2. 指出下列各组事件之间的包含关系.

(1) A = {亚洲人},B = {中国人}.

(2) G = {2},H = {小于 5 的整数}.

3. 设 A、B、C 表示不同的 3 个事件,请用 A、B、C 表示下列事件.

(1) A、B、C 3 个事件都发生.

(2) A 发生,B、C 不发生.

(3) A、B 发生,C 不发生.

(4) A、B、C 3 个事件都不发生.

(5) A、B、C 3 个事件至少有一个发生.

(6) A、B、C 3 个事件至少有 2 个发生.

项目 2   掌握古典概型的概念及其计算方法

任务 1   理解古典概型的概念

【定义 1】如果随机现象具有以下两个特征：

(1)有限性. 随机试验只有有限个基本事件.

(2)等可能性,每一个基本事件在一次试验中发生的可能性相同,即每个基本事件发生的概率相等.

我们把这类随机现象的数学模型称为**古典概型**.

【性质 1】在古典概型中,若样本空间所含的样本点总数为 n,事件 A 所含的样本点数为 m,则事件 A 的概率为 $\dfrac{m}{n}$,即

$$P(A) = \frac{\text{事件 } A \text{ 中所含的样本点数}}{S \text{ 中所含的样本点总数}} = \frac{m}{n}$$

从概率的定义我们可以看出以下简单的性质：

(1)非负性：$0 \leqslant P(A) \leqslant 1$.

(2)规范性：$P(S) = 1$,$P(\varnothing) = 0$.

(3)可比性：若 $A \subseteq B$,则 $P(A) \leqslant P(B)$.

【实例 1】从 $0,1,2,\cdots,9$ 十个数字中,随机抽取一个数字,求取到小于 3 的概率.

解   设 $A = \{$取到小于 3 的数$\}$,事件 A 发生的基本事件个数为 $m_A = 3$(抽到 0、1、2),而基本事件总个数为 $n_A = 10$,所以

$$P(A) = \frac{3}{10}$$

任务 2   掌握古典概型的计算方法——排列与组合

1. 排列数公式

从 n 个不同元素中任取 k 个($1 \leqslant k \leqslant n$)的不同排列总数为

$$p_n^k = n(n-1)(n-2)\cdots(n-k+1) = \frac{n!}{(n-k)!}$$

2. 组合数公式

从 n 个不同元素中任取 k 个($1 \leqslant k \leqslant n$)的不同组合总数为

$$C_n^k = \frac{p_n^k}{k!} = \frac{n!}{(n-k)!k!}$$

【实例2】 一个袋子中有 10 个大小相同的球,其中有 3 个白球,7 个黑球,从中任取两个球,求下列随机事件的概率.

(1) $A = \{$恰有 1 个白球$\}$;   (2) $B = \{2$ 个黑球$\}$.

解 由题意可得

(1)事件 A 发生的基本事件个数为 $m_A = C_3^1 C_7^1$,而事件总个数 $n_A = C_{10}^2$,所以

$$P(A) = \frac{C_3^1 C_7^1}{C_{10}^2} = \frac{7}{15}$$

(2)事件 B 发生的基本事件个数为 $m_B = C_7^2$,而事件总个数 $n_B = C_{10}^2$,所以

$$P(B) = \frac{C_7^2}{C_{10}^2} = \frac{7}{15}$$

【学习效果评估 7-2】

1. 对某厂生产的 10 件产品进行随机抽取,有 7 件正品,3 件次品. 无放回地任取 3 件,求下列事件的概率.

(1)恰好有 2 件正品.

(2)恰好有 2 件次品.

2. 在 10 件产品中有 8 件正品,2 件次品,无放回地任取 4 件. 求下列事件的概率.

(1)4 件正品.

(2)恰好有 1 件次品.

(3)至少有 1 件次品.

3. 某袋子里有红球、白球、黑球各一个,每次任取一个,有放回的取 3 次. 求下列事件的概率.

(1) $A = \{$三个都是红球$\}$.

(2) $B = \{$颜色全部相同$\}$.

(3) $C = \{$颜色不全相同$\}$.

(4) $D = \{$没有红色$\}$.

项目 3 掌握概率的基本运算

前文初步了解了概率和古典概型的概念及性质,本项目我们将继续学习概率的加法公式、条件概率公式及乘法公式等基本运算以解决实际问题.

任务 1　掌握概率的加法公式

【定义 1】由图 7-1 文氏图可以看到,对任意事件 A 与 B,有

$$P(A \bigcup B) = P(A+B) = P(A) + P(B) - P(AB)$$

此公式称为**概率的加法公式**.

若 $AB = \varnothing$,则

$$P(A \bigcup B) = P(A+B) = P(A) + P(B)$$

一般地,若 $A_1, A_2, \cdots, A_n$ 是两两互不相容的事件,则有

$$P(\bigcup_{i=1}^{n} A_i) = \sum_{i=1}^{n} P(A_i)$$

特殊地,若 A 与 B 为对立事件,即 $A \bigcup B = S$,$AB = \varnothing$,则有

$$P(A) + P(B) = P(A \bigcup B) = 1$$

即

$$P(A) = 1 - P(\bar{A}).$$

此公式也称为**逆事件概率公式**.

【实例 1】某人外出旅游两天,据天气预报,第一天下雨的概率为 0.6,第二天下雨的概率为 0.3,两天都下雨的概率为 0.1,求至少有一天下雨的概率.

解　设 A 为第一天下雨,B 为第二天下雨,C 为至少有一天下雨,则 $C = A + B$,即 $P(A) = 0.6$,$P(B) = 0.3$,$p(AB) = 0.1$,

由概率的加法公式可得

$$P(C) = P(A+B) = P(A) + P(B) - P(AB) = 0.8$$

【实例 2】设 A、B、C 是三个随机事件,其中 $P(A) = P(B) = P(C) = \dfrac{1}{4}$,$P(AB) = P(BC) = P(AC) = \dfrac{1}{8}$,求 A、B、C 至少有一个发生的概率.

解　由概率的加法公式可得

$$P(A+B+C) = P(A) + P(B) + P(C) - P(AB) - P(BC) - P(AC) = \dfrac{3}{8}$$

任务 2　掌握条件概率公式

【定义 2】在事件 B 已经发生的条件下,事件 A 发生的概率称作条件概率,由于有了附加条件"事件 B 已经发生",因此称这种概率为事件 A 在事件 B 已经发生的条件下的**条件概率**,记为 $P(A \mid B)$.

【实例 3】两车间加工同一种零件共 100 个,其中第一车间加工 40 个,次品 5 个;第一车间加工 60 个,次品 6 个,现从 100 个零件中任取一个,已知取出的零件是第一车间加

工的,求取出零件是正品的概率.

解 设 $A=\{$取到正品$\}$,$B=\{$取到第一车间加工的零件$\}$,则所求的概率是 $P(A \mid B)$,第一车间加工零件 40 个,其中正品为 $40-5=35$ 个,所以

$$P(A \mid B)=\frac{35}{40}$$

事件 AB 表示"取出的零件是第一车间加工的正品",所以 $P(AB)=\frac{35}{100}$.

又因事件 B 的概率是 $P(B)=\frac{40}{100}$,所以

$$P(A \mid B)=\frac{35}{40}=\frac{\frac{35}{100}}{\frac{40}{100}}=\frac{P(AB)}{P(B)}$$

于是,在一般情况下,条件概率可以得到以下计算公式:

设 $P(B)>0$,

$$P(A \mid B)=\frac{P(AB)}{P(B)}$$

设 $P(A)>0$,

$$P(B \mid A)=\frac{P(AB)}{P(A)}$$

【实例 4】袋中有 5 个乒乓球,其中 2 个为黑色的,3 个为白色的,现在从袋中不放回地连续取 2 个,已知第一个取得黑球,求第二个取得白球的概率.

解 设 $A=\{$第一个取得黑球$\}$,$B=\{$第二个取得白球$\}$,则所求的概率是 $P(B \mid A)$,$P(A)=\frac{2}{5}$,$P(AB)=\frac{2}{5} \times \frac{3}{4}=\frac{3}{10}$,即

$$P(B \mid A)=\frac{P(AB)}{P(A)}=\frac{\frac{3}{10}}{\frac{2}{5}}=\frac{3}{4}$$

任务 3　掌握概率的乘法公式

【**定义** 3】设事件 A 与 B,则
$$P(AB)=P(A)P(B \mid A)=P(B)P(A \mid B)$$
称作**概率的乘法公式**.

【**拓展**】关于概率的乘法公式的概念有如下的说明:

(1)在计算 $P(AB)$ 时,有两种选择,即条件选择 A 还是选择 B,应视计算的方便而定,一般要以已发生为条件事件.

(2)乘法公式还可以推广到 n 个事件的情形:即对任意 n 个事件 $A_1,A_2,\cdots,A_n$,若

$P(A_1, A_2, \cdots, A_n) > 0$，则 $P(A_1 A_2 \cdots A_n) = P(A_1)P(A_2 \mid A_1) \cdots P(A_n \mid A_1 A_2 \cdots A_{n-1})$.

【实例 5】 某地区气象局预测，甲、乙两个城市全年雨天比例分别为 9%、12%. 两市中至少一市为雨天的比例为 15.8%，求当甲市为雨天时，乙市也为雨天的概率.

解　设 $A = \{$甲市为雨天$\}$，$B = \{$乙市为雨天$\}$，$P(A) = 9\%$，$P(B) = 12\%$，$P(A + B) = 15.8\%$，则

$$P(AB) = P(A) + P(B) - P(A + B) = 9\% + 12\% - 15.8\% = 5.2\%$$

则所求的概率是 $P(B \mid A)$，即

$$P(B \mid A) = \frac{P(AB)}{P(A)} = \frac{5.2\%}{9\%} \approx 57.8\%$$

【实例 6】 盒中有 100 件产品，出厂验收时规定从盒内连续取 3 次，每次任取一件，取后不放回，只要 3 次中发现有次品，则不予出厂，如果盒内有 5 个次品，则该盒产品予以出厂的概率是多少?

解　设 $A_i = \{$第 i 次取得正品$\}$($i = 1, 2, 3$)，则 $A_1 A_2 A_3$ 表示事件"新产品予以出厂"，由题目可知，$P(A_1) = \frac{95}{100}$，$P(A_2 \mid A_1) = \frac{94}{99}$，$P(A_3 \mid A_1 A_2) = \frac{93}{98}$，即

$$P(A_1 A_2 A_3) = P(A_1)P(A_2 \mid A_1)P(A_3 \mid A_1 A_2) = \frac{95}{100} \times \frac{94}{99} \times \frac{93}{98} \approx 85.6\%$$

【学习效果评估 7－3】

1. 某城市有 70% 用户订日报，有 50% 用户订晚报，有 80% 用户至少订这两种报纸中的一种，求同时订这两种报纸的住户的概率.

2. 设盒中有 10 个乒乓球，其中 4 个橙色，6 个白色，从中任取两个，已知所取的两个产品中有 1 个是橙色的，求另一个也是橙色的概率.

3. 已知在 10 件产品中有 8 件正品，2 件次品，从中任取两件，每次取一件，取后不放回，求：

(1) 已知第一次取到正品，求第二次取到次品的概率.

(2) 求第一次取到正品的同时第二次取到次品的概率.

(3) 求取到一件正品，一件次品的概率.

项目 4　理解事件的独立性的概念及其性质

任务 1　理解事件的独立性的概念

【定义 1】 如果两个事件 A 与事件 B，其中任何一个事件是否发生都不会影响另一个

事件发生的可能性,随机事件 A 与 B 满足

$$P(AB)=P(A)P(B)$$

则称事件 A 与事件 B 相互**独立**.

【实例1】甲乙同时向一敌机炮击,已知甲击中敌机的概率为 0.7,乙击中敌机的概率为 0.6,求敌机被击中的概率.

解　设 A 为"甲击中", B 为"乙击中", C 为"敌机被击中",则有 $C=A+B$. 由概率的加法公式得

$$P(C)=P(A+B)=P(A)+P(B)-P(AB)$$

又由于甲乙同时击炮,互不影响,互不干扰, A、B 是相互独立的,所以有

$$P(AB)=P(A)P(B)$$

则

$$P(C)=P(A+B)=P(A)+P(B)-P(A)P(B)=0.7+0.6-0.7\times0.6=0.88$$

任务2　了解独立事件的乘法公式

若事件 A 与事件 B 相互独立,则有

$$P(AB)=P(A)P(B)$$

三个事件 A,B,C 相互独立的条件为

$$P(AB)=P(A)P(B)$$
$$P(BC)=P(B)P(C)$$
$$P(AC)=P(A)P(C)$$
$$P(ABC)=P(A)P(B)P(C)$$

一般地,事件的独立性的概念可以推广到有限多个事件,即如果事件 $A_1,A_2,\cdots,A_n$ 中的任一事件 $A_i(1,2,\cdots,n)$ 的概念不受其他 $n-1$ 个事件发生的影响,则称事件 A_1, $A_2,\cdots,A_n$ 是相互独立的,并且有

$$P(A_1A_2\cdots A_n)=P(A_1)P(A_2)\cdots P(A_n)$$

任务3　了解独立的性质

(1)若事件 A 与事件 B 相互独立,则事件 $\overline{A}$ 与事件 B,事件 A 与事件 $\overline{B}$,事件 $\overline{A}$ 与事件 $\overline{B}$ 均相互独立.

(2)独立的加法公式,若事件 A 与事件 B 相互独立,则

$$P(A\bigcup B)=P(A)+P(B)-P(A)P(B)$$

(3)若事件 $A_1,A_2,\cdots,A_n$ 相互独立,则

$$P(A_1\bigcup A_2\bigcup\cdots\bigcup A_n)=1-P(\overline{A_1})P(\overline{A_2})\cdots P(\overline{A_n})$$

(4)设 $P(A)>0,P(B)>0$,若事件 A 与事件 B 相互独立,则事件 A 与事件 B 必

相容;若事件 A 与事件 B 不相容,则事件 A 与事件 B 必不独立.

【实例 2】某电路由电池及电阻元件 A_1,A_2,A_3 联接而成,其中 A_2,A_3 并联,且与 A_1 串联. 元件 A_1,A_2,A_3 损坏的概率分别为 $0.2,0.1,0.1$,求该电路发生间断的概率.

解　设 A_i 为"元件 A_i 损坏"$(i=1,2,\cdots,n)$,B 为"电路间断",则

$$B=A_1\bigcup A_2A_3,\quad P(A_1)=0.2,\quad P(A_2)=P(A_3)=0.1$$

由概率的加法公式和事件的独立性公式得

$$P(B)=P(A_1\bigcup A_2A_3)=P(A_1)+P(A_2A_3)-P(A_1A_2A_3)$$
$$=P(A_1)+P(A_2)P(A_3)-P(A_1)P(A_2)P(A_3)$$
$$=0.2+0.1\times0.1-0.2\times0.1\times0.1=0.208$$

【学习效果评估 7—4】

1. 两架战斗机向同一个目标射击,已知第一架战斗机的命中率为 0.5,第二架战斗机的命中率为 0.6,求目标被击中的概率.

2. 三个人独立地破译一个秘密,译出的概率分别是 $\dfrac{1}{3}$,$\dfrac{1}{4}$,$\dfrac{1}{5}$,求将此密码译出的概率.

3. 某一电路,如图 7—2 所示,其中 1、2、3、4 为继电器接点,设各继电器接点闭合与否互相独立,且每一个继电器接点闭合的概率为 p,求 L 至 R 为通路的概率.

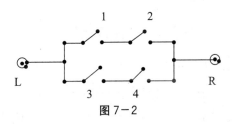

图 7—2

项目 5　掌握全概率公式和贝叶斯公式的运用

在学习完概率的众多公式后,还有两个稍微复杂一点的公式需要我们学习——全概率公式和贝叶斯公式,它们在日常工作和生活中,用途十分广泛.

任务 1　掌握全概率公式

【定义 1】如果事件 $B_1,B_2,\cdots,B_n$ 满足:

(1)事件 $B_1,B_2,\cdots,B_n$ 是互不相容的事件,且 $P(B_i)>0(i=1,2,\cdots,n)$.

(2)$B_1,B_2,\cdots,B_n$ 为样本空间 S 的一个完备事件组,即 $B_1\bigcup B_2\bigcup\cdots\bigcup B_n=S$.

若 $P(B_i) > 0$,则对样本空间 S 中任一事件 A,都有

$$P(A) = \sum_{i=1}^{n} P(AB_i) = \sum_{i=1}^{n} P(B_i) P(A \mid B_i)$$

此公式称为**全概率公式**.

由概率的加法公式得

$$P(A) = P(AB_1) + P(AB_2) + \cdots + P(AB_n)$$
$$= P(B_1) P(A \mid B_1) + P(B_2) P(A \mid B_2) + \cdots + P(B_n) P(A \mid B_n)$$
$$= \sum_{i=1}^{n} P(B_i) P(A \mid B_i)$$

可见,全概率公式是把一个抽象的复杂的求事件 A 概率问题分解为多个较为简单的事件 $B_1, B_2, \cdots, B_n$.

【实例 1】某工厂生产一批灯具,其中一等品占 94%,二等品占 5%,三等品占 1%,它们能工作 1000 小时的概率分别是 90%,80%,70%,求任取一个灯具能工作 1000 小时以上的概率.

解 设 B_i 为"取到灯具为 i 等品"$(i = 1, 2, \cdots, n)$,A 为"取到灯具能工作 1000 小时以上",则 $P(B_1) = 94\%$,$P(B_2) = 5\%$,$P(B_3) = 1\%$,且 $P(A \mid B_1) = 90\%$,$P(A \mid B_2) = 80\%$,$P(A \mid B_3) = 70\%$,由全概率公式得

$$P(A) = P(B_1) P(A \mid B_1) + P(B_2) P(A \mid B_2) + P(B_3) P(A \mid B_3)$$
$$= 94\% \times 90\% + 5\% \times 80\% + 1\% \times 70\% = 0.893$$

任务 2　掌握贝叶斯公式

【定义 2】如果事件 $B_1, B_2, \cdots, B_n$ 满足:

(1)事件 $B_1, B_2, \cdots, B_n$ 是互不相容的事件,且 $P(B_i) > 0 (i = 1, 2, \cdots, n)$.

(2) $B_1, B_2, \cdots, B_n$ 为样本空间 S 的一个划分,又 $B_1 \cup B_2 \cup \cdots \cup B_n = S$.

若 $P(B_i) > 0$,则对样本空间 S 中任一事件 A,都有

$$P(B_j \mid A) = \frac{P(B_i) P(A \mid B_i)}{\sum\limits_{i=1}^{n} P(B_i) P(A \mid B_i)} (j = 1, 2, \cdots, n)$$

此公式称为**贝叶斯公式**,也称为**后检验公式**.

【实例 2】某工厂有甲、乙两台车床加工同一种零件,他们的废品率分别为 2% 和 1%,加工出来的零件放在一起,并且已知甲车床加工的零件比乙车床加工的零件多一倍,求:

(1)从中任取一件,求此零件为合格品的概率.

(2)现取到一个零件为废品,问它是由哪台车床加工的可能性大.

解 设 A 为"取到零件为合格品",B_1 为"零件由甲车厂生产",B_2 为"零件由乙车

厂生产"，B_1，B_2 为一个完备事件组，则 $P(B_1)=\dfrac{2}{3}$，$P(B_2)=\dfrac{1}{3}$，且 $P(\bar{A}\mid B_1)=2\%$，

$P(\bar{A}\mid B_2)=1\%$，即 $P(A\mid B_1)=98\%$，$P(A\mid B_2)=99\%$.

（1）由全概率公式得

$$P(A)=P(B_1)P(A\mid B_1)+P(B_2)P(A\mid B_2)=\dfrac{2}{3}\times98\%+\dfrac{1}{3}\times99\%=\dfrac{295}{300}$$

（2）由贝叶斯公式得

$$P(B_1\mid\bar{A})=\dfrac{P(B_1)P(\bar{A}\mid B_1)}{P(\bar{A})}=\dfrac{\dfrac{2}{3}\times2\%}{1-\dfrac{295}{300}}=0.8$$

$$P(B_2\mid\bar{A})=\dfrac{P(B_2)P(\bar{A}\mid B_2)}{P(\bar{A})}=\dfrac{\dfrac{1}{3}\times1\%}{1-\dfrac{295}{300}}=0.2$$

可见，比较以上两个数可知，取到一个零件为废品这个零件是甲车床加工的可能性大.

【学习效果评估 7－5】

1. 某批产品中，甲、乙、丙三厂生产的产品分别占 20%，30%，50%，各厂产品的次品率分别为 1%，2%，3%，现从中取一件，求取到的是次品的概率.

2. 某工厂对机器进行调整，其调整为良好的概率为 95%，当机器调整为良好时，产品的合格率为 98%，而当机器发生某种故障时，其产品合格率为 55%，求生产出的产品是合格品时机器调整为良好的概率.

3. 某厂有甲、乙、丙三个车间生产同一种螺钉，每个车间的产量分别占总产量的 25%，35% 和 40%，废品率分别是 5%，4% 和 3%，求：

（1）抽到废品的概率.

（2）抽到废品是甲车间生产的概率.

单元训练 7

1. 选择题

（1）事件 A 和事件 B 是互为对立事件，则事件 $A\bigcap B$ 是（　　）.

A. 不可能事件　　　　　　　　　　B. 可能事件

C. 必然事件　　　　　　　　　　　D. 发生的概率为 1

(2)事件表达式 $A \bigcup B$ 的意思是(　　).

A. 事件 A 和事件 B 同时发生 　　　　B. 事件 A 发生而事件 B 不发生

C. 事件 A 不发生而事件 B 发生 　　　D. 事件 A 和事件 B 至少有一件发生

(3)设 A、B 为任意两个随机事件,且 A 与 B 互不相容,则一定有(　　).

A. $\bar{A}$ 与 $\bar{B}$ 互不相容 　　　　B. $\bar{A}$ 与 $\bar{B}$ 相容

C. $P(A+B)=P(A)+P(B)$ 　　　D. $P(AB)=P(A)+P(B)$

(4)A、B 是相互独立的随机事件,$P(A)=0.4$,$P(B)=0.5$,则 $P(AB)=($　　$)$.

A. 0.2 　　　　　　　　　　　　B. 0.24

C. 0.5 　　　　　　　　　　　　D. 0.9

(5)一个骰子,点数为 4 的概率是(　　).

A. $\dfrac{1}{3}$ 　　　　　　　　　　B. $\dfrac{1}{4}$

C. $\dfrac{1}{5}$ 　　　　　　　　　　D. $\dfrac{1}{6}$

(6)两人下棋,甲胜的概率为 0.6,乙胜的概率为 0.4,则甲胜乙败的概率是(　　).

A. 0.6,0.6 　　　　　　　　　　B. 0.6,0.4

C. 0.4,0.6 　　　　　　　　　　D. 0.4,0.4

(7)设 $P(A)=P(B)=P(C)=\dfrac{1}{4}$,$P(AB)=P(BC)=0$,$P(AC)=\dfrac{1}{8}$,则 $P(A+B+C)=($　　$)$.

A. $\dfrac{1}{4}$ 　　　　　　　　　　B. $\dfrac{1}{8}$

C. $\dfrac{3}{8}$ 　　　　　　　　　　D. $\dfrac{5}{8}$

(8)已知 $P(A)=\dfrac{1}{4}$,$P(B \mid A)=\dfrac{1}{3}$,$P(A \mid B)=\dfrac{1}{2}$,则 $P(A+B)=($　　$)$.

A. $\dfrac{1}{2}$ 　　　　　　　　　　B. $\dfrac{1}{3}$

C. $\dfrac{1}{4}$ 　　　　　　　　　　D. $\dfrac{1}{5}$

(9)设 A、B 为任意两个随机事件,且 $P(A)=\dfrac{1}{4}$,$P(B)=\dfrac{1}{3}$,$P(A+B)=\dfrac{2}{5}$,则 $P(B \mid A)=($　　$)$.

A. $\dfrac{2}{5}$ 　　　　　　　　　　B. $\dfrac{11}{15}$

C. $\dfrac{13}{15}$ 　　　　　　　　　　D. $\dfrac{14}{15}$

(10)已知 $P(A)=0.2$，$P(B)=0.5$，$P(A\mid B)=0.27$，则 $P(AB)=($　　$)$.

A. 0.125

B. 0.135

C. 0.145

D. 0.155

2. 填空题

一批产品有正品和次品，从中抽取 3 件，设 $A=\{$抽出的第一件是正品$\}$，$B=\{$抽出的第二件是正品$\}$，$C=\{$抽出的第三件是正品$\}$，则：

(1) $\{$三件都是正品$\}$ 表示为：_____ .

(2) $\{$只有第一件是正品$\}$ 表示为：_____ .

(3) $\{$至少有一件是正品$\}$ 表示为：_____ .

(4) $\{$三件都是次品$\}$ 表示为：_____ .

(5) $\{$恰有一件是正品$\}$ 表示为：_____ .

3. 盒子里装有 5 个红球，8 个白球，每次任取一个，不放回取 2 次，求：

(1)两次都是取到红球的概率.

(2)第二次取到红球的概率.

(3)取到不同颜色球的概率.

(4)至少取到一个红球的概率.

4. 市场供应的热水瓶中，甲厂生产的产品占 60%，乙厂生产的产品占 30%，丙厂生产的产品占 10%，其中甲厂产品的合格率为 90%，乙厂产品的合格率为 80%，丙厂产品的合格率为 70%，求：

(1)买到的热水瓶是合格产品的概率.

(2)买到的合格热水瓶是甲厂生产的概率.

单元 8

离散型随机变量及其分布

📖 导 读

前一单元我们已经学习过关于随机试验的概率统计问题,为了全面研究随机试验的发生变化规律,我们需要将随机试验的结果进行数量化,把随机试验的结果与实数对应起来,即试验结果由一个数量来表示.本单元描述了离散型随机变量的概率函数的定义、性质和分布函数,还介绍了连续型随机变量的概率密度函数的定义、性质和分布函数.

📖 知识与能力目标

1. 理解随机变量的概念,掌握离散型随机变量及其概率分布.
2. 理解连续型随机变量及其概率密度函数.
3. 掌握离散型和连续型随机变量的分布函数的性质.
4. 理解随机变量的数学期望、方差的概念,掌握其性质.

项目 1　认识随机变量

【引例 1】 某人做掷骰子试验,观察其出现点数,该试验的结果可以用数值 $1,2,3,4,5,6$ 来表示.

【引例 2】 某人做抛硬币试验,观察发现其出现正面朝上和反面朝上两种结果,看起来结果与数值无关,但当出现的结果由一些指定的数值来表示,如出现正面朝上用数值"1"表示,出现反面朝上用数值"0"表示时,这一随机试验的每一个结果都有唯一确定的实数与之对应.

也就是说,不管随机试验的结果是否具有数量的性质,都可以建立一个样本空间和实数集之间的对应关系,使之与数值发生联系.

任务 1　了解随机变量的概念

【定义 1】设随机试验的样本空间为 S，称定义在样本空间 S 上的实数单值函数 $X = X(e)$ 为**随机变量**. 在随机试验中，结果有多种可能性，试验结果样本点很多可以与数值直接发生关系.

换句话说，就是用数值替代随机试验的结果，真正纳入数学模式，用公式计算得到的结果.

随机变量 X 的取值由样本点 e 决定，反之，使 X 取某一特定值 a 的那些样本点的全体，构成样本空间 S 的一个子集，即

$$A = \{e \mid X(e) = a\} \subset S$$

今后为了更便捷，可以将事件 $A = \{e \mid X(e) = a\}$ 记为 $\{X = a\}$. 如在本项目引例 1 中，$X = 4$ 表示 $\{$投掷 4 点$\}$ 这一随机事件，表示为 $P\{X = 4\} = \dfrac{1}{6}$；引例 2 中，$X = 1$ 表示 $\{$出现正面$\}$ 这一随机事件，表示为 $P\{X = 1\} = \dfrac{1}{2}$.

可见，随机变量具有以下两个特征：

(1) 随机性：取值依赖于随机试验的结果，随机试验的结果具有不确定性.

(2) 统计规律性：取某一个值的概率是确定的.

按照随机变量 X 可能的取值的特点，可以把它们分为两类：

(1) **离散型随机变量**：随机变量 X 可能的取值能够一一列举出来（有限个或无限个能与自然数一一对应）.

(2) **非离散型随机变量**：随机变量 X 所有可能的取值不能够一一列举出来. 非离散型随机变量范围很广，我们工作和生活中经常遇到的，也是最重要的一类——**连续型随机变量**. 例如：测试某电子元件的寿命，若用 X 表示其寿命，则 X 就是一个随机变量，它可能的取值为区间 $[0, +\infty)$ 上的某个数，所以 X 是非离散型随机变量.

【实例 1】引例 2 中，抛一枚质地匀称的硬币，引进一个随机变量 X，令 $X = \begin{cases} 1, & \text{出现正面} \\ 0, & \text{出现反面} \end{cases}$，分别求 X 出现正面与反面概率.

解　$P\{X = 0\} = \dfrac{1}{2}$；$P\{X = 1\} = \dfrac{1}{2}$

【实例 2】设有一批 2 个一级品，3 个二级品的产品，从中随机取出 3 个产品，如果用随机变量 X 表示取出产品中一级品的个数，分别求 X 取不同值时相应概率.

解　X 可取值为 $\{0, 1, 2\}$

$$P\{X = 0\} = \frac{C_3^3}{C_5^3} = \frac{1}{10}；\quad P\{X = 1\} = \frac{C_2^1 C_3^2}{C_5^3} = \frac{3}{5}；\quad P\{X = 2\} = \frac{C_2^2 C_3^1}{C_5^3} = \frac{3}{10}$$

任务2 掌握离散型随机变量及其概率分布

离散型随机变量 X 所有可能取的不同值为 $x_1, x_2, \cdots, x_k$，X 取每一个值 $x_k(k=1, 2, \cdots)$ 与其对应的概率 $P\{X=x_k\}=p_k$，如表 8－1 所示：

表 8－1

X	x_1	x_2	$\cdots$	x_k	$\cdots$
P	p_1	p_2	$\cdots$	p_k	$\cdots$

此表称作 X 的概率分布律，可简写为

$$P\{X=x_k\}=p_k (k=1,2,\cdots)$$

由概率的定义可知，离散型随机变量的分布律具有以下性质：

(1)非负性：$0 \leq p_k \leq 1 (k=1,2,\cdots)$.

(2)规范性：$\sum_k p_k = 1$.

可见，分布律给出了离散型随机变量的取值和其相应概率的全貌，全面地描写了随机变量的分布的规律.

除此之外，我们还要掌握求离散型随机变量分布律的一般步骤：

(1)确定 X 的所有可能取值 $x_k(k=1,2,\cdots)$ 以及每个取值所表示的意义.

(2)利用概率的相关知识，求出每个取值相应的概率 $P\{X=x_k\}=p_k (k=1,2,\cdots)$.

(3)写出分布律(可用表格表示).

(4)根据分布律的性质对结果进行检验.

【实例3】某班有学生 45 人，其中 O 型血的有 15 人，A 型血的有 10 人，B 型血的有 12 人，AB 型血的有 8 人．将 O,A,B,AB 四种血型分别编号为 $1,2,3,4$，现从中抽 1 人，其血型编号为随机变量 X，求 X 的分布律.

解 X 的可能取值为 $1,2,3,4$.

$$P\{X=1\} = \frac{C_{15}^1}{C_{45}^1} = \frac{1}{3}, \quad P\{X=2\} = \frac{C_{10}^1}{C_{45}^1} = \frac{2}{9}$$

$$P\{X=3\} = \frac{C_{12}^1}{C_{45}^1} = \frac{4}{15}, \quad P\{X=4\} = \frac{C_8^1}{C_{45}^1} = \frac{8}{45}$$

故 X 的分布律如表 8－2 所示：

表8-2

X	1	2	3	4
P	$\dfrac{1}{3}$	$\dfrac{2}{9}$	$\dfrac{4}{15}$	$\dfrac{8}{45}$

【实例4】 某高校文学院和理学院的学生组队参加大学生电视辩论赛,文学院推荐了2名男生,3名女生,理学院推荐了4名男生,3名女生,文学院和理学院所推荐的学生一起参加集训,由于集训后学生水平相当,从参加集训的男生中随机抽取3人,女生中随机抽取3人组成代表队.

(1)求文学院至少有一名学生入选代表队的概率.

(2)某场比赛前,从代表队的6名学生再随机抽取4名参赛,记 X 表示参赛的男生人数,求 X 的分布律.

解

(1)由题意可得,参加集训的男、女学生各有6人,参赛学生全从理学院中抽出(等价于文学院中没有学生入选代表队)的概率为: $\dfrac{C_3^3 C_4^3}{C_6^3 C_6^3}=\dfrac{1}{100}$,因此文学院至少有一名学生入选代表队的概率为: $1-\dfrac{1}{100}=\dfrac{99}{100}$.

(2)由题意可得,某场比赛前,从代表队的6名队员中随机抽取4人参赛, X 表示参赛的男生人数,则 X 的可能取值为:1,2,3.

$$P\{X=1\}=\dfrac{C_3^1 C_3^3}{C_6^4}=\dfrac{1}{5}, \; P\{X=2\}=\dfrac{C_3^2 C_3^2}{C_6^4}=\dfrac{3}{5}, \; P\{X=3\}=\dfrac{C_3^3 C_3^1}{C_6^4}=\dfrac{1}{5}$$

故 X 的分布律如表8-3所示:

表8-3

X	1	2	3
P	$\dfrac{1}{5}$	$\dfrac{3}{5}$	$\dfrac{1}{5}$

任务3　认识几种常见离散型随机变量的概率分布

1. 两点分布

考虑一个试验,仅有两个可能结果,这样的试验称为伯努利试验.

如果随机变量 X 的分布律如表8-4所示:

表 8－4

X	0	1
P	p	q

其中，$p+q=1$ 且 $0<p<1$，则称 X 服从两点分布（或 0－1 分布），记为 $X \sim N(0, 1)$，它适用于一次试验只有两个结果的随机现象，如：今天天气要么晴要么雨，期末考试要么及格要么不及格，考公务员要么录取要么不录取，等等．

【实例 5】在 100 个产品中，有 96 个是正品，4 个是次品，现在任取一个，求取得正品 X 的分布律．

解　$P\{X=0\}=0.04$，$P\{X=1\}=0.96$，故 X 的分布律如表 8－5 所示：

表 8－5

X	0	1
P	0.04	0.96

2. 二项分布

将伯努利试验独立重复 n 次，每次试验成功的概率为 p，失败的概率为 $1-p$，如果以 X 表示 n 次试验中成功的次数，那么 X 的概率分布为

$$p_k=P\{X=k\}=C_n^k p^k q^{n-k}(k=0,1,2,\cdots,n)$$

其中，$0<p<1$ 且 $q=1-p$，则称 X 服从参数为 n,p 的二项分布，记为 $X \sim B(n, p)$，二项分布的分布律如表 8－6 所示：

表 8－6

X	0	1	2	...	k	...	n
P	q^n	$C_n^1 p q^{n-1}$	$C_n^2 p^2 q^{n-2}$	...	$C_n^k p^k q^{n-k}$	...	p^n

【注意】二项分布适用于 n 次独立试验概型，当 $n=1$ 时，即为两点分布（0－1 分布）．

【实例 6】设有 50 台计算机感染了某种计算机病毒，已知该病毒的发作率为 $\frac{2}{5}$，求该病毒发作计算机数的概率分布律．

解　把观察一台计算机病毒是否发作作为一次试验,发作率 $p=\dfrac{2}{5}$,不发作率 $q=$ $1-p=\dfrac{3}{5}$,50 台感染病毒的计算机是否发作可以近似看作相互独立,所以将其作为 50 次重复独立试验,设 50 台计算机中病毒发作数为 X,则 $X\sim B\left(50,\dfrac{2}{5}\right)$,$X$ 的分布律为

$$p_k=P\{X=k\}=C_{50}^k\left(\frac{2}{5}\right)^k\left(\frac{3}{5}\right)^{50-k}\ (k=0,1,2,\cdots,50)$$

3. 泊松分布

如果随机变量 X 的概率分布为

$$p_k=P\{X=k\}=\frac{\lambda^k}{k!}e^{-\lambda}\ (k=0,1,2,\cdots;\lambda>0)$$

其中,$\lambda>0$,则称 X 为**泊松随机变量**,或 X 服从参数为 λ 的**泊松分布**,记为 $X\sim P(\lambda)$.

实际问题中服从泊松分布的随机变量的例子很多,如工厂生产的一批陶瓷杯上有瑕疵的个数,每天到医院就诊的患者中发热病人的个数等都是服从泊松分布.

【注意】二项分布中的 n 较大,p 较小时 $(n\geq 20,p\leq 0.01$ 或 $n\geq 100,p\leq 0.1)$,效果更好,具体计算时比较复杂,可以用泊松分布进行近似代替

$$\lambda=np,C_n^k p^k(1-p)^{n-k}\approx\frac{\lambda^k}{k!}e^{-\lambda}\ (k=0,1,2,\cdots;\lambda>0)$$

【实例 7】某公司的客服电话每分钟接收到的服务请求次数 $X\sim P(3)$,求一分钟内请求次数不超过 2 次的概率.

解　根据题意,查泊松分布表得

$$P(X\leq 2)=\sum_{k=0}^{2}P(X=k)=\sum_{k=0}^{2}\frac{3^k}{k!}e^{-3}=\frac{3^0}{0!}e^{-3}+\frac{3^1}{1!}e^{-3}+\frac{3^2}{2!}e^{-3}\approx 0.423$$

【实例 8】某城市每天发生火灾的次数 $X\sim P(0.8)$,求该城市一天内发生 3 次或 3 次以上火灾的概率.

解　根据题意,查泊松分布表得

$$P\{X\geq 3\}=1-P\{X<3\}=1-P\{X=0\}-P\{X=1\}-P\{X=2\}$$
$$=1-\sum_{k=0}^{2}\frac{0.8^k}{k!}e^{-0.8}=1-\frac{0.8^0}{0!}e^{-0.8}+\frac{0.8^1}{1!}e^{-0.8}+\frac{0.8^2}{2!}e^{-0.8}\approx 0.0474$$

【学习效果评估 8-1】

1. 设有 10 张光盘,其中 1 张为盗版,任取 2 次,每次放回地取 1 张,以 X 表示盗版的个数,求 X 的分布律.

2. 一批产品中有 10% 是次品,现从该产品中抽取 5 件,且抽取是独立的,试求所取

到的产品中次品件数的分布律,并计算次品件数不少于 2 的概率.

项目 2　理解连续型随机变量及其概率密度函数

如前所述,离散型随机变量所有可能取值是有限个或可列个,然而非离散型随机变量中有一种类型的取值可以充满某个区间,这类随机变量称作连续型随机变量.

任务 1　理解分布密度的概念

【定义 1】对于随机变量 X,如果存在非负可积函数 $f(x)(-\infty < x < +\infty)$,使得对于任意实数 a,b 且 $a < b$,都有 $P\{a < X \leq b\} = \int_a^b f(x)dx$,则称 X 为连续型随机变量,$f(x)$ 称作 X 的概率密度函数,简称密度函数或概率密度.

从几何意义上看,连续型随机变量 X 的概率密度函数表示为一条曲线,它表示了随机变量 X 的分布规律,如图 8-1 所示.

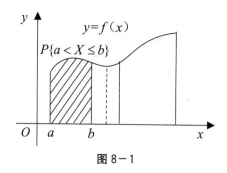

图 8-1

与离散型随机变量的分布律类似,连续型随机变量的分布密度也有如下性质:

(1)非负性:$f(x) \geq 0$.

(2)规范性:$\int_{-\infty}^{+\infty} f(x)dx = 1$.

可见,连续型随机变量 X 落在区间 $(a,b]$ 上的概率,可以通过计算密度函数 $f(x)$ 在区间 $(a,b]$ 上的定积分.

【注意】

(1)连续型随机变量 X 在区间内取任一值的概率为零,即 $P\{X=a\}=0$.

(2)连续型随机变量 X 在任一区间上的取值的概率与是否包含端点无关,即

$$P\{a \leq X \leq b\} = P\{a \leq X < b\} = P\{a < X \leq b\} = P\{a < X < b\} = \int_a^b f(x)dx.$$

(3)密度函数 $f(x)$ 在某一处取值,并不表示 X 在该点处的概率,而表示 X 在该点处

概率分布律的密集程度.

(4) $P\{X \leq C\} = \int_{-\infty}^{C} f(x)dx$，$P\{X > C\} = \int_{C}^{+\infty} f(x)dx = 1 - P\{X \leq C\}$.

【实例 1】设 X 为连续型随机变量，其分布密度为 $f(x) = \begin{cases} Ax^2, 0 < x < 1 \\ 0, 其他 \end{cases}$，求：

(1) 系数 A.

(2) $P\{\frac{1}{2} \leq X \leq 2\}$.

解

(1) 由于 $1 = \int_{-\infty}^{+\infty} f(x)dx = \int_{0}^{1} Ax^2 dx = \frac{A}{3}x^3 \Big|_{0}^{1} = \frac{A}{3} = 1$，所以系数 $A = 3$

(2) $P\{\frac{1}{2} \leq X \leq 2\} = \int_{\frac{1}{2}}^{2} f(x)dx = \int_{\frac{1}{2}}^{1} 3x^2 dx + \int_{1}^{2} 0 dx = x^3 \Big|_{\frac{1}{2}}^{1} = \frac{7}{8}$

任务 2　掌握几种常用连续型随机变量的分布

1. 均匀分布

若随机变量 X 的密度函数为

$$f(x) = \begin{cases} \dfrac{1}{b-a}, a \leq x \leq b \\ 0, 其他 \end{cases}$$

则称 X 在区间 $[a, b]$ 上服从均匀分布，记为 $X \sim U(a, b)$.

【注意】对任一区间 $[c, d] \subseteq [a, b]$，有 $P\{c < X \leq d\} = \int_{c}^{d} \dfrac{1}{b-a}dx = \dfrac{d-c}{b-a}$，这就

说明 X 落在 $[a, b]$ 中任一小区间的概率与区间的长度有关，而与小区间在 $[a, b]$ 内的位置无关，如在每隔一定时间有一辆公共汽车通过的汽车停车站，乘客候车的时间 X 就服从均匀分布.

【实例 2】某公共汽车从早上 6：30 起，每 15 分钟发一班车，即 6：30，6：45，7：00，7：15 等时刻到达站，如果乘客到达站的时间 X 是 7：00～7：30 之间的均匀随机变量，试求乘客候车时间少于 5 分钟的概率.

解　由于乘客到达车站的时间 X 是均匀随机变量，符合均匀分布，所以

以时间 7：00 为起点 0，以分钟为单位，依题意，$X \sim U(0, 30)$，$f(x) = \begin{cases} \dfrac{1}{30}, 0 < x < 30 \\ 0, 其他 \end{cases}$，

为了使候车时间 X 少于 5 分钟，乘客必须在 7：10～7：15 之间或者在 7：25～7：30 之间到达车站，所以所求的概率为

$$P\{10 < X < 15\} + P\{25 < X < 30\} = \int_{10}^{15} \frac{1}{30} dx + \int_{25}^{30} \frac{1}{30} dx = \frac{x}{30} \Big|_{10}^{15} + \frac{x}{30} \Big|_{25}^{30} = \frac{1}{3}$$

所以乘客候车时间少于 5 分钟的概率是 $\frac{1}{3}$.

2. 指数分布

若随机变量 X 的密度函数为

$$f(x) = \begin{cases} \lambda e^{-\lambda x}, & x \geq 0 \\ 0, & x < 0 \end{cases}$$

其中，$\lambda > 0$，则称 X 服从参数为 λ 的指数分布，记为 $X \sim E(\lambda)$.

【注意】随机变量 X 取值非负，且 X 较小时可能性越大，随着 X 的增大，可能性以指数的速度下降. 在实际生活中，如人的寿命、电子产品的使用寿命等都是服从指数分布.

【实例 3】某台冰箱的使用寿命 X（单位：星期）服从参数为 0.01 的指数分布，求该台冰箱能工作 100 个星期以上的概率.

解   由于该台冰箱的使用寿命 X 是指数随机变量，符合指数分布，所以

以工作 100 个星期为起点，以一个星期为单位，依题意，$X \sim E(100)$，$f(x) = \begin{cases} 0.01 e^{-0.01x}, & x \geq 0 \\ 0, & x < 0 \end{cases}$，即

$$P\{X > 100\} = \int_{100}^{+\infty} 0.01 e^{-0.01x} dx = \frac{1}{e}$$

3. 正态分布

若随机变量 X 的密度函数为

$$f(x) = \frac{1}{\sqrt{2\pi}\sigma} e^{-\frac{(x-\mu)^2}{2\sigma^2}} \quad (-\infty < x < +\infty)$$

其中，μ, σ^2 是常数，且 $\sigma > 0$ 则称 X 服从参数为 μ, σ 的正态分布，如图 $8-2$，记为 $X \sim N(\mu, \sigma^2)$，其分布函数为

$$F(x) = \frac{1}{\sqrt{2\pi}\sigma} \int_{-\infty}^{x} e^{-\frac{(t-\mu)^2}{2\sigma^2}} dt \quad (-\infty < x < +\infty)$$

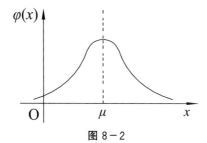

图 $8-2$

正态分布密度函数具有如下性质：

(1)曲线关于直线 $x = \mu$ 对称.

(2)当 $x = \mu$ 时，$f(x)$ 取得最大值 $\dfrac{1}{\sqrt{2\pi}\,\sigma}$，$X$ 离 μ 越远，$f(x)$ 的值越小.

(3) $f(x)$ 的渐近线为 $y = 0(x$ 轴$)$.

(4) $f(x)$ 有两个拐点 $(\mu \pm \sigma, \dfrac{1}{\sqrt{2\pi}\,\sigma}e^{-\frac{1}{2}})$.

(5) $\displaystyle\int_{-\infty}^{+\infty} \dfrac{1}{\sqrt{2\pi}\,\sigma}e^{-\frac{(x-\mu)^2}{2\sigma^2}}\,dt = 1$.

【注意】

(1)正态分布反映了随机变量服从"正常状态"分布的客观规律.在自然界和生活中有大量的随机变量服从或近似服从正态分布，如人的身高、体重，某个班级某科目考试成绩，工厂生产零件的长度，等等，他们都是具有"中间大，两头小"的特点，因此，正态分布在误差理论、产品检查、自动控制等领域都有着广泛的应用.

(2)正态分布可分成标准正态分布和一般正态分布.这里不作详细讲解.

【学习效果评估 8－2】

1. 设随机变量 X 的分布密度为 $f(x) = \begin{cases} sinx, 0 < x < a \\ 0, 其他 \end{cases}$，试求常数 a，并求

$P\{X > \dfrac{\pi}{6}\}$.

2. 公共汽车站每隔 5 分钟有一辆汽车通过，乘客到达汽车站的任一时刻是等可能的，求乘客候车时间不超过 3 分钟的概率.

项目 3　掌握离散型和连续型随机变量的分布函数的性质

前面我们初步了解了离散型和连续型随机变量的概率分布，本项目我们继续学习随机变量的分布函数.

任务 1　掌握随机变量的分布函数概念

设 X 为随机变量，x 为任意实数，则称
$$F(x) = P\{X \le x\}, x \in (-\infty, +\infty)$$

为随机变量 X 的概率分布函数,简称分布函数.

如果将 X 看作随机点的坐标,则分布函数 $F(x)$ 的值表示点 X 落在 $(-\infty, x]$ 内的概率,且有:

(1) $P\{a < X \leq b\} = P\{X \leq b\} - P\{X \leq a\} = F(b) - F(a)$.

(2) $P\{X > a\} = 1 - P\{X \leq a\} = 1 - F(a)$.

分布函数具有如下性质:

(1)对一切 $x \in (-\infty, +\infty)$,有 $0 \leq F(x) \leq 1$.

(2) $F(x)$ 是 x 的不减函数,即当 $x_1 < x_2$ 时,$F(x_1) \leq F(x_2)$.

(3) $\lim\limits_{x \to -\infty} F(x) = 0$,$\lim\limits_{x \to +\infty} F(x) = 1$.

(4) $F(x)$ 右连续,即 $\lim\limits_{x \to x_0^+} F(x) = F(x_0)$. 若 X 为连续性随机变量,则 $F(x)$ 处处连续.

【注意】分布律是表示随机变量分布的规律,而分布函数是表示随机变量取值的概率,二者之间有直接的联系,但概念完全不同.

【实例1】设随机变量 X 的分布函数为 $F(x) = a - b\arctan x$,$-\infty < x < +\infty$,求

(1)系数 a, b.

(2) $P\{-\sqrt{3} < X \leq 1\}$.

解

(1)因为 $F(-\infty) = a - b(-\dfrac{\pi}{2}) = 0$,$F(+\infty) = a - b(\dfrac{\pi}{2}) = 1$,所以 $a = \dfrac{1}{2}$,$b = -\dfrac{1}{\pi}$.

(2) $P\{-\sqrt{3} < X \leq 1\} = F(1) - F(-\sqrt{3}) = \dfrac{1}{2} + \dfrac{1}{\pi} \cdot \dfrac{\pi}{4} - \left[\dfrac{1}{2} + \dfrac{1}{\pi} \cdot (-\dfrac{\pi}{3})\right] = \dfrac{7}{12}$

任务2　掌握离散型随机变量的分布函数

已知随机变量 X 的分布律为 $P\{X = x_i\} = P_i$,$i = 1, 2, 3, \cdots$,则

$$F(x) = P\{X \leq x\} = \sum_{x_i \leq x} P(X = x_i) = \sum_{x_i \leq x} P_i$$

【实例2】设 X 服从两点分布,其分布律如表 8-7 所示,求:

(1)两点分布的分布函数;

(2) $P\{X > 1\}$.

表 8-7

X	0	1
P	0.25	0.75

解

(1)因为 X 所取的值 0 与 1 将 $(-\infty,+\infty)$ 分成三个部分:

当 $x<0$ 时, $F(x)=P\{X\leqslant x\}=0$;

当 $0\leqslant x<1$ 时, $F(x)=P\{X\leqslant x\}=P\{X=0\}=0.25$;

当 $x\geqslant 1$ 时, $F(x)=P\{X\leqslant x\}=1$.

所以分布函数为 $F(x)=\begin{cases}0, & x<0 \\ 0.25, & 0\leqslant x<1. \\ 1, & x\geqslant 1\end{cases}$

(2) $P\{X>0\}=1-P\{X\leqslant 0\}=1-0.25=0.75$

【实例 3】设随机变量 X 的分布函数为 $F(x)=\begin{cases}0, & x<0 \\ 0.3, & 0\leqslant x<1, \\ 1, & x\geqslant 1\end{cases}$ 求:

(1)随机变量 X 的分布律.

(2) $P\{-1<x\leqslant 1\}$.

解

(1)因为 $F(x)$ 是分段函数,分界点为 $x=0$ 和 $x=1$,即 x 的取值为 0 和 1,又由分布函数可知:

当 $x=0$ 时, $P\{X=x\}=F(0)=0.3$;

当 $x=1$ 时, $P\{X=x\}=F(1)-F(0)=1-0.3=0.7$.

所以,随机变量 X 的分布律如表 8-8 所示:

表 8-8

X	0	1
P	0.3	0.7

(2) $P\{-1<x\leqslant 1\}=F(1)-F(-1)=1-0=1$

或 $P\{-1<x\leqslant 1\}=P\{X=0\}+P\{X=1\}=F(0)+F(1)=0.3+0.7=1$

任务 3　掌握连续型随机变量的分布函数

已知随机变量 X 的密度函数为 $f(x)$,则有 $F(x)=P\{X\leqslant x\}=\int_{-\infty}^{x}f(x)dx$.

连续型随机变量 X 的分布函数 $F(x)$ 表示"曲边梯形"的面积,同时也表示变量 X 取值 $-\infty<X\leqslant x$ 的概率.

由分布密度的定义,可得

$$P\{a < X \le b\} = P\{X \le b\} - P\{X \le a\} = \int_{-\infty}^{b} f(x)dx - \int_{-\infty}^{a} f(x)dx = \int_{a}^{b} f(x)dx$$

若 $f(x)$ 给定,由微积分知识知道 $F(x)$ 是连续的,且在 $f(x)$ 的连续点处,概率密度 $f(x)$ 等于它的分布函数的导数,即 $F'(x) = f(x)$.

【实例 4】若 $X \sim U(1, 2)$,求 X 的分布函数.

解　由题意可求得 X 的概率密度函数为: $f(x) = \begin{cases} \dfrac{1}{2-1}, & 1 \le X < 2 \\ 0, & \text{其他} \end{cases}$

(1)当 $x < 1$ 时,$F(x) = \int_{-\infty}^{x} f(t)dt = \int_{-\infty}^{x} 0dt = 0$.

(2)当 $1 \le x < 2$ 时,$F(x) = \int_{-\infty}^{x} f(t)dt = \int_{-\infty}^{1} f(t)dt + \int_{1}^{x} f(t)dt = \int_{-\infty}^{1} 0dt + \int_{1}^{x} dt = x - 1$.

(3)当 $x \ge 2$ 时,$F(x) = \int_{-\infty}^{x} f(t)dt = \int_{-\infty}^{1} f(t)dt + \int_{1}^{2} f(t)dt + \int_{2}^{x} f(t)dt$.

$= \int_{-\infty}^{1} 0dt + \int_{1}^{2} dt + \int_{2}^{x} 0dt = 1$.

所以 X 的分布函数为 $F(x) = \begin{cases} 0, & x < 1 \\ x - 1, & 1 \le x < 2 \\ 1, & x \ge 2 \end{cases}$

【实例 5】设随机变量 X 的分布函数为 $F(x) = \begin{cases} 0, & x < 0 \\ ax^3, & 0 \le x < 1 \\ 1, & x \ge 1 \end{cases}$,求:

(1)常数 a.

(2)概率密度函数 $f(x)$.

(3)$P\{-1 < x \le \dfrac{1}{2}\}$.

解

(1)因为 $F(x)$ 是连续函数,所以 $F(1) = \lim_{x \to x^-} F(x) = a \times 1^3 = a = 1$.

(2)当 $x < 0$ 时,$f(x) = F'(x) = 0$.

当 $0 \le x < 1$ 时,$f(x) = F'(x) = 3x^2$.

当 $x \ge 1$ 时,$f(x) = F'(x) = 0$.

所以,随机变量 X 的分布函数为 $f(x) = \begin{cases} 3x^2, & 0 \le x < 1 \\ 0, & \text{其他} \end{cases}$.

(3)$P\{-1 < x \le \dfrac{1}{2}\} = F(\dfrac{1}{2}) - F(-1) = \dfrac{1}{8} - 0 = \dfrac{1}{8}$

或 $P\{-1 < x \le \dfrac{1}{2}\} = \int_{0}^{\frac{1}{2}} 3x^2 = \dfrac{1}{8}$

【学习效果评估 8－3】

1. 已知随机变量 X 的分布律如表 8－9 所示：

表 8－9

X	-1	2	3
P	c	0.3	0.5

求：(1)常数 c；(2) X 的分布函数；(3) $P\{x > \dfrac{1}{2}\}$.

2. 设随机变量 X 的分布函数为 $F(x) = \begin{cases} 0, & x < 1 \\ \ln x, & 1 \leq x < e \\ 1, & x \geq e \end{cases}$，求：

(1)概率密度函数 $f(x)$；(2) X 落在区间 $(-0.5, \dfrac{e}{2})$ 内的概率.

项目 4　理解数学期望和方差的概念及其性质

在实际问题中，概率分布函数一般是较难确定的，人们有时也未必能全面了解随机变量的一切概率性质，有时并不需要知道规律的全貌，而是只要知道它的某些数字特征就够了. 因此，在对随机变量的研究中，这些能反映随机变量某种特征的数字在概率论称随机变量的数字特征，最常用的是随机变量的数学期望和方差. 数学期望是为了准确地预期某件事未来可能的发展；而方差是为了分析一组数据中的差异情况，方差越小越"整齐".

任务 1　理解数学期望的概念及其性质

1. 离散型随机变量的数学期望

一般地，设离散型随机变量 X 的分布律如表 8－8 所示，其数学期望用公式表示为

$$E(X) = x_1 p_1 + x_2 p_2 + \cdots + x_k p_k = \sum_{k=1}^{\infty} x_k p_k$$

其中，数学期望记作 $E(X)$.

【实例 1】根据统计，甲、乙两人在一天生产中出现废品的概率分布如表 8－10 所示，比较谁的技术更好？

表 8－10

工人	甲				乙			
废品	0	1	2	3	0	1	2	3
概率	0.4	0.3	0.2	0.1	0.3	0.4	0.1	0.2

解 只从表格的数值来看,很难作出判断,所以我们考虑用计算随机变量的数学期望的方法进行分析:

甲工人:$E(X)=0×0.4+1×0.3+2×0.2+3×0.1=1$

乙工人:$E(X)=0×0.3+1×0.4+2×0.1+3×0.2=1.2$

可见

$$E(X)_甲 < E(X)_乙$$

由此可以判断甲工人的技术比乙工人好.

2. 连续型随机变量的数学期望

如果连续型随机变量 X 的密度函数为 $f(x)$,若 $\int_{-\infty}^{+\infty} xf(x)dx$ 绝对收敛,则称该积分值为 X 的数学期望或均值,记为 $E(X)$,即

$$E(X)=\int_{-\infty}^{+\infty} xf(x)dx$$

【实例 2】 设连续型随机变量 X 服从均匀分布,求 $E(X)$.

解 X 的分布密度为:$f(x)=\begin{cases} \dfrac{1}{b-a}, & a \le x \le b \\ 0, & 其他 \end{cases}$,所以

$$E(X)=\int_{-\infty}^{+\infty} xf(x)dx=\int_a^b x × \frac{1}{b-a}dx=\frac{1}{b-a} × \frac{x^2}{2}\Big|_a^b$$

$$=\frac{1}{b-a} × \frac{(b+a)(b-a)}{2}=\frac{a+b}{2}$$

3. 数学期望的性质

(1)若 C 为常数,则 $E(C)=C$.

(2)若 a,b 为常数,则 $E(aX+b)=aE(X)+b$.

(3)设 X,Y 为两个随机变量,则 $E(X+Y)=E(X)+E(Y)$.

(4)设 X,Y 为两个相互独立的随机变量,则 $E(XY)=E(X)×E(Y)$.

【注意】 性质(4)可以推广到任意有限个相互独立的随机变量之积的情况.

任务 2　理解方差的概念及其性质

在解决实际问题中,只知道随机变量的数学期望是远远不够的,还要考虑到随机变量取值的分散程度,即波动状况.

1. 方差的概念

【实例 3】根据统计,丙、丁两人在一天生产中出现废品的概率分布如表 8−11 所示,比较谁的技术更好?

表 8−11

工人	丙				丁			
废品	0	1	2	3	0	1	2	3
概率	0.4	0.3	0.2	0.1	0.5	0.2	0.1	0.2

解　只从表格的数值来看,很难作出判断,所以我们考虑用计算随机变量的数学期望的方法进行分析:

丙工人:$E(X) = 0 \times 0.4 + 1 \times 0.3 + 2 \times 0.2 + 3 \times 0.1 = 1$

丁工人:$E(X) = 0 \times 0.5 + 1 \times 0.2 + 2 \times 0.1 + 3 \times 0.2 = 1$

可见

$$E(X)_丙 = E(X)_丁$$

丙、丁两人平均生产的废品率都是 1,但是工人丙生产的废品与平均生产的废品偏差较小,质量比较稳定,而工人丁生产的废品与平均生产的废品偏差较大,质量不够稳定,所以,在实际问题中,除了要了解随机变量的数学期望外,还要知道随机变量取值与其数学期望的偏差程度,常用 $[X - E(X)]^2$ 的期望来衡量其分散程度.

一般地,设 X 为随机变量,如果 $E[X - E(X)]^2$ 存在,则称它为 X 的方差,记为 $D(X)$,即

$$D(X) = E[X - E(X)]^2$$

方差是特殊的期望,方差的算术平方根 $\sqrt{D(X)}$ 称为随机变量 X 的均方差,或标准差,记为 $\sigma(X)$,即

$$\sigma(X) = \sqrt{D(X)}$$

对于离散型随机变量 X,若 X 的分布律 $P\{X = x_i\} = p_i, n = 1, 2, \cdots$,则

$$D(X) = \sum_i [x_i - E(X)]^2 p_i$$

对于连续型随机变量 X,若 X 的概率密度为 $f(x)$,则

$$D(X) = \int_{-\infty}^{+\infty} [x - E(X)]^2 f(x) dx$$

不管是离散型随机变量还是连续型随机变量,方差也可以使用下列公式

$$D(X) = E(X^2) - [E(X)]^2$$

证明:$D(X) = E[X - E(X)]^2 = E\{X^2 - 2XE(X) + [E(X)^2\}$

$$= E(X)^2 - 2E(X)E(X) + [E(X)]^2 = E(X^2) - [E(X)]^2.$$

【实例 4】计算本任务实例 3 中工人丙、丁的方差,如表 8-11 所示,比较谁的技术更稳定.

解 用计算随机变量的方差的方法进行分析,可得

$$D(X)_丙 = (0-1)^2 \times 0.4 + (1-1)^2 \times 0.3 + (2-1)^2 \times 0.2 + (3-1)^2 \times 0.1 = 1$$

$$D(X)_丁 = (0-1)^2 \times 0.5 + (1-1)^2 \times 0.2 + (2-1)^2 \times 0.1 + (3-1)^2 \times 0.2 = 1.4$$

可见

$$D(X)_丙 < D(X)_丁$$

所以丙工人比丁工人的技术更稳定.

2. 方差的性质

(1)若 C 为常数,则 $D(C) = 0$.

(2)若 k 为常数,则 $D(kX) = k^2 D(X)$.

(3)设 a, b 为常数,则 $D(aX + b) = a^2 D(X)$.

(4)设 X, Y 为两个相互独立的随机变量,则 $D(X + Y) = D(X) + D(Y)$.

数学期望和方差在概率统计中经常要用到,故总结下表 8-12 便于记忆和使用.

表 8-12 常用分布的数学期望和方差

分布名称	概率与分布	代号	数学期望 $E(X)$	方差 $D(X)$
两点分布	$P\{X=1\} = p, P\{X=0\} = q$ $(p+q=1 \text{ 且 } 0 < p < 1)$	$X \sim N(0,1)$	p	pq
二项分布	$P\{X=k\} = C_n^k p^k q^{n-k} (k = 0,1,2,\cdots,n)$ $(0 < p < 1 \text{ 且 } p+q = 1)$	$X \sim B(n,p)$	np	npq
泊松分布	$P\{X=k\} = \dfrac{\lambda^k}{k!} e^{-\lambda} (k = 0,1,2,\cdots,n; \lambda > 0)$	$X \sim P(\lambda)$	λ	λ
均匀分布	$f(x) = \begin{cases} \dfrac{1}{b-a}, & a \leq x \leq b \\ 0, & 其他 \end{cases}$	$X \sim U(a,b)$	$\dfrac{a+b}{2}$	$\dfrac{(b-a)^2}{12}$

续表

分布名称	概率与分布	代号	数学期望 $E(X)$	方差 $D(X)$
指数分布	$f(x) = \begin{cases} \lambda e^{-\lambda x}, x > 0 \\ 0, x \le 0 \end{cases} (\lambda > 0)$	$X \sim E(\lambda)$	$\dfrac{1}{\lambda}$	$\dfrac{1}{\lambda^2}$
正态分布	$f(x) = \dfrac{1}{\sqrt{2\pi}\sigma} e^{-\frac{(x-\mu)^2}{2\sigma^2}}$ $(-\infty < x < +\infty)$ $(\mu, \sigma^2$ 是常数且 $\sigma > 0)$	$X \sim N(\mu, \sigma^2)$	μ	σ^2

【学习效果评估 8—4】

1. 甲乙两人进行象棋比赛,所得分数分别记为 X_1,X_2,他们的分布律分布如表 8—13 所示,试比较他们成绩的好坏.

表 8—13

X_1	0	1	2	X_2	0	1	2
P	0.6	0.3	0.1	P	0	0.2	0.8

2. 随机变量 X 的分布密度为 $f(x) = \begin{cases} kx^a, 0 < x < 1 \\ 0, 其他 \end{cases}$,且 $E(x) = 0.75$,试确定系数 a 和 k.

单元训练 8

1. 选择题

(1) $F(x)$ 是离散型随机变量 X 的分布函数,则 $F(x)$ 一定是(　　).

A. 奇函数　　　　　　　　　　B. 偶函数

C. 周期函数　　　　　　　　　D. 有界函数

(2) $f(x)$ 是连续型随机变量 X 的分布密度,则 $f(x)$ 一定是(　　).

A. 连续函数　　　　　　　　　B. 可导函数

C. 可积函数　　　　　　　　　D. $0 \le f(x) \le 1$

(3) 若随机变量 X 的数学期望存在,且 $E(X) = 2$,$E(3X + 2) = ($　　$)$.

A. 6　　　　　　　　　　　　　B. 8

C. 11　　　　　　　　　　　　D. 18

(4)若随机变量 X 的方差存在,且 $D(X)=3$,$D(2X+1)=($).

A. 6   B. 7

C. 12   D. 13

(5)设连续型随机变量 X 的概率密度为 $f(x)=\dfrac{1}{\sqrt{\pi}}e^{-x^2+2x-1}$ $(-\infty<x<+\infty)$,则有

( ).

A. $E(X)=1,D(X)=\dfrac{1}{4}$ B. $E(X)=1,D(X)=\dfrac{1}{2}$

C. $E(X)=-1,D(X)=\dfrac{1}{4}$ D. $E(X)=-1,D(X)=\dfrac{1}{2}$

2. 填空题

(1) 若随机变量 X 的分布律 $P\{X=k\}=\dfrac{k}{6}(k=1,2,3)$,即 $P\{X>2\}=$ _____.

(2) 设 $X\sim N(2,16)$ 服从正态分布,则 $\mu=$ _____,$\sigma=$ _____.

(3) 设 X 服从参数 λ 的泊松分布,且 $P\{X=1\}=P\{X=3\}$,则 $\lambda=$ _____.

3. 已知随机变量 X 的分布律如表8—14所示:

表 8—14

X	0	1	2
P	c	$\dfrac{5}{12}$	$\dfrac{1}{4}$

求:(1)常数 c;(2) X 的分布函数;(3) $P\{x<2\}$;(4) $E(X)$;(5) $D(X)$;
(6) $E(2X-3)$.

4. 设随机变量 X 的概率密度为 $f(x)=\begin{cases} a+bx, & 0\leqslant x\leqslant 1 \\ 0, & \text{其他} \end{cases}$,$E(X)=0.6$,求常数 a、b 的值.

第 4 篇　离散数学基础

单元 9

集合与关系

导 读

集合论是德国数学家康托在19世纪70年代提出的,后来集合论的思想渗透到数学的各个分支,在现代数学中,越来越广泛而深入地用到集合的概念,它已成为数学的逻辑基础.集合论是研究集合(由一堆抽象物件构成的整体)的数学理论,包含了集合、元素和成员关系等最基本的数学概念.在大多数现代数学的公式化中,集合论提供了要如何描述数学物件的语言,集合的思想也经常应用到计算机的各个领域,例如关系数据库的基本对象是表,表又是若干记录的集合,关系数据库中的关系操作是基于表的操作,其中一类关系操作就是传统的数学集合运算,包括并、交和差等运算.

我们这里学习集合主要是因为它与计算机科学及其应用的研究有着密切的关系.它不仅可以用来表示数及其运算,更可以用于非数值信息的表示和处理,如数据的增加、删除、修改、排序,以及数据间的关系的描述,有些难以用传统的数值计算来处理的问题都可以用集合运算来处理.因此,集合在程序语言、数据结构、编译原理、数据库和人工智能等领域中都得到了广泛的应用.

知识与能力目标

1. 理解集合的概念及运算.
2. 理解关系的概念及表示.
3. 掌握关系的运算及性质.
4. 理解等价关系的概念及划分.

项目 1　掌握集合的概念与运算

【引例】

一天,萨维尔村理发师挂出一块招牌"村里所有不自己理发的男人都由我给他们理发,我也只给这些人理发".于是有人问他:"您的头发由谁理呢?"理发师顿时哑口无言.

因为,如果他给自己理发,那么他就属于自己给自己理发的那类人.但是,招牌上说明他不给这类人理发,因此他不能给自己理发.如果由另外一个人给他理发,他就是不给自己理发的人,而招牌上明明说他要给所有不自己理发的男人理发,因此,他应该自己理发.由此可见,不管怎样的推论,理发师所说的话总是自相矛盾的.

这是一个著名的悖论,称为"罗素悖论",这是由英国哲学家罗素提出来的,他把关于集合论的一个著名悖论用故事通俗地表述出来.

集合就是相同性质的事物合在一起,例如上面故事所讲的"村里的所有不自己理发的男人",或者"班里的全部学生""今年所有的国家法定节目""天上的所有行星"等,都是一个集合.

任务 1 认识集合的表示

集合是指具有某种特定性质的具体的或抽象的对象汇总而成的集体.直观地说,把一些事物汇集到一起组成一个整体就叫作集合,而这些事物就叫作这个集合中的元素.

集合通常用大写英文字母来标记.例如自然数集合 N,整数集合 Z,有理数集合 Q,实数集合 R,复数集合 C 等.集合的元素用小写英文字母来表示.

表示一个集合的方法通常有两种:

(1)列举法,将集合中元素按一定规律列举出来,元素之间用逗号隔开,并把他们用大括号括起来.

【实例 1】英语字母中所有元音字母的集合 V.

解 $V = \{a, e, i, o, u\}$

【实例 2】小于 100 的正整数集合 B.

解 $B = \{1, 2, 3, \cdots, 99\}$

这种描述方法适用于元素个数有限或元素出现的规律性很强(元素可列)的集合.

(2)描述法,只需将集合中元素满足的条件描述出来,一般形式是 $\{x \mid x$ 满足的条件$\}$,这个条件可以是一句话或一个或多个表达式.

【实例 3】小于 10 的所有正偶数的集合 O.

解 $O = \{x \mid x$ 是小于 10 的正偶数$\}$

【实例 4】方程 $x^2 + 2x + 1 = 0$ 的实数解集 B.

解 $B = \{x \mid x^2 + 2x + 1 = 0$ 且 $x \in R\}$

许多集合可以用上述两种方法来表示,例如集合 O 也可以用列举法表示为 $O = \{2, 4, 6, 8, 10\}$,但是在无法给出集合所有元素时,就只能用描述法.

集合的元素是彼此不同,不会重复的,如果同一个元素在集合多次出现应该认为是一个元素,如

$$\{1, 1, 2, 2, 3\} = \{1, 2, 3\}$$

集合的元素是无序的,如

$$\{2,4,6\}=\{6,2,4\}$$

元素和集合之间的关系是隶属关系,即属于或不属于.设 A 是一个集合,如果 a 是 A 中的一个元素,则可以写成 $a\in A$,读作 a 属于 A;如果 a 不是 A 中的一个元素,则可以写成 $a\notin A$,读作 a 不属于 A.

【实例5】设 A 是集合 $A=\{a,b,c,d,e\}$ 则 $a\in A$,$d\in A$,$g\notin A$.

每个整数都是一个实数,即 Z 的每个元素都是 R 的元素时,称 Z 是 R 的子集.

【定义1】设 A 和 B 为集合,如果 B 中的每个元素都是 A 中的元素,则称 B 是 A 的子集,这时称 A 包含 B,也称 B 包含于 A,记作 $B\subseteq A$.

如果 B 不是 A 的子集,则 B 至少有一个元素不属于 A,记作 $B\nsubseteq A$.

【实例6】设 $X=\{0,2,4,6,8\}$,$Y=\{0,1,2,3,4,5,6,7,8,9,10\}$,$Z=\{1,2,3,4,5\}$,则 $X\subseteq Y$,但由于 $0\in X$ 而 $0\notin Z$,因此 $X\nsubseteq Z$.

【实例7】设 $A=\{a,b,c\}$ 和 $B=\{c,a,b\}$,显然 A 的每个元素都是 B 的元素,因此 $A\subseteq B$,同样注意到 $B\subseteq A$,因此集合 A 等于集合 B.

注意到在实例6中,X 的每个元素都是 Y 中的元素,但 Y 中的某些元素不是 X 中的元素,这样的集合 X 称为 Y 的真子集.

【定义2】设 A 和 B 为集合,如果 $B\subseteq A$ 且 $B\neq A$,则称 B 是 A 的真子集,记作 $B\subset A$.

【实例8】设 $A=\{a,b\}$ 和 $B=\{a,b,c\}$,由于 A 的每个元素都是 B 的元素,因此 $A\subseteq B$,现有 $c\in B$ 且 $c\notin A$,因此 $A\neq B$,即 $A\subset B$.

所有偶数的集合是所有整数的集合的一个真子集,以集合符号表示为 $\{2n\mid n\in Z\}\subset Z$.

因此有,$N\subset Z\subset Q\subset R\subset C$.

【定义3】设 A 和 B 为集合,如果 $A\subseteq B$,且 $B\subseteq A$,则称 A 和 B 相等,记作 $A=B$.

【定义4】集合 $A=\{x\mid x$ 是一个正整数且 $x^3=1\}$ 与 $B=\{1\}$ 相等.

【定义5】不含任何元素的集合叫作空集,记作 $\varnothing$.

【实例9】大于自身的平方的所有正整数的集合是空集.

结论:设 A 为任意集合,则有

$$\begin{cases}(1)\quad \varnothing\subseteq A\\(2)\quad A\subseteq A\end{cases}$$

【定义6】所讨论的所有对象的集合称为全集,记作 U 或 E.

全集具有相对性,不同的问题有不同的全集,即使是同一个问题也可以取不同的全集.例如,在研究平面上直线的相互关系时,可以把整个平面(平面上所有点的集合)取作全集,也可以把整个空间(空间中所有点的集合)取作全集.一般地,全集取得越小,问题的描述和处理会简单些.

【定义7】设 X 是一个集合,如果存在一个非负整数 n,使 X 有 n 个元素,则 X 称为

具有 n 个元素的有限集；如果 X 不是一个有限集合，则 X 称为无限集.

【实例 10】证明正整数集合是一个无限集.

假设 S 是一个有限集，具有 n 个不同的元素，其中 $n \geq 0$，则可以写成 $|S|=n$，称 S 的基数（或元素个数）为 n.

【实例 11】设 $A=\{a,b,c,d\}$，求 $|A|$.

解 $|A|=4$

设 $X=\{1,2\}$，$\varnothing$、$\{1\}$、$\{2\}$ 和 $\{1,2\}$ 这些集合是 X 的所有子集合，则可以得到这些子集的集合，它本身也是一个集合，称为幂集.

【定义 8】设 A 是集合，由 A 的所有子集为元素组成的集合称为 A 的幂集，记作 $P(A)$.

【实例 12】设 $A=\{a,b,c\}$，求 $P\{A\}$.

解 $P\{A\}=\{\varnothing,\{a\},\{b\},\{c\},\{a,b\},\{b,c\},\{a,c\},\{a,b,c\}\}$

注意到 $|A|=3$，$|P(A)|=8=2^3$.

若集合 A 是由 n 个元素构成的集合，则其幂集 $P(A)$ 有 2^n 个元素.

一组元素中元素的次序往往是很重要的. 由于集合的元素是无序的，必须用不同的结构来表示有序的一组元素.

【定义 9】由两个元素 x 和 y（允许 $x=y$）按一定的顺序排列成的二元组叫作一个有序对或序偶，记作 $\langle x,y \rangle$，其中 x 称为它的第一元素，y 称为它的第二元素.

有序对 $\langle x,y \rangle$ 具有以下性质：

(1)当 $x \neq y$ 时，$\langle x,y \rangle \neq \langle y,x \rangle$.

(2)$\langle x,y \rangle \neq \langle u,v \rangle$ 的充分必要条件是 $x=u$ 且 $y=v$.

【定义 10】设 A,B 为集合，用 A 中的元素作为第一元素，B 中的元素作为第二元素构成有序对，所有这样的有序对组成的集合叫作 A 和 B 的笛卡尔积，记作 $A \times B$.

$$A \times B = \{\langle x,y \rangle \mid x \in A \text{ 且 } y \in B\}$$

【实例 13】若 $A=\{1,2\}$，$B=\{a,b,c\}$，求 $A \times B$，$B \times A$，$A \times A$，$B \times B$.

解 $A \times B = \{\langle 1,a \rangle,\langle 1,b \rangle,\langle 1,c \rangle,\langle 2,a \rangle,\langle 2,b \rangle,\langle 2,c \rangle\}$

$B \times A = \{\langle a,1 \rangle,\langle b,1 \rangle,\langle c,1 \rangle,\langle a,2 \rangle,\langle b,2 \rangle,\langle c,2 \rangle\}$

$A \times A = \{\langle 1,1 \rangle,\langle 1,2 \rangle,\langle 2,1 \rangle,\langle 2,2 \rangle\}$

$B \times B = \{\langle a,a \rangle,\langle a,b \rangle,\langle a,c \rangle,\langle b,a \rangle,\langle b,b \rangle,\langle b,c \rangle,\langle c,a \rangle,\langle c,b \rangle,\langle c,c \rangle\}$

注意到如果 $A \neq B$，则 $A \times B \neq B \times A$.

【实例 14】设 $A=\{1,2\}$，求 $P(A) \times A$.

解 $P(A) \times A = \{\varnothing,\{1\},\{2\},\{1,2\}\} \times \{1,2\}$

$= \{\langle \varnothing,1 \rangle,\langle \varnothing,2 \rangle,\langle \{1\},1 \rangle,\langle \{1\},2 \rangle,\langle \{2\},1 \rangle,\langle \{2\},2 \rangle,$

$\langle \{1,2\},1 \rangle,\langle \{1,2\},2 \rangle\}$

任务 2　掌握集合的运算

两个集合可以以各种不同的方式结合在一起. 例如, 由学校主修计算机基础课和主修数学课的学生集合, 可以构成主修计算机基础课或主修数学课的学生集合, 既主修计算机基础课又主修数学课的学生集合, 等等.

【定义 11】设 A 和 B 是集合, A 和 B 的并集 $A \bigcup B$ 定义如下
$$A \bigcup B = \{x \mid x \in A \text{ 或 } x \in B\}$$

【实例 15】设集合 $A = \{1, 2, 3\}$, $B = \{1, 3, 5\}$, 求 $A \bigcup B$.

解　$A \bigcup B = \{1, 2, 3, 5\}$

【定义 12】设 A 和 B 是集合, A 和 B 的交集 $A \bigcap B$ 定义如下
$$A \bigcap B = \{x \mid x \in A \text{ 且 } x \in B\}$$

【实例 16】设集合 $A = \{1, 2, 3\}$, $B = \{1, 3, 5\}$, 求 $A \bigcap B$.

解　$A \bigcap B = \{1, 3\}$

两个集合的并集和交集可以推广到 n 个集合的并集和交集.

设 $A_i (1 \leq i \leq n)$ 是集合, 则
$$\bigcup_{i=1}^{n} A_i = A_1 \bigcup A_2 \bigcup \cdots \bigcup A_n = \{x \mid x \in A_1, \text{或 } x \in A_2, \cdots, \text{或 } x \in A_n\}$$
$$\bigcap_{i=1}^{n} A_i = A_1 \bigcap A_2 \bigcap \cdots \bigcap A_n = \{x \mid x \in A_1, \text{且 } x \in A_2, \cdots, \text{且 } x \in A_n\}$$

并集和交集还可以推广到无穷多个集合的情况
$$\bigcup_{i=1}^{\infty} A_i = A_1 \bigcup A_2 \bigcup \cdots$$
$$\bigcap_{i=1}^{\infty} A_i = A_1 \bigcap A_2 \bigcap \cdots$$

【定义 13】设 A 和 B 是集合 A 和 B 的差集 $A - B$ 定义如下
$$A - B = \{x \mid x \in A \text{ 且 } x \notin B\}$$

【实例 17】设集合 $A = \{1, 2, 3\}$, $B = \{1, 3, 5\}$, 求 $A - B$ 和 $B - A$.

解　$A - B = \{2\}$
$B - A = \{5\}$

注意到 $A - B \neq B - A$, 即差集是不可交换的.

【定义 14】设 A 和 B 是集合 A 和 B 的对称差集 $A \oplus B$ 定义如下
$$A \oplus B = (A - B) \bigcup (B - A)$$

集合的对称差集还有另外一种定义如下
$$A \oplus B = (A \bigcup B) - (A \bigcap B)$$

【实例 18】设集合 $A = \{1, 2, 3\}$, $B = \{1, 3, 5\}$, 求 $A \oplus B$.

解　$A \oplus B = \{2, 5\}$

一旦指定了全集 U, 就可以定义集合的补集.

【定义 15】设 U 是全集，$A \subseteq U$，则 A 的补集 $\bar{A}$ 定义如下

$$\bar{A} = U - A = \{x \mid x \in U \text{ 且 } x \notin A\}$$

【实例 19】设 A 为大于 10 的正整数集合（全集为正整数集合），求 $\bar{A}$.

解　$\bar{A} = \{1,2,3,4,5,6,7,8,9,10\}$

集合的运算满足以下运算规律. 设 A，B，C 是集合 U 的子集，则有下列恒等式：

(1)交换律：$A \cup B = B \cup A$，$A \cap B = B \cap A$

(2)结合律：$(A \cup B) \cup C = A \cup (B \cup C)$

　　　　　$(A \cap B) \cap C = A \cap (B \cap C)$

(3)分配律：$A \cup (B \cap C) = (A \cup B) \cap (A \cup C)$

　　　　　$A \cap (B \cup C) = (A \cap B) \cup (A \cap C)$

(4)幂等律：$A \cup A = A$，$A \cap A = A$

(5)同一律：$A \cup \varnothing = A$，$A \cap U = A$

(6)零一律：$A \cap \varnothing = \varnothing$，$A \cup U = U$

(7)互补律：$A \cup \bar{A} = U$，$A \cap \bar{A} = \varnothing$

(8)吸收律：$A \cup (A \cap B) = A$，$A \cap (A \cup B) = A$

(9)摩根律：$\overline{A \cup B} = \bar{A} \cap \bar{B}$，$\overline{A \cap B} = \bar{A} \cup \bar{B}$

(10)对合律：$\bar{\bar{A}} = A$

【实例 20】设 $A = \varnothing$，$B = \{\varnothing\}$，$C = \{1,2\}$ 求 A，B，C 的幂集.

解　$P(A) = \{\varnothing\}$，$P(B) = \{\varnothing, \{\varnothing\}\}$，$P(C) = \{\varnothing, \{1\}, \{2\}, \{1,2\}\}$

【实例 21】是否存在集合 A 和 B，使得 $A \in B$ 且 $A \subseteq B$？若存在，请举例.

解　设 $A = \{a\}$，$B = \{a, \{a\}, b, c\}$，则有 $A \in B$ 且 $A \subseteq B$.

再如 $\varnothing \in \{\varnothing\}$ 且 $\varnothing \subseteq \{\varnothing\}$.

【学习效果评估 9-1】

1.设 $A = \{1,2,3,4\}$，求 A 的幂集 $P(A)$.

2.若 $A = \{1,2,3\}$，$B = \{a,b\}$，求 $A \times B$，$B \times A$，$A \times A$，$B \times B$.

项目 2　认识关系的概念

【引例】

日常生活中存在各种各样的关系，例如学生与老师是学与教的关系，员工与工资是劳动付出与收入的关系，数学中有大于、小于和等于的关系，几何中有相似关系，集合有包含关系，等等. 近年来大力发展的人工智能与大数据分析，也是在海量数据中通过算法

去挖掘数据间的关系,根据这些关系再去制订方案,解决生活中的问题.

设学生集合为 A,成绩等级集合为 B,具体为

$$A = \{小明,小红,小花\}$$
$$B = \{不及格,及格,良好,优秀\}$$

如果,小明成绩及格,小红优秀,小花良好,则可以用有序对 $<a,b>$ 表示学生为 a,等级为 b,其中 $a \in A, b \in B$,这样就可以得到有序对

$$<小明,及格>,<小红,优秀>,<小花,良好>$$

的集合 R,即

$$R = \{<小明,及格>,<小红,优秀>,<小花,良好>\}$$

R 是集合 $A \times B$ 的子集,这时 R 就是集合 A 和 B 之间的一种关系,即学生和成绩等级的一种获得关系.

任务 1 理解关系

【定义 1】设 A 和 B 是集合,一个从 A 到 B 的二元关系或简称关系是 $A \times B$ 的子集.

设 R 是 A 到 B 的关系,即 $R \subseteq A \times B$. 记号 aRb 表示 $\langle a,b \rangle \in R$,$a\not{R}b$ 表示 $\langle a,b \rangle \notin R$. 当 $\langle a,b \rangle \in R$ 时,称 a 与 b 有关系 R.

【实例 1】假设 A 是所有城市的集合,B 是中国的各省的集合,设 $x \in A$ 和 $y \in B$,如下定义关系 R:如果城市 x 是在省 y,则 $\langle x,y \rangle$ 属于 R. 例如,〈大连,辽宁〉,〈济南,山东〉,〈成都,四川〉是在 R 中.

【实例 2】设 $A = \{0,1\}$,$B = \{a,b,c\}$,那么

$$R = \{\langle 0,a \rangle, \langle 0,b \rangle, \langle 1,a \rangle, \langle 1,c \rangle\}$$

是从 A 到 B 的关系.

要定义一个集合到另外一个集合的关系,只要求关系是笛卡尔积($A \times B$)的子集. 因此,集合 A 与 B 可以相等. 换句话说,可以考虑集合 A 到它自身的关系 R. 并且,集合 A 到它自身的关系是特别令人感兴趣的. 例如,要描述中国的一座城市与哪些城市直接相连,可以定义城市集合到它自身的关系.

【定义 2】如果 R 是从集合 A 到 A 的一个关系,则称 R 是 A 上的关系.

集合 A 上的关系是 $A \times A$ 的子集,即 $R \subseteq A \times A$.

【实例 3】设集合 $A = \{1,2,3,4\}$,A 上的关系 $R = \{\langle a,b \rangle \mid a \text{ 整除 } b\}$ 中有哪些有序对.

解　$\langle a,b \rangle$ 在 A 中,当且仅当 a 和 b 是不超过 4 的正整数且 a 整除 b,得到

$$R = \{\langle 1,1 \rangle, \langle 1,2 \rangle, \langle 1,3 \rangle, \langle 1,4 \rangle, \langle 2,2 \rangle, \langle 2,4 \rangle, \langle 3,3 \rangle, \langle 4,4 \rangle\}$$

对于任何集合 A,空集 $\varnothing$ 是 $A \times A$ 的子集,叫作 A 上的空关系. 下面定义 A 上的全域关系 E_A 和恒等关系 I_A.

【定义 3】对任意集合 A,定义

$$E_A = \{\langle x, y \rangle \mid x \in A \text{ 且 } y \in A\} = A \times A$$
$$I_A = \{\langle x, x \rangle \mid x \in A\}$$

【实例4】设 $A = \{1, 2\}$，则

$$E_A = \{\langle 1, 1 \rangle, \langle 1, 2 \rangle, \langle 2, 1 \rangle, \langle 2, 2 \rangle\}$$
$$I_A = \{\langle 1, 1 \rangle, \langle 2, 2 \rangle\}$$

任务 2   掌握关系的表示

有多种方式表示有限集之间的关系，下面将讨论三种表示关系的方式.

1. 集合表达式

列出关系的所有有序对，前面的例题中多是用集合列举法来表示关系的. 下面再看一个例子.

【实例5】设 $A = \{1, 2, 3, 4\}$，关系 R 是 A 上的关系，试用列举法表示 R.

$$R = \{\langle x, y \rangle \mid x \neq y\}$$

解 $R = \{\langle 1, 2 \rangle, \langle 1, 3 \rangle, \langle 1, 4 \rangle, \langle 2, 1 \rangle, \langle 2, 3 \rangle, \langle 2, 4 \rangle, \langle 3, 1 \rangle, \langle 3, 2 \rangle, \langle 3, 4 \rangle, \langle 4, 1 \rangle,$
$\langle 4, 2 \rangle, \langle 4, 3 \rangle\}$

2. 关系矩阵

可以用 $0-1$ 矩阵来表示集合间的关系. 假设 R 是从 $A = \{a_1, a_2, \cdots, a_m\}$ 到 $B = \{b_1, b_2, \cdots, b_n\}$ 的关系，（对于 A 上的关系 R，有 $B = A$），关系 R 可以用矩阵 $M_R = (m_{ij})_{m \times n}$ 表示，其中

$$m_{ij} = \begin{cases} 1 & \text{若} \langle a_i, b_j \rangle \in R \\ 0 & \text{若} \langle a_i, b_j \rangle \notin R \end{cases}$$

即当 a_i 和 b_j 有关系 R 时，矩阵的 (i, j) 元是 1，当 a_i 和 b_j 没有关系 R 时，矩阵的 (i, j) 元是 0.

通常，矩阵适用于计算机程序中关系的表示.

【实例6】设 $A = \{1, 2, 3\}$，$B = \{a, b\}$，从 A 到 B 的关系 $R = \{\langle 1, b \rangle, \langle 2, a \rangle, \langle 3, a \rangle,$
$\langle 3, b \rangle\}$，写出 R 的关系矩阵 M_R.

解   因为 $R = \{\langle 1, b \rangle, \langle 2, a \rangle, \langle 3, a \rangle, \langle 3, b \rangle\}$，$R$ 的关系矩阵为

$$M_R = \begin{bmatrix} 0 & 1 \\ 1 & 0 \\ 1 & 1 \end{bmatrix}$$

M_R 中的 1 说明有序对 $\langle 1, b \rangle, \langle 2, a \rangle, \langle 3, a \rangle, \langle 3, b \rangle$ 属于 R，0 说明没有其他有序对属于 R.

【实例7】设 $A = \{1, 2, 3, 4\}$，A 上的关系 $R = \{\langle 1, 1 \rangle, \langle 1, 2 \rangle, \langle 1, 4 \rangle, \langle 2, 3 \rangle, \langle 2, 4 \rangle,$

$\langle 3,4 \rangle , \langle 4,2 \rangle \}$，写出 R 的关系矩阵 M_R.

解　R 的关系矩阵为

$$M_R = \begin{pmatrix} 1 & 1 & 0 & 1 \\ 0 & 0 & 1 & 1 \\ 0 & 0 & 0 & 1 \\ 0 & 1 & 0 & 0 \end{pmatrix}$$

3. 关系图

有限集上的二元关系也可以用图形来表示，设集合 $A = \{x_1, x_2, \cdots, x_m\}$，$B = \{y_1, y_2, \cdots, y_n\}$，$R$ 是从 A 到 B 的一个二元关系，首先我们在平面上作出 m 个结点（小的空心点或实心点）分别标作 $x_1, x_2, \cdots, x_m$，另作 n 个结点分别标作 $y_1, y_2, \cdots, y_n$，如果 $\langle x_i, y_j \rangle \in R$，则从结点 x_i 到结点 y_j 画一条有向弧，其箭头指向 y_j；如果 $\langle x_i, y_j \rangle \notin R$，则结点 x_i 与结点 y_j 之间没有线段连结. 这种方法联结起来的图就称为 R 的关系图，记作 G_R.

【实例 8】分别画出实例 6 和实例 7 的关系图.

解　实例 6 的关系图如图 $9-1(a)$ 所示；实例 7 的关系图如图 $9-1(b)$ 所示.

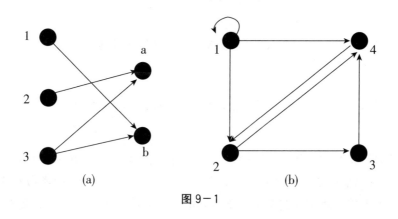

图 $9-1$

【实例 9】设 $A = \{1,2,3\}$，下列定义的关系 R_1, R_2 都是 A 上的关系，试用列举法表示 R_1, R_2.

$$R_1 = \{\langle x, y \rangle \mid (x-y)^2 \in A\}$$
$$R_2 = \{\langle x, y \rangle \mid x/y \text{ 是素数}\}$$

解　$R_1 = \{\langle 1,2 \rangle, \langle 1,3 \rangle, \langle 2,1 \rangle, \langle 2,3 \rangle, \langle 3,1 \rangle, \langle 3,2 \rangle\}$
$R_2 = \{\langle 2,1 \rangle, \langle 3,1 \rangle\}$

【实例 10】给出实例 9 所给出的关系 R_1, R_2 的关系矩阵 M_R 和关系图 G_R.

解　R_1, R_2 的关系矩阵分别为

$$M_{R_1} = \begin{pmatrix} 0 & 1 & 1 \\ 1 & 0 & 1 \\ 1 & 1 & 0 \end{pmatrix} \qquad M_{R_2} = \begin{pmatrix} 0 & 0 & 0 \\ 1 & 0 & 0 \\ 1 & 0 & 0 \end{pmatrix}$$

R_1，R_2 的关系图如图 9-2(a) 和(b)所示.

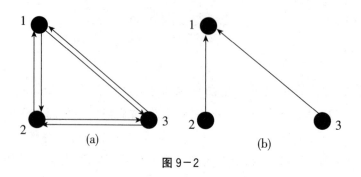

图 9-2

【学习效果评估 9-2】

1. 设 $A = \{1, 2, 3\}$，下列定义的关系 R_1，R_2 都是 A 上的关系，试用列举法表示 R_1，R_2.

$$R_1 = \{\langle x, y \rangle \mid x + 2y < 8\}$$
$$R_2 = \{\langle x, y \rangle \mid x * y \text{ 是偶数}\}$$

2. 给出题 1 所给出的关系 R_1，R_2 的关系矩阵 M_R 和关系图 G_R.

项目 3　掌握关系的运算及性质

关系是数学模型的一部分，它常常在数据结构内隐含地体现出来，数值应用、信息检索、程序结构和算法分析的计算理论方面等就是关系的应用领域. 而离散数学中的关系与日常生活中人们所理解的关系是有所不同的. 离散数学中的关系即是集合，因此可以用集合的方法处理关系比较便捷，于是就有了关系的并、交、差、逆及复合等运算；并且，集合中的关系分类的性质有很多，本节只介绍其中的五个性质.

任务 1　掌握关系的运算

【定义 1】设 R 是集合 A 上的一个二元关系，如果将 R 中的每个有序对的元素顺序互换，所得到的集合称为 R 的逆关系，简称 R 的逆，记作 R^{-1}，即

$$R^{-1} = \{\langle y, x \rangle \mid \langle x, y \rangle x \in R\}$$

【拓展】小于关系的逆关系是大于关系，大于关系的逆关系是小于关系，相等的逆关系仍是相等关系.

【实例1】设集合 $A = \{1,2,3,4\}$，A 上的关系

$R = \{\langle 1,1\rangle, \langle 1,4\rangle, \langle 2,4\rangle, \langle 3,1\rangle, \langle 3,2\rangle, \langle 4,3\rangle\}$，求 R^{-1}.

解　$R^{-1} = \{\langle 1,1\rangle, \langle 4,1\rangle, \langle 4,2\rangle, \langle 1,3\rangle, \langle 2,3\rangle, \langle 3,4\rangle\}$

【定义2】设 A、B、C 是集合，若 R 是集合 A 到 B 的二元关系，S 是集合 B 到 C 的二元关系，则关系 R 与关系 S 的复合 $R \circ S$，即

$R \circ S = \{\langle x,z\rangle \mid x \in A, z \in C, 存在 y \in B 使得 \langle x,y\rangle \in R, \langle y,z\rangle \in S\}$

【实例2】设集合 $A = \{1,2,3,4\}$，$B = \{a,b,c,d\}$，$C = \{x,y,z\}$，A 到 B 的关系 R 取为

$$R = \{\langle 1,a\rangle, \langle 2,b\rangle, \langle 2,d\rangle, \langle 3,b\rangle, \langle 4,a\rangle, \langle 4,c\rangle\}$$

B 到 C 的关系 S 取为

$$S = \{\langle a,y\rangle, \langle b,x\rangle, \langle b,z\rangle, \langle c,z\rangle, \langle d,x\rangle, \langle d,z\rangle\}$$

求 $R \circ S$.

解　根据复合关系的定义，求出所有的满足条件的序偶 $\langle x,z\rangle$

$\langle 1,y\rangle$、$\langle 2,x\rangle$、$\langle 2,z\rangle$、$\langle 3,x\rangle$、$\langle 3,z\rangle$、$\langle 4,y\rangle$、$\langle 4,z\rangle$

任务 2　掌握关系的性质

【定义3】如果对每个元素 $x \in A$ 均有 $\langle x,x\rangle x \in R$，那么称集合 A 上的关系 R 是**自反关系**；如果对每个元素 $x \in A$ 均有 $\langle x,x\rangle x \notin R$，那么称集合 A 上的关系 R 是**反自反关系**：

(1)若对于任意 $x(x \in A \rightarrow \langle x,x\rangle x \in R)$，则称 R 在 A 上是自反关系.

(2)若对于任意 $x(x \in A \rightarrow \langle x,x\rangle x \notin R)$，则称 R 在 A 上是反自反关系.

例如，A 上的全域关系 E_A 和恒等关系 I_A 是 A 上的自反关系，整数集合 Z 上的整除关系"$\mid$"，实数集合 R 上的小于等于关系"$\leqslant$"都是自反关系.

【实例3】设集合 $A = \{1,2,3,4\}$，R_1, R_2, R_3 是 A 上的关系，其中

$$R_1 = \{\langle 1,1\rangle, \langle 3,3\rangle\}$$
$$R_2 = \{\langle 1,1\rangle, \langle 2,2\rangle, \langle 3,3\rangle, \langle 4,4\rangle\}$$
$$R_3 = \{\langle 1,4\rangle\}$$

说明 R_1, R_2, R_3 是否 A 上的自反和反自反关系.

解　根据关系的自反和反自反关系的定义，可知：

R_2 是自反关系，R_3 是反自反关系，R_1 既不是自反也不是反自反关系.

【定义4】如果对 $x,y \in A$，只要 $\langle x,y\rangle x \in R$ 就有 $\langle y,x\rangle x \in R$，那么称集合 A 上的关系 R 是**对称关系**；如果对 $x,y \in A$，只要 $\langle x,y\rangle x \in R$ 就有 $\langle y,x\rangle x \in R$，且 $x = y$，那么称集合 A 上的关系 R 是**反对称关系**：

(1)若对于任意 $xy(x,y \in A \bigcap \langle x,y\rangle x \in R \rightarrow \langle x,x\rangle x \in R)$，则称 R 在 A 上是对称关系.

（2）若对于任意 $xy(x,y \in A \bigcap \langle x,y \rangle x \in R \bigcap \langle y,x \rangle x \in R \to x=y)$，则称 R 在 A 上是反对称关系.

例如，A 上的全域关系 E_A、恒等关系 I_A 和空关系 $\varnothing$ 都是 A 上的对称关系，恒等关系 I_A 和空关系 $\varnothing$ 也是 A 上的反对称关系.

【实例 4】设集合 $A=\{1,2,3\}$，R_1,R_2,R_3,R_4 是 A 上的关系，其中

$$R_1 = \{\langle 1,1 \rangle, \langle 4,4 \rangle\}$$
$$R_2 = \{\langle 1,1 \rangle, \langle 1,2 \rangle, \langle 2,1 \rangle\}$$
$$R_3 = \{\langle 1,2 \rangle, \langle 1,3 \rangle\}$$
$$R_4 = \{\langle 1,2 \rangle, \langle 2,1 \rangle, \langle 1,3 \rangle\}$$

说明 R_1,R_2,R_3,R_4 是否 A 上的对称和反对称关系.

解　根据关系的对称和反对称关系的定义，可知：

R_1 既是对称也是反对称关系，R_2 是对称但不是反对称关系，R_3 是反对称但不是对称关系，R_4 既不是对称也不是反对称关系.

【拓展】对称和反对称的概念不是对立的，即一个关系不是对称的并非就是反对称的，因为一个关系，可以同时有这两种性质或者两者两种性质都没有，也可以只有其中一种性质.

【定义 5】对 $x,y,z \in A$，如果 $\langle x,y \rangle x \in R$ 并且 $\langle y,z \rangle x \in R$ 就有 $\langle x,z \rangle x \in R$，那么称集合 A 上的关系 R 是**传递关系**，即若对于任意 $xyz(x,y,z \in A \bigcap \langle x,y \rangle x \in R \bigcap \langle y,z \rangle x \in R \to \langle x,z \rangle x \in R)$，则称 R 在 A 上是传递关系.

例如，A 上的全域关系 E_A、恒等关系 I_A 和空关系 $\varnothing$ 是 A 上的传递关系；整数集合 Z 上的整除关系"|"，实数集合 R 上的小于等于关系"$\leq$"都是传递关系.

【实例 5】设集合 $A=\{1,2,3\}$，R_1,R_2,R_3 是 A 上的关系，其中

$$R_1 = \{\langle 1,1 \rangle, \langle 3,3 \rangle\}$$
$$R_2 = \{\langle 1,2 \rangle, \langle 2,3 \rangle\}$$
$$R_3 = \{\langle 1,2 \rangle, \langle 2,3 \rangle, \langle 1,3 \rangle\}$$

说明 R_1,R_2,R_3 是否 A 上的传递关系.

解　根据关系的传递关系的定义，可知：

R_1,R_3 是传递关系，R_2 不是传递关系.

下面给出关系的这五种性质成立的充分必要条件：

【性质 1】设 R 在 A 上关系，则：

（1）R 在 A 上自反当且仅当 $I_A \subseteq R$.

（2）R 在 A 上反自反当且仅当 $R \bigcap I_A \subseteq \varnothing$.

（3）R 在 A 上对称当且仅当 $R=R^{-1}$.

（4）R 在 A 上反对称当且仅当 $R \bigcap R^{-1} \subseteq I_A$.

（5）R 在 A 上传递当且仅当 $R \circ R \subseteq R$.

证明略.

关系的性质不仅反映在它的集合表达式上,也明显反映在它的关系矩阵和关系图上,表 9－1 列出了五种性质在关系矩阵和关系图中的特点:

表 9－1

表示	性质				
	自反性	反自反性	对称性	反对称性	传递性
集合表达式	$I_A \subseteq R$	$R \cap I_A \subseteq \varnothing$	$R = R^{-1}$	$R \cap R^{-1} \subseteq I_A$	$R \circ R \subseteq R$
关系矩阵	主对角线元素全是 1	主对角线元素全是 0	矩阵是对称矩阵	若 $I_{ij} = 1$ 且 $i \neq j$,则 $I_{ji} = 0$	对 M^2 中 1 所在的位置,M 中相应的位置都是 1
关系图	每个顶点都有环	每个顶点都没有环	如果两个顶点之间有边,则一定是一对方向相反的边(无单边)	如果两个顶点之间有边,则一定是一条有向边(无双向边)	如果顶点 x_i 到 x_j 有边,x_j 到 x_k 有边,则从顶点 x_i 到 x_k 也有边

【实例 6】设集合 $A = \{1,2,3,4,5\}$,R,S 是 A 上的关系,其中

$$R = \{\langle 1,1 \rangle, \langle 1,2 \rangle, \langle 3,4 \rangle\}$$
$$S = \{\langle 1,3 \rangle, \langle 2,5 \rangle, \langle 3,1 \rangle, \langle 4,2 \rangle\}$$

计算 $R \circ S, S \circ R, R \circ R, S \circ S$.

解　根据关系的五种性质,可知

$$R \circ S = \{\langle 1,3 \rangle, \langle 1,5 \rangle, \langle 3,2 \rangle\}$$
$$S \circ R = \{\langle 1,4 \rangle, \langle 3,1 \rangle, \langle 3,2 \rangle\}$$
$$R \circ R = \{\langle 1,1 \rangle, \langle 1,2 \rangle\}$$
$$S \circ S = \{\langle 1,1 \rangle, \langle 3,3 \rangle, \langle 4,5 \rangle\}$$

【实例 7】设集合 $A = \{1,2,3\}$,R_1,R_2,R_3 是 A 上的关系,其中

$$R_1 = \{\langle 1,1 \rangle, \langle 1,2 \rangle, \langle 2,3 \rangle, \langle 1,3 \rangle\}$$
$$R_2 = \{\langle 1,2 \rangle, \langle 1,3 \rangle\}$$
$$R_3 = \{\langle 1,1 \rangle, \langle 2,3 \rangle, \langle 3,2 \rangle, \langle 1,3 \rangle, \langle 3,1 \rangle\}$$

判断关系 R_1,R_2,R_3 在 A 上的关系.

解　R_1 既不是自反也不是反自反关系,既不是对称也不是反对称关系,是传递关系;

R_2 不是自反,是反自反关系,既不是对称也不是反对称关系,不是传递关系;

R_3 既不是自反也不是反自反关系,是对称,不是反对称关系,不是传递关系.

【学习效果评估 9－3】

1. 设集合 $A = \{a,b,c,d\}$,R_1,R_2 是 A 上的关系,其中

$$R_1 = \{\langle a,a \rangle \langle b,c \rangle \langle c,d \rangle \langle a,d \rangle\}$$
$$R_2 = \{\langle a,b \rangle \langle a,c \rangle \langle b,d \rangle \langle c,d \rangle\}$$

计算 $R_1 \circ R_2$,$R_2 \circ R_1$,$R_1 \circ R_1$,$R_2 \circ R_2$.

2. 设集合 $A = \{a,b,c,d\}$,R_1,R_2,R_3,R_4 是 A 上的关系,其中

$$R_1 = \{\langle a,c \rangle,\langle a,d \rangle,\langle b,c \rangle,\langle b,d \rangle,\langle c,d \rangle\}$$
$$R_2 = \{\langle a,b \rangle,\langle b,c \rangle,\langle c,d \rangle\}$$
$$R_3 = \{\langle b,d \rangle,\langle d,b \rangle\}$$
$$R_4 = \{\langle a,a \rangle,\langle a,b \rangle,\langle b,a \rangle,\langle b,b \rangle,\langle c,c \rangle,\langle d,d \rangle\}$$

判断关系 R_1,R_2,R_3,R_4 在 A 上的关系(是否自反的、反自反的、对称的、反对称的和传递的).

项目 4　理解等价关系的概念及划分

在数学的日常生活中,常常会遇到对一些对象进行分类的问题. 例如,在人群中,可以用同性别关系将人群分类,即同性别的人作为一类. 这种分类使得每个人都必定属于某类,并且不同类之间没有公共元素. 因此,任意一个分类法总是在某一个观点下把一些元素看作是同样的,并且每一个元素在这种分类法下都必定属于而且仅仅属于某一类,具有这种功能的分类法,在离散数学上就叫作等价关系. 而等价关系在计算机中的应用,复合的数据结构,如数组、树等,都用来表示由元素间的关系联系着的数据的集合.

任务 1　理解等价关系的概念

【定义 1】设 A 是一个非空集合,R 是 A 上的一个关系. 如果 R 是自反的、对称的、传递的,则称 R 是一个等价关系.

等价关系是一类重要的二元关系.

【实例 1】设集合 $A = \{1,2,3,4\}$,R 是 A 上的关系,且

$$R = \{\langle 1,1 \rangle,\langle 2,2 \rangle,\langle 3,3 \rangle,\langle 4,4 \rangle,\langle 1,2 \rangle,\langle 2,1 \rangle,\langle 3,4 \rangle,\langle 4,3 \rangle\}$$

说明关系 R 是在 A 上的等价关系.

解　关系 R 是在 A 上的等价关系需要验证 R 是自反的、对称的和传递的.

有序对 $\langle 1,1 \rangle,\langle 2,2 \rangle,\langle 3,3 \rangle,\langle 4,4 \rangle$ 都是在 R 中,所以它是自反的;

有序对 $\langle 1,2\rangle,\langle 2,1\rangle,\langle 3,4\rangle,\langle 4,3\rangle$ 都是在 R 中,所以它是对称的;

有序对 $\langle 1,2\rangle,\langle 2,1\rangle,\langle 1,1\rangle,\langle 3,4\rangle,\langle 4,3\rangle,\langle 3,3\rangle$ 都是在 R 中,所以它是传递的;

所以,关系 R 是在 A 上是等价关系.

任务 2　理解等价类的概念

当 R 是 A 上的一个等价关系时,并不是说 A 中任意两个元素都有 R 关系,而是有些元素构成一个等价类组,有些元素构成另一个等价类组,即将 A 中各元素按 R 等价关系分成若干类,每一类就是 A 的一个子集,也就是等价类.

【定义 2】设 A 是一个非空集合,R 是 A 上的等价关系,对于任意 $x\in A$,称集合
$$[x]_R=\langle y\,|\,y\in A \text{ 且}\langle x,y\rangle x\in R\rangle$$

为 x 关于 R 的等价类,简称为 x 的等价类,简记作 $[x]$.

例如,上面提到的在同性别关系下,所有男性就是组成一个等价类.

任何给定集合 A 及其上的等价关系 R 可以写作 A 上各元素的等价类,如本项目实例 1 中的等价类是:
$$[1]=[2]=\{1,2\}$$
$$[3]=[4]=\{3,4\}$$

下面介绍等价类的性质:

【定理 1】R 是非空集合 A 上的等价关系,则:

(1)对于任意 $x\in A$,$[x]\neq\varnothing$.

(2)对于任意 $x,y\in A$,如果 xRy,则 $[x]=[y]$.

(3)对于任意 $x,y\in A$,如果 $x\bar{R}y$,则 $[x]\bigcap[y]=\varnothing$.

(4)$\bigcup_{x\in A}[x]=A$.

证

(1)由等价类的定义可知,对于任意 $x\in A$ 有 $[x]\subseteq A$,又由于等价关系的自反性有 $x\in[x]$,即 $[x]\neq\varnothing$.

(2)任取 z,则有 $z\in[x]\Rightarrow\langle x,z\rangle x\in R\Rightarrow\langle z,x\rangle x\in R$(因为 R 是对称的).

因此有
$$\langle z,x\rangle x\in R \text{ 且}\langle x,y\rangle x\in R\Rightarrow\langle z,y\rangle x\in R\text{(因为 }R\text{ 是传递的)}$$
$$\Rightarrow\langle y,z\rangle x\in R\text{(因为 }R\text{ 是对称的)}$$

所以证明了 $z\in[y]$,综合上述必有 $[x]\subseteq[y]$.

同理可证 $[y]\subseteq[x]$.

最后可得 $[x]=[y]$.

(3)假设 $[x]\bigcap[y]\neq\varnothing$,则存在 $z\in[x]\bigcap[y]$,从而有 $z\in[x]$ 且 $z\in[y]$,即 $\langle x,z\rangle x\in R$ 且 $\langle y,z\rangle x\in R$ 成立.根据 R 的对称性和传递性必有 $\langle x,y\rangle x\in R$,与 $x\bar{R}y$ 相矛盾,即假设错误,即

$$[x] \cap [y] = \varnothing$$

（4）先证 $\bigcup\limits_{x \in A} [x] \subseteq A$：

任取 y，有

$$y \in \bigcup\limits_{x \in A} [x] \Rightarrow 存在 x(x \in A 且 y \in [x]) \Rightarrow y \in A([x] \subseteq A)$$

从而有

$$\bigcup\limits_{x \in A} [x] \subseteq A$$

再证 $A \subseteq \bigcup\limits_{x \in A} [x]$：

任取 y，有

$$y \in A \Rightarrow y \in [y] 且 y \in A \Rightarrow y \in \bigcup\limits_{x \in A} [x]$$

从而有

$$A \subseteq \bigcup\limits_{x \in A} [x]$$

综合上述可得

$$\bigcup\limits_{x \in A} [x] = A$$

由非空集合 A 和 A 上的等价关系 R 可以构造一个新的集合——商集.

【定义3】R 是非空集合 A 上的等价关系，以 R 的所有等价类作为元素的集合称为 A 关于 R 的商集，记作 A/R，即

$$A/R = \{[x]_R \mid x \in A\}$$

【实例2】本项目实例1的商集为中设集合 $A = \{1,2,3,4\}$，R 是 A 上的关系

$$\{\{1,2\},\{3,4\}\}$$

与等价关系及商集有密切联系的一个概念是集合的划分，集合的划分就是集合元素之间的一种分类.在计算机科学中，对知识库分类就是集合的一种划分.因此，研究集合的划分显得非常重要.

任务3　理解等价划分

【定义4】设 A 是任意非空集合，若 A 的子集族 $\pi(\pi \subseteq P(A))$，其中 $P(A)$ 是 A 的幂集（子集构成的集合），且满足下面的所有条件：

（1）对于任意 $A_i \in \pi$，均有 $A_i \neq \varnothing$.

（2）对于任意 $A_i, A_j \in \pi$，$i \neq j$，有 $A_i \cap A_j = \varnothing$.

（3）$\bigcup\limits_{A_i \in \pi} A_i = A$.

则称 π 是集合 A 的一个划分，称 π 中的元素为 A 的划分块.

【实例3】设集合 $A = \{1,2,3,4\}$，给定下列 $\pi_1, \pi_2, \pi_3, \pi_4, \pi_5, \pi_6$，哪些是 A 的划分？

$$\pi_1 = \{\{1,2,3\},\{4\}\}$$
$$\pi_2 = \{\{1,2\},\{3\},\{4\}\}$$

$$\pi_3 = \{\{1\},\{1,2,3,4\}\}$$
$$\pi_4 = \{\{1,2\},\{4\}\}$$
$$\pi_5 = \{\varnothing,\{1,2\},\{3,4\}\}$$
$$\pi_6 = \{\{1,\{1\}\},\{2,3,4\}\}$$

解　π_1 和 π_2 是 A 的划分,其他都不是 A 的划分.因为 π_3 中的子集 $\{1\}$ 与 $\{1,2,3,4\}$ 有交集;π_4 中的子集 $\{1,2\} \bigcup \{4\} \neq A$;$\pi_5$ 中包含有 $\varnothing$;π_6 中的子集 $\{1,\{1\}\}$ 不是 A 的子集.

【实例 4】 设集合 $A = \{1,2,3\}$ 上所有的等价关系.

解　如图 9-3 所示,做出是 A 的所有划分:

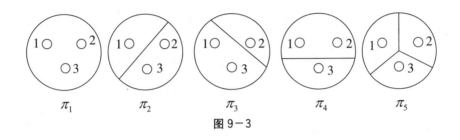

图 9-3

可见,这些划分与 A 上的等价关系之间的一一对应是

π_1 对应于全域关系 E_A

π_5 对应于恒等关系 I_A

π_2,π_3,π_4 分别对应于 R_2,R_3,R_4,其中

$$R_2 = \{\langle 2,3\rangle,\langle 3,2\rangle\} \bigcup I_A$$
$$R_3 = \{\langle 1,3\rangle,\langle 3,1\rangle\} \bigcup I_A$$
$$R_4 = \{\langle 1,2\rangle,\langle 2,1\rangle\} \bigcup I_A$$

【学习效果评估 9-4】

1. 设集合 $A = \{1,2,3,4\}$,A 上的等价关系
$$R = \{\langle 1,2\rangle,\langle 2,1\rangle,\langle 3,4\rangle,\langle 4,3\rangle\} \bigcup I_A$$

(1)求 A 中各元素的等价类.

(2)求商集 A/R.

2. 给定集合 $A = \{a,b,c,d,e\}$,找出 A 上的等价关系 R,此关系 R 能够产生划分 $\{a,b\}$,$\{c\}$,$\{d,e\}$.

单元训练 9

1. 列出从集合 $A = \{a, b\}$ 到 $B = \{1, 2\}$ 的所有二元关系.

2. 分析集合 $A = \{1, 2, 3\}$ 上的关系, 其中

$$B = \{\langle 1,1 \rangle, \langle 1,2 \rangle, \langle 1,3 \rangle, \langle 3,3 \rangle\}$$
$$C = \{\langle 1,1 \rangle, \langle 1,2 \rangle, \langle 2,1 \rangle, \langle 2,2 \rangle, \langle 3,3 \rangle\}$$
$$D = \{\langle 1,1 \rangle, \langle 1,2 \rangle, \langle 2,2 \rangle, \langle 2,3 \rangle\}$$

判断 A 上的关系 B、C、D 是否自反的, 对称的, 反对称的, 传递的.

3. 设 $A = \{1, 2, 3, 4\}$, R 是 $\{\langle 2,1 \rangle, \langle 3,1 \rangle, \langle 4,2 \rangle\}$ 上的关系, 其中 $R = \{\langle 2,1 \rangle, \langle 3,1 \rangle, \langle 4,2 \rangle\}$, 写出它们的关系矩阵 M_R 和画出它们的关系图 G_R.

4. 设 $A = \{a, b, c, d\}$, R_1, R_2 是 A 上的关系, 其中

$$R_1 = \{\langle a,a \rangle, \langle a,b \rangle, \langle b,d \rangle\}$$
$$R_2 = \{\langle a,d \rangle, \langle b,c \rangle, \langle b,d \rangle, \langle c,b \rangle\}$$

计算 $R_1 \circ R_2$, $R_2 \circ R_1$, $R_1 \circ R_1$, $R_2 \circ R_2$.

5. 列出由 $\{a, b, c, d\}$ 的划分产生的等价关系中的有序对.

(1) $\{a\}$, $\{b\}$, $\{c\}$, $\{d\}$.

(2) $\{a, b\}$, $\{c, d\}$.

単元 10

图 论

导 读

图论是计算机数学的一个重要分支,从 18 世纪哥尼斯堡七桥问题开始就一直是热门的研究方向,现代的交通规划、社交网络、推荐系统等现实生活中的问题,都是以图论为数学基础进行分析和研究的.本单元主要介绍图的概念、图的性质、简单图、完全图、子图、图的同构、欧拉图、树等重要概念和几个关于图的重要定理,以及图的关联矩阵、邻接矩阵等表示图的方法,讨论求带权无向连通图最小生成树和用根树解决实际问题的方法.

知识与能力目标

1. 理解图相关的概念.
2. 掌握图的连通性分析.
3. 掌握图的关联矩阵、邻接矩阵表示法.
4. 理解树的概念及树的应用.

项目 1 认识图的基本概念

【引例】

有四个城市 v_1, v_2, v_3, v_4,需要在这个城市之间铺设光纤,如何用图来表示不同城市间的光纤铺设情况?选择哪个城市作为光纤的核心交换机所在地?

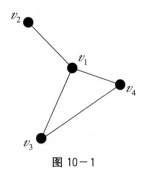

图 10—1

图 10—1 所示为四个城市的光纤连接图，由于 n_1 的度最大，选择 n_1 为核心交换机所在地比较合适，可以提高数据的传输效率，减少光纤铺设距离.

任务 1   理解图的定义

【定义 1】图 G 是由非空结点集合 $V=\{v_1,v_2,\cdots,v_n\}$ 以及边的集合 $E=\{e_1,e_2,\cdots,e_m\}$ 两部分组成，这样一个图 G 记为 $G=\langle V,E\rangle$. 若图 G 的所有边都是无方向的，则称 G 为无向图；若图 G 的所有边都是有方向的，则称 G 为有向图.

在平面上画一个图时，结点可以用点或者小圆圈表示，连接两个结点之间的边可以用一条线段或曲线表示，如果边是有方向的，可在该线段或曲线上加上箭头表示边的方向. 如图 10—2 所示，图 10—2(a)是无向图，图 10—2(b)是有向图.

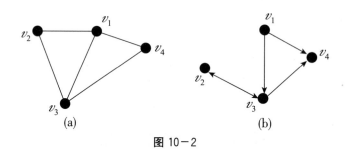

图 10—2

图 $G=\langle V,E\rangle$ 中集合 V 中的元素称为结点(或顶点).

图 G 中的每条边可用一个结点对表示，若边 e 是连接结点 u,v 的无向边，则边 e 可用结点 u,v 的无序对表示为 $e=(u,v)$ 或者 $e=(v,u)$，此时，u 和 v 称为 e 的端点，而称边 e 与结点 u 和 v 相关联，称结点 u 和 v 是邻接的；若边 e 是从结点 u 和 v 的有向边，则边 e 可用结点 u,v 的有序对表示为 $e=\langle u,v\rangle$，此时，u 称为 e 的起点，v 称为 e 的终点，也称边 e 与结点 u 和 v 相关联，也称 u 邻接到 v.

各点之间都有边相连的无向图是一种特殊图，叫作无向完全图. 对于 n 个结点的无向完全图,具有 $\frac{1}{2}n(n-1)$ 条边.

各点之间都有两条相向的边连接的有向图,称为有向完全图.对于 n 个结点的无向完全图,具有 $n(n-1)$ 条边.

若图中有一条边两端连接同一个结点,则称该边为环.

若图 G 的每一条边对应一个非负实数,这样的图叫作带权图.这个实数叫作图的权.如图 10-3 所示为一带权图,边上的权重一般代表两个结点的连接意义,可以是公路里程,关系程度、消耗时间等有实际意义的数值.

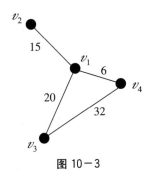

图 10-3

【定义 2】设 $G=\langle V,E\rangle$,$G_1=\langle V_1,E_1\rangle$ 是两个图(同为无向图或有向图).

(1)若 $V_1\subseteq V$,$E_1\subseteq E$,则称 G_1 是 G 的子图,记作 $G_1\subseteq G$.

(2)若 $E_1\subset E$,则称 G_1 是 G 的真子图,记作 $G_1\subset G$

(3)若 $V_1=V$,$E_1\subseteq E$,则称 G_1 是 G 的生成子图.

(4)若 G_1 中的边恰好是 G 中与 V_1 中所有结点相关联的所有边,则称 G_1 是 G 的导出子图.

在讨论图的性质时,研究图的局部结构也是很重要的,定义 2 就是子图的描述.

【实例 1】写出图 10-4 的(a)图和(b)图的结点集和边集合.

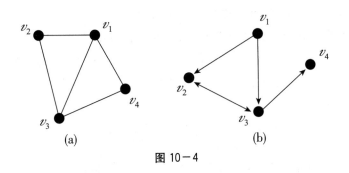

(a)   (b)

图 10-4

解　　(a)图为无向图,其结点集 $V_a=\{v_1,\quad v_2,\quad v_3,\quad v_4\}$,

边集 $E_a = \{(v_1, v_2), (v_1, v_3), (v_1, v_4), (v_2, v_3), (v_3, v_4)\}$;

(b)图为无向图,其结点集 $V_b = \{v_1, v_2, v_3, v_4\}$,

边集 $E_b = \{\langle v_1, v_2 \rangle, \langle v_1, v_3 \rangle, \langle v_2, v_3 \rangle, \langle v_3, v_2 \rangle, \langle v_3, v_4 \rangle\}$.

【实例2】根据图10-5(a)图,判断(b),(c),(d)图是否为子图?

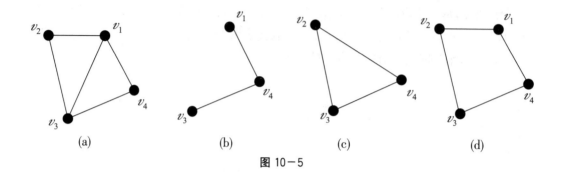

图 10-5

解　　(b)图为(a)图子图,因为(b)图的点集,边集都属于(a)图的点集,边集;

同理,(d)图也为(a)图子图.

(c)图不是(a)图子图,因为(c)图的边 (v_2, v_4) 不属于(a)图.

任务2　掌握结点的度

【定义3】在图 $G = \langle V, E \rangle$ 中,与结点 $v(v \in V)$ 关联的边的数目,称为结点 v 的度数 ,记作 $\deg(v)$. 在有向图中,以结点 v 为起点的边的条数称为 v 的出度;以 v 为终点的边的条数称为 v 的入度,结点的出度和入度之和就是该结点的度数.

对于给定的图,结点数和边数,有以下3个定理:

【定理1】(握手定理)设 $G = \langle V, E \rangle$ 是有 n 个结点, m 条边的无向图或有向图,则 G 的所有结点的度数之和等于 G 的边数的两倍,即

$$\sum_{v \in V} \deg(v) = 2m$$

证　　从边的角度考虑,每条边都有两个端点,故每条边在计算图的总度数时都记作2度,因此,所有结点的度数之和等于 G 的边数的两倍.

【定理2】对于任意一个图 $G = \langle V, E \rangle$,其度数为奇数的结点的个数是偶数.

证　　设 v_1 和 v_2 分别是图 G 中奇数度数和偶数度数的结点集,则由定理1可以得到

$$\sum_{v \in V_1} \deg(v) + \sum_{v \in V_2} \deg(v) = \sum_{v \in V} \deg(v) = 2m$$

由于 $\sum_{v \in V_2} \deg(v)$ 是偶数之和,必为偶数,而 $2m$ 是偶数,故得 $\sum_{v \in V_1} \deg(v)$ 是偶数,即 $|V_1|$ 是偶数.

【定理 3】在任何有向图中,所有结点的入度之和等于所有结点的出度之和.

证　因为每一条有向边必然对应一个出度和一个入度,若一个结点具有一个入度或出度,则必然关联一条有向边,所有,有向图中各结点入度之和等于边数,各结点出度之和也等于边数.因此,任何有向图中,入度之和等于出度之和.

【实例 3】计算图 10－4(a),(b)图各结点的度,以及(a),(b)图的度?

解　(a)图为无向图:v_1 度为 3,v_2 度为 2,v_3 度为 3,v_4 度为 2,(a)图的度为 10.

(b)图为有向图:v_1 入度为 0,出度为 2;v_2 入度为 2,出度为 0;v_3 入度为 2,出度为 1,v_4 入度为 1,出度为 0 ;(b)图的度为 7.

任务 3　理解图的同构

由于图的结点位置和连线长度都没有特别规定,同一个图的点集和边集可能画出不同的形状,因此就有图的同构的概念.例如,图 10－6 所示,结点 a 对应节点 1,结点 b 对应结点 3,结点 c 对应结点 5,结点 d 对应节点 2,结点 e 对应结点 4,两个图每个结点都是跟另外两个节点连接,实质上是一样的,称为图的同构.

【实例 4】计算图 10－6(a)、(b)图各结点的度,以及(a)、(b)图的度?

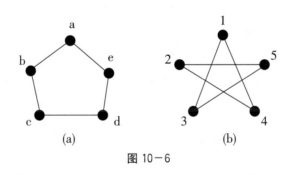

图 10－6

解　(a)图 a 结点、b 结点、c 结点、d 结点和 e 结点的度都为 2,整个图的度为 10;

(b)图 a 结点、b 结点、c 结点、d 结点和 e 结点的度都为 2,整个图的度为 10.

【定义 4】设 $G=\langle V,E\rangle$（$V=\{\nu_1,\nu_2,\cdots,\nu_n\}$,$E=\{e_1,e_2,\cdots,e_n\}$）和 $G'=\langle V',E'\rangle$（$V'=\{\nu_1',\nu_2',\cdots,\nu_n'\}$,$E'=\{e_1',e_2',\cdots,e_n'\}$）是两个图,如果在两个图的每一条边以及它们所关联的结点之间存在一一对应关系(有向图要区别起点和终点),则称 G 和 G' 是同构的.

【实例 5】判断图 10－7(a)、(b)、(c)、(d)图的同构性.

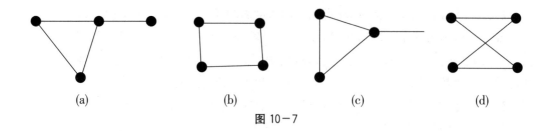

图 10-7

解　(a)和(c)同构,(b)和(d)同构.

【学习效果评估 10-1】

1. 设 $V=\{u,v,w,x,y\}$, $E=\{(u,v),(u,x),(v,w),(v,y),(x,y)\}$, 画出无向图 $G=\langle V,E\rangle$ 的图形.

2. 求下图 10-8 图 G 各结点的度及整个图 G 的度.

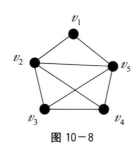

图 10-8

项目 2　认识图的连通性

【引例】

邮递员从图 10-9 所示的街道 c 点出发,能否存在一条线路能通过所有街道而且不重复,最后回到家 d 点.

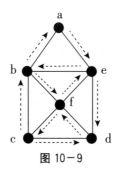

图 10-9

这是一个用图来表示，用图的连通性来解决的问题，如图中虚线所示的一条路线 $(c,$ $b, a, e, b, f, e, d, f, c, b)$ 就是其中一条. 这个问题类似经典的哥尼斯堡七桥问题，其实是要判断图是否有欧拉通路，这就涉及图的连通性相关的概念.

任务 1　理解通路和回路

从一个图 G 的给定结点出发，沿着一些边连续移动到另一指定的结点，由这些边和结点组成的序列，就形成了通路的概念.

【定义 1】给定图无向图（或有向图）$G = \langle V, E \rangle$，设 G 中前后相互关联的点边序列为 $W = v_0 e_1 v_1 e_2 \cdots e_k v_k$，则称 W 为从结点 v_0 到 v_k 的通路（或路径），v_0 和 v_k 分别称为此通路的起点和终点. W 中边的数目 k 称为 W 的长度. 特别地，当 $v_k = v_0$ 时，称此通路为回路.

若一条通路 $v_0 e_1 v_1 e_2 \cdots e_k v_k$ 中所有的边 $e_1, e_2, \cdots, e_k$ 均不相同，则称该通路为简单通路；否则称为复杂通路.

若一条回路 $v_0 e_1 v_1 e_2 \cdots e_k v_0$ 中所有的边 $e_1, e_2, \cdots, e_k$ 均不相同，则称该回路为简单回路；否则称为复杂回路.

若一条通路 $v_0 e_1 v_1 e_2 \cdots e_k v_k$ 中所有结点 $v_0, v_1, v_2, \cdots, v_k$ 均不相同，则称该通路为初级通路（或初级路径）.

若一条回路 $v_0 e_1 v_1 e_2 \cdots e_k v_0$ 中除终点和起点相同（$v_k = v_0$）外，其余结点各不相同，则称该回路为初级回路（或圈）.

【定理 1】存在从结点 u 到结点 v 的通路当且仅当存在从结点 u 到结点 v 的简单通路.

【实例 1】如图 10－10 所示的图(a)，分析图(b)至图(g)的通路和回路特性.

解

(b)图：$v_1 e_6 v_5 e_5 v_4 e_4 v_2 e_2 v_3 e_3 v_4 e_4 v_2$ 仅是一条通路，长度是 6.

(c)图：$v_2 e_2 v_3 e_3 v_4 e_4 v_2 e_7 v_5 e_5 v_4 e_4 v_2$ 是一条通路，也是一条回路，长度是 6.

(d)图：$v_1 e_1 v_2 e_4 v_4 e_4 v_5 e_5 v_7 e_2 v_2 v_3$ 是一条简单通路，但不是初级通路，长度是 5.

(e)图：$v_1 e_1 v_2 e_4 v_4 e_5 v_5$ 是一条初级通路，也是一条简单通路，长度是 3.

(f)图：$v_1 e_1 v_2 e_2 v_3 e_3 v_4 e_4 v_2 e_7 v_5 e_6 v_1$ 是一条简单回路，但不是初级回路，长度是 6.

(g)图：$v_1 e_1 v_2 e_4 v_4 e_5 v_5 e_6 v_1$ 既是一条简单回路，也是一条初级回路，长度是 4.

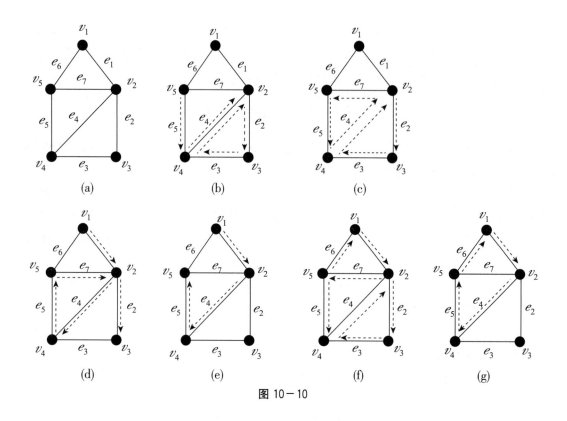

图 10－10

由于简单无向图的任意两个邻接结点间只有一条边,因此可以省略边只用结点来表示,例如(g)图可以表示为(v_1, v_2, v_4, v_5, v_1).

任务2 理解图的连通性

【定义2】若无向图 G 是平凡图或者 G 中任何两个结点之间都有一条通路,则称 G 为连通图,否则称 G 为非连通图或分离图.

对于非连通图,可以把该图分块,使得每一块都分别是连通图且块与块之间无公共结点,这些块称为该非连通图的连通分支或连通分量.

【实例2】讨论图 10－11 中各图的连通性.

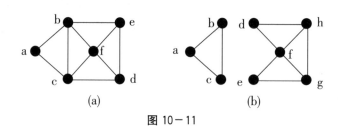

图 10－11

解　图 10－11 中(a)图任何两个结点都有通路,所以是连通图;(b)图结点 a,b,c

与结点 d,e,f,h,g 没有通路,所以是非连通图.

【定义 3】 对有向图 $D = \langle V, E \rangle$,有:

(1)如果对 D 中任何一对结点 u, v,不仅从 u 到 v 有一条通路,而且从 v 到 u 也有一条通路,则称 D 是强连通图.

(2)如果对 D 中任何一对结点 u, v,或者从 u 到 v 有一条通路,或者从 v 到 u 也有一条通路,则称 D 是单向连通图.

(3)如果对 D 中不是任何一对结点 u, v 都能互相到达,但把 D 略去边的方向看成无向图后,图是连通的,则称 D 是弱连通图.

由上面的定义可知,强连通图必是单向连通图和弱连通图,单向连通图必是弱连通图,但反之不一定成立.如果有向图 D 中存在经过每个结点至少一次的有向通路,则 D 是单向连通图,如果有向图 D 中存在经过每个结点至少一次的有向回路,则 D 是强连通的.

【实例 3】 讨论图 10−12 中各图的连通性.

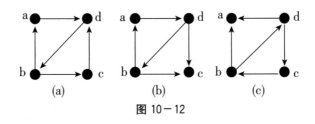

图 10−12

解　图 10−12 中(a)图是强连通图,adbcdba 是经过每个节点至少一次的有向回路;(b)图是单向连通图,adbc 是通过每个节点至少一次的有向通路;(c)图是弱连通图,a 到 c 不可到达,c 到 a 也不可到达.

【学习效果评估 10−2】

根据图 10−13,分析图的通路和回路特性及长度.

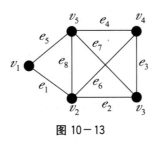

图 10−13

(1) $\pi_1 : v_1 e_1 v_2 e_2 v_3 e_3 v_4 e_4 v_5 e_5 v_1$.

（2）$\pi_2 : v_1 e_1 v_2 e_2 v_3 e_3 v_4 e_6 v_2 e_8 v_5 e_5 v_1$.

（3）$\pi_3 : v_1 e_1 v_2 e_2 v_3 e_3 v_4 e_6 v_2 e_8 v_5$.

（4）$\pi_4 : v_1 e_1 v_2 e_2 v_3 e_3 v_4 e_6 v_2 e_8 v_5 e_7 v_3 e_2 v_2 e_1 v_1$.

项目 3 掌握图的矩阵表示

【引例】

有四个城市的航班航线如图 $10-14$，这个有向图形象地表示了四个城市的航线信息，从图可以直观地看出城市之间是否有航班直接到达，但是如何知道通过转机一次再到达？

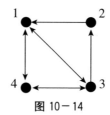

图 $10-14$

用矩阵 A 来表示四个城市的航线信息

$$A = \begin{pmatrix} 0 & 0 & 1 & 1 \\ 1 & 0 & 0 & 0 \\ 1 & 1 & 0 & 1 \\ 1 & 0 & 1 & 0 \end{pmatrix}$$

A^2 表示一个城市经一次中转到另外一个城市的单项航线条数

$$A^2 = \begin{pmatrix} 2 & 1 & 1 & 1 \\ 0 & 0 & 1 & 1 \\ 2 & 0 & 2 & 1 \\ 1 & 1 & 1 & 2 \end{pmatrix}$$

A^2 的第三行第一列值为 2，表示从城市 3 到城市 1 中转一次的航线有两条；数值代表了中转一次的航线数量.

任务 1 认识邻接矩阵

【定义 1】 设图 $G = \langle V, E \rangle$ 是一个简单图，它有 n 个结点 $V = \{v_1, v_2, \cdots, v_n\}$，若 n 阶方阵 $A(G) = (a_{ij})_{n \times n}$ 满足条件

$$a_{ij} = \begin{cases} 1, & \text{若 } v_i \text{ 与 } v_j \text{ 邻接} \\ 0, & \text{若 } v_i \text{ 与 } v_j \text{ 不邻接} \end{cases}$$

则称方阵 $A(G)$ 为图 G 的邻接矩阵.

由邻接矩阵的定义可知,对于无向图,邻接矩阵是对称的,对角线上元素全部为 0,第 i 行/列中值为 1 的元素数目各等于 v_i 的度;对于有向图,邻接矩阵对角线上元素全部为 0,但不一定对称,第 i 行元素是由结点 v_i 出发的边所决定的,第 i 行中值为 1 的元素数目等于 v_i 的出度,同理,在第 j 列中值为 1 的元素数目是 v_j 的入度.

【实例 1】写出图 10-15 所示的无向图和有向图的邻接矩阵.

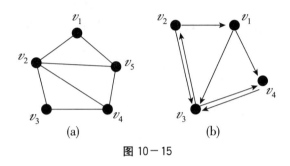

图 10-15

解

(1)图 10-15(a)的邻接矩阵为

$$A(G) = \begin{pmatrix} 0 & 1 & 0 & 0 & 1 \\ 1 & 0 & 1 & 1 & 1 \\ 0 & 1 & 0 & 1 & 0 \\ 0 & 1 & 1 & 0 & 1 \\ 1 & 1 & 0 & 1 & 0 \end{pmatrix}$$

通过计算矩阵行元素之和可得各结点的度数为:$\deg(v_1)=2$,$\deg(v_2)=4$,$\deg(v_3)=2$,$\deg(v_4)=3$,$\deg(v_5)=3$,整个图的度为 14.

(2)图 10-15(b)的邻接矩阵为

$$A(D) = \begin{pmatrix} 0 & 0 & 1 & 1 \\ 1 & 0 & 1 & 0 \\ 0 & 1 & 0 & 1 \\ 0 & 0 & 1 & 0 \end{pmatrix}$$

第一行元素之和为 2,结点 v_1 的出度为 2;第一列元素之和为 1,结点 v_1 的入度为 1;同理可得,结点 v_2 的出度为 2,入度为 0;结点 v_3 的出度为 2,入度为 3;结点 v_4 的出度为 1,入度为 2,整个图的度为 7.

任务 2   认识关联矩阵

【定义 2】给定无向图 $C=\langle V,E \rangle$,$V=\langle v_1,v_2,\cdots,v_n \rangle$ $E=\langle e_1,e_2,\cdots,e_m \rangle$,则矩阵

$M(G)=(m_{ij})_{n \times m}$ 称为 G 的关联矩阵,其中

$$m_{ij} = \begin{cases} 1, & \text{结点 } v_i \text{ 与 } e_j \text{ 关联} \\ 0, & \text{结点 } v_i \text{ 与 } e_j \text{ 不关联} \end{cases}$$

【实例 2】写出如图 10-16 所示的无向图的关联矩阵.

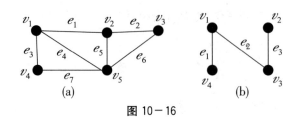

图 10-16

解　图 10-16(a)的关联矩阵为

$$M(G_1) = \begin{pmatrix} 1 & 0 & 1 & 1 & 0 & 0 & 0 \\ 1 & 1 & 0 & 0 & 1 & 0 & 0 \\ 0 & 1 & 0 & 0 & 0 & 1 & 0 \\ 0 & 0 & 1 & 0 & 0 & 0 & 1 \\ 0 & 0 & 0 & 1 & 1 & 1 & 1 \end{pmatrix}$$

图 10-16(b)的关联矩阵为

$$M(G_2) = \begin{pmatrix} 1 & 1 & 0 \\ 0 & 0 & 1 \\ 0 & 1 & 1 \\ 1 & 0 & 0 \end{pmatrix}$$

无向图的关联矩阵也可以完全描述一个图.

从无向图的关联矩阵中可以看出关联矩阵的一些性质:

(1)无向图的关联矩阵中的每一行对应图中的一个结点,每一列对应图中的一条边.

(2)无向图的关联矩阵中每列元素之和等于 2,因为每条边仅关联 2 个结点.

(3)无向图的关联矩阵中每行元素之和为相应结点的度数.

(4)无向图的关联矩阵中所有元素之和等于无向图中边数的两倍,即为所有结点的度数之和.

(5)无向图的关联矩阵中一行元素全为 0,其对应结点为孤立点.

当一个图是有向图时,也可用结点和边的关联矩阵来表示.

【定义 3】给定有向图 $D = \langle V, E \rangle$, $V = \langle v_1, v_2, \cdots, v_n \rangle$ $E = \langle e_1, e_2, \cdots, e_m \rangle$,则矩阵 $M(G) = (m_{ij})_{n \times m}$ 称为 G 的关联矩阵,其中

$$m_{ij} = \begin{cases} 1, & v_i \text{ 为 } e_j \text{ 的起点} \\ 0, & v_i \text{ 与 } e_j \text{ 不关联} \\ -1, & v_i \text{ 为 } e_j \text{ 的终点} \end{cases}$$

【实例 3】写出图 10－17 所示的有向图的关联矩阵.

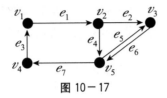

图 10－17

解　图 10－17 的关联矩阵为

$$M(D) = \begin{pmatrix} 1 & 0 & -1 & 0 & 0 & 0 & 0 \\ -1 & 1 & 0 & 1 & 0 & 0 & 0 \\ 0 & -1 & 0 & 0 & -1 & 1 & 0 \\ 0 & 0 & 1 & 0 & 0 & 0 & -1 \\ 0 & 0 & 0 & -1 & 1 & -1 & 1 \end{pmatrix}$$

从有向图的关联矩阵可以看出关联矩阵的如下性质:

(1)有向图的关联矩阵的每一列的元素和为 0,因为每条有向边关联两个结点,一个是起点,一个是终点,从而有向图的关联矩阵中的所有元素之和等于 0.

(2)有向图的关联矩阵任意一行 1 的个数等于该行所对应的结点的出度,－1 的个数等于该行所对应结点的入度.

(3)有向图的关联矩阵中 1 的个数和－1 的个数相等且都等于该有向图中有向边的数目.

【学习效果评估 10－3】

1. 写出图 10－18 无向图的邻接矩阵.

2. 写出图 10－18 无向图的关联矩阵.

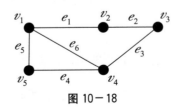

图 10－18

项目 4 认识树

【引例】

图 10－19 为 Linux 系统的文件结构,"/"为根目录,根目录下为有"etc""bin""home" "usr"等几个目录,"home"下又有"dmtsai""arod"等四个目录,把每个目录看成一个结点,这个文件结构能表示成一个图,如图 10－20 所示,这种特殊的图,叫作"树".

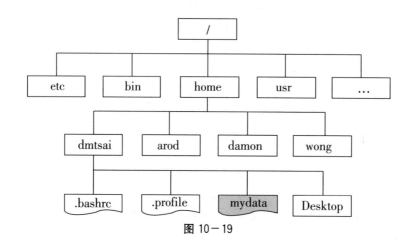

图 10－19

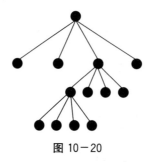

图 10－20

树是图论中应用最广泛、最重要的子类之一,在日常研究问题中,经常会遇到用树表示的问题,例如计算机的文件结构、体育竞赛的进程、家谱和组织机构等,都可以用树来表示.

任务 1 理解树的概念

【定义 1】不含有回路的连通无向图称为无向树,简称为树,通常用 T 表示.

树中度数为 1 的结点称为树叶,度数大于 1 的结点称为分支点.树中的边称为树枝.连通分支数大于 1 且每个连通分支均是树的非连通图称为森林,它的每个连通分支是树.

【定理 1】给定图 T，用 v 表示图 T 的结点数，e 表示图 T 的边数，以下关于树的定义是等价的.

(1)无回路的连通图.

(2)无回路且 $v = e + 1$.

(3)连通且 $v = e + 1$.

(4)无回路但增加一条新边，得到一个且仅有一个回路.

(5)连通，但删去任一边后便不连通.

(6)每一对结点之间有一条且仅有一条路.

【定义 2】设 $G = \langle V, E \rangle$ 是无向连通图，T 是 G 的生成子图，并且 T 是树，则称 T 是 G 的生成树，G 的不在 T 中的边称为 T 的弦.

【实例 1】如图 10—21 所示，可以看到该图的一颗生成树 T（粗线表示），其中 e_1, e_2, e_4, e_6 为 T 的树枝，e_3, e_5, e_7 是 T 的弦.

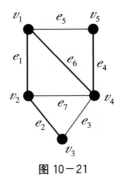

图 10—21

【定理 2】设 $G = \langle V, E \rangle$ 是无向连通图，则 G 至少有一棵生成树.

【推论】设 G 是含有 n 个结点，m 条边的简单无向连通图，则 $m \geqslant n - 1$.

生成树的算法：逐步去掉图 G 中的回路的任意一条边，直至破掉图 G 中原来的所有回路. 这样得到的图就是图 G 的一棵生成树. 这种方法通常称为破圈法.

【实例 2】画出如图 10—22 所示的简单无向图的 3 个生成树.

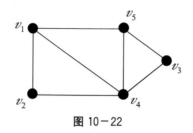

图 10－22

解　生成树如下图 10－23(a)－(b),但是生成树不止这三种情况.

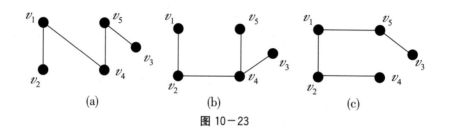

图 10－23

【定义 3】设 $G=\langle V,E\rangle$ 是带权无向连通图,则 G 中具有最小权的生成树 T_G 称为 G 的最小生成树.

最小生成树在现实生活中比较有应用价值,例如在 n 个城市之间铺设光缆,铺设光缆的费用较高,而且各个城市铺设光缆的费用各不相同,如何在保证 n 个城市都能通信的情况下总费用最低,这个问题就是最小生成树问题,也称最小连接问题.

最小生成树算法主要有克鲁斯卡尔算法(Kruskal).

克鲁斯卡尔算法有以下步骤:

第 1 步:将 G 中的所有边按权值从小到大排序,设为 $e_1,e_2,\ldots,e_m$.

第 2 步:将权重最小的边 e_1 加入 T 中.

第 3 步:检查 e_2,若把 e_2 加入 T 中不产生回路,则把 e_2 加入 T 中;若产生回路,则舍弃 e_2;如此进行下去,直到所有的边都检查完,最后得到 G 的最小生成树 T.

【实例 3】用克鲁斯卡尔算法求图 10－24 带权图的最小生成树.

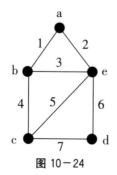

图 10－24

解　根据克鲁斯卡尔算法,边的排序为

$$\{(ab),(ae),(be),(bc),(ce),(de),(cd)\}=\{1,2,3,4,5,6,7\}$$

各边加入 T 如图 $10-25$(a)至(d)所示.

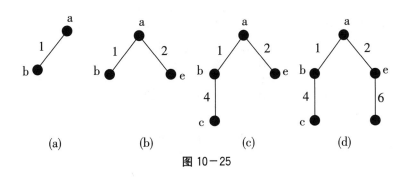

图 10-25

任务 2　掌握根树及其应用

【定义 4】如果一个有向图在不考虑边的方向时是一棵树,那么这个有向图称为有向树.

【定义 5】一颗有向树,如果恰有一个结点的入度为 0,其余所有结点的入度为 1,则称为根树. 入度为 0 的结点称为根,出度为 0 的结点称为叶子,出度不为 0 的结点称为分支点. 入度为 1 出度不为 0 的结点称为分支点(内点). 从树根到 u 所经过的边的数量,称为结点 i 的层数. 在一棵根树中称层数相同的结点在同一层上. 层数最大的结点的层数称为根树的树高.

【实例 4】分析图 $10-26$ 根树的各个结点的层次和树高.

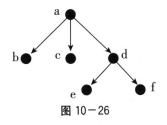

图 10-26

解　图 $10-26$ 的根树以 a 为根,第一层结点为 b, c, d,第二层结点为 e,f;树高为 2.

【定义 6】设 $T=\langle V,E\rangle$ 是根树,a、b、c、d 是其结点.

(1) 若从结点 a 到结点 b 有一条有向边,则称 b 是 a 的儿子, a 是 b 的父亲.

(2) 若结点 b、c 同是 a 的儿子,则称 b 和 c 是兄弟.

(3)若结点 a $\neq$ d 且从 a 有一条通路到达 d,则称 a 是 d 的祖先,d 是 a 的后代.

【定义 7】设 $T=\langle V,E \rangle$ 是根树, a 是 T 中结点. 称 T 中由结点 a 和 a 的后代以及这些后代所关联的边所组成的图为根树 T 的以 a 为根的子树.

【实例 5】分析图 10－27 根树, 求结点 b 的儿子结点, 结点 g 的父亲结点, 结点 c 的兄弟结点, 结点 f 的所有祖先结点, 结点 f 的所有后代结点, 并画出以 d 为根的子树.

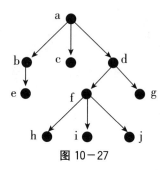

图 10－27

解　结点 b 的儿子结点为结点 e, 结点 g 的父亲结点为结点 d, 结点 c 的兄弟为结点 b 和结点 d, 结点 f 的所有祖先结点为 a 结点、d 结点, 结点 f 的所有后代结点为结点 h、结点 i 和结点 j. 以 d 为根的子树如图 10－28 所示.

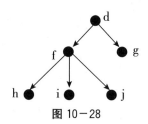

图 10－28

【定义 8】若根树 $T=\langle V,E \rangle$ 的每个内点的儿子结点都是规定次序的, 则称根树为有序树.

【定义 9】设 $T=\langle V,E \rangle$ 是一棵有序树, 如果 T 的每个内点至多有两个儿子结点, 则称 T 为二叉树, 二叉树的子树有左子树和右子树之分, 其次序固定, 不能交换.

【定义 10】若二叉树 $T=\langle V,E \rangle$ 的每个内点都有两个儿子, 则称 T 为满二叉树.

对于 k 层的满二叉树 T, 第 $i(i \leq k)$ 层上有结点数 2^{i-1} 个, 整个二叉树总共的结点数为 2^k-1.

【实例 6】判断图 10－29 的二叉树是否为满二叉树.

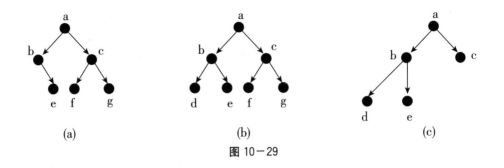

图 10－29

解　图(b)为满二叉树,通过与图(b)的比较,可知图(a)和图(c)都不是满二叉树.

【实例 7】计算图 10－30 的满二叉树第 3 层的结点数,以及整个二叉树的结点数.

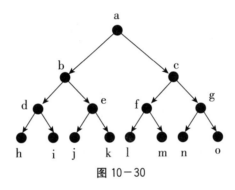

图 10－30

解　第 3 层的结点数为 $2^{3-1}=2^2=4$;

图 10－30 所示的二叉树的层数为 4,故整个二叉树的结点数为 $2^4-1=16-1=15$.

【学习效果评估 10－4】

1. 画出图 10－31 中图 G 六种不同的生成树.

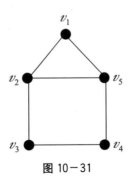

图 10－31

2. 一个 3 层的满二叉树,有多少个树叶结点和分支点?

单元训练 10

1. 填空题

(1) 无向完全图 G 有 10 条边, 它的结点为 _____ .

(2) 图 G 结点度数序列为 $(1, 2, 3, 3, 4, 4, 5)$, 则边数 m 是 _____ .

(3) 一棵 5 层的满二叉树 T, 其第 4 层的结点为 _____ , T 总共结点数为 _____ .

2. 简答题

(1) 写出图 10－32 所示的有向图 G 的邻接矩阵.

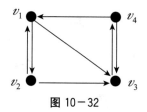

图 10－32

(2) 根据克鲁斯卡尔算法求下图 10－33 的最小生成树.

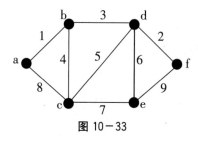

图 10－33

参考答案

单元 1

【学习效果评估 1-1】

1. (1) $\{x \mid -2 \leqslant x \leqslant 2$ 且 $x \neq 1\}$;(2) $\{x \mid -1 < x < 1\}$.

2. (1)否;(2)是;(3)否;(4)否;(5)否;(6)否.

3. (1)增函数;(2)减函数;(3)非单调函数;(4)增函数.

4. (1)偶函数;(2)非奇非偶函数;(3)偶函数;(4)奇函数.

5. $f(0)=0, f\left(\dfrac{1}{2}\right)=\dfrac{1}{4}, f(2)=2, f(4)=0$.

6. $y=\begin{cases} 0, x \leqslant 20 \\ 5(x-20), 20 < x \leqslant 50. \\ 7.5(x-50), x > 50 \end{cases}$

7. 费用 $V=5k\left(\pi r^2+\dfrac{8}{r}\right)$.

【学习效果评估 1-2】

1. (1) $y=\pm\sqrt{x}-1(x \geqslant 0)$;(2) $y=-3(x+1)(x \in R)$;(3) $y=\pm\sqrt{9-x^2}(0 \leqslant x \leqslant 3)$;(4) $y=\dfrac{1}{2}arcos\dfrac{x}{3}(-3 \leqslant x \leqslant 3)$.

2. (1) $y=\sqrt{u}, u=x-1$;(2) $y=e^u, u=sinv, v=\dfrac{x}{2}$;(3) $y=lnu, u=\sqrt{v}, v=9-x^2$;(4) $y=u^2, u=sinv, v=2x+1$;(5) $y=u^2, u=arctanv, v=\dfrac{x}{2}$;(6) $y=\sqrt{u}, u=lgv, v=x^2+1$.

3. (1)是;(2)是;(3)是;(4)是;(5)是;(6)不是.

【学习效果评估 1-3】

1. (1) $y \to 1$;(2) $y \to 0$;(3) $y \to 6$;(4) $y \to 1$.

2. $\lim\limits_{x \to 1^-} f(x)=1, \lim\limits_{x \to 1^+} f(x)=1, \lim\limits_{x \to 0} f(x)=1$.

3. 不存在 $\lim\limits_{x\to 0^-}f(x)=-1,\lim\limits_{x\to 0^+}f(x)=1,\lim\limits_{x\to 0}f(x)$ 不存在.

【学习效果评估1-4】

1. (1)-1;(2)8;(3)$\dfrac{3}{2}$;(4)$\dfrac{1}{2}$;(5)$\dfrac{1}{2}$;(6)1.

2. (1)1;(2)$\dfrac{2}{3}$;(3)e^{-2};(4)e^3;(5)e;(6)e^{-4}.

3. (1)无穷小;(2)无穷小;(3)无穷大;(4)无穷小.

【学习效果评估1-5】

1. (1)不连续;(2)连续;(3)不连续;(4)连续.

2. (1)第一类可去间断点;(2)第一类可去间断点;(3)第一类跳跃间断点;(4)第二类无穷间断点.

单元训练1

1. (1)D;(2)B;(3)A;(4)C;(5)D;(6)A;(7)D;(8)C;(9)B;(10)C.

2. (1)$1<x\leq 2$;(2)$x_1=1,x_2=2$;(3)$a=2$;(4)$a=0,b=2$;(5)$b=4$.

3. (1)0;(2)$\sqrt{\dfrac{1}{2}}$;(3)$\dfrac{1}{2}$;(4)2;(5)e;(6)0;(7)$\dfrac{5}{2}$;(8)$\dfrac{1}{2}$;(9)$\dfrac{1}{e}$;(10)0.

4. 设半径为 r, 高为 h, 则 $V=\pi r^2 h, h=\dfrac{V}{\pi r^2}$, 表面积 $S=2\pi rh+2\pi r^2=\dfrac{2V}{r}+2\pi r^2$.

5. $y=\begin{cases}150x, 0\leq x\leq 1500\\ 120x+45000, 1500<x\leq 3000\end{cases}$.

单元 2

【学习效果评估2-1】

1. $f'(-1)=-4$.

2. (1)$-f'(x_0)$; (2)$2f'(x_0)$.

3. (1)切线方程:$\dfrac{\sqrt{3}}{2}x+y-\dfrac{\sqrt{3}\pi}{6}+\dfrac{1}{2}=0$;法线方程:$\dfrac{2\sqrt{3}}{3}x-y-\dfrac{2\sqrt{3}\pi}{9}+\dfrac{1}{2}=0$.

(2)切线方程:$x-ey=0$;法线方程:$ex+y-1-e^2=0$.

4. 连续不可导.

5. $a=-2,b=1$.

【学习效果评估2-2】

1. (1)$10x^9$;(2)$3x^2-\dfrac{1}{x^2}-\dfrac{1}{x}$;(3)$\dfrac{sinx+cosx}{sinx-cosx}$;(4)$\dfrac{coslnx}{x}$;(5)$x(2lnx-\dfrac{5\sqrt{x}}{2}+1)$;(6)$-\dfrac{1}{2\sqrt{x(1-x)}}$;(7)$\dfrac{2x^2+2}{(1-x^2)^2}$;(8)$\dfrac{sinx+1}{cos^2x}$;(9)$\dfrac{2x^3-lnx+1}{x^2}$;

$(10) - sinx \cdot 2^{cosx} \cdot ln2.$

2. $(1)\ \dfrac{e^x}{1+e^{2x}}$; $(2)\ \dfrac{1}{xlnxlnlnx}$; $(3) - \dfrac{1}{x^2}e^{\frac{1}{x}} + \dfrac{3\sqrt{x}}{2}$; $(4) - x\,(x^2+1)^{-\frac{3}{2}}$;

$(5) - e^{-x}(x^2 - 4x + 3)$; $(6) - sin2xsin(x^2) + 2xcos^2xcos(x^2)$; $(7)\ \dfrac{lnx}{x\sqrt{ln^2x+2}}$;

$(8)\ \dfrac{1}{x^2+1}$; $(9)\ e^{\sqrt{x+1}}\left(\dfrac{sinx}{2\sqrt{x+1}} + cosx\right)$; $(10) - \dfrac{1}{\sqrt{2x - x^2}}.$

3. $(1)\ f'(\dfrac{\pi}{2}) = \pi + 1$; $(2)\ f'(1) = -8, f'(2) = 0.$

4. $(1)\ 6 - \dfrac{1}{x^2}$; $(2) - \dfrac{4x^2}{(1+x^2)^2}$; $(3)\ e^{-x+1}$; $(4)\ 2cosx - xsinx.$

【学习效果评估 2－3】

1. $(1)\ 2x + C$; $(2)\ \dfrac{1}{3}x^3 + C$; $(3)\ \dfrac{3}{2}x^2 + C$; $(4)\ \dfrac{2}{3}x^{\frac{3}{2}} + C$; $(5)\ 2x^{\frac{1}{2}} + C$;

$(6) - \dfrac{1}{x} + C$; $(7) - sinx + C$; $(8)\ ln(x+1) + C$; $(9) - \dfrac{1}{3}e^{-3x} + C$; $(10)\ \dfrac{1}{2}tan2x + C.$

2. $(1)\ \dfrac{1}{2}x^{-\frac{1}{2}}dx$; $(2)\ \dfrac{1}{3}cos(x + 1)dx$; $(3) - \dfrac{1}{x^2}sec^2\ \dfrac{1}{x}dx$; $(4)\ \dfrac{1}{2x}dx$;

$(5)\ \dfrac{1}{x^2}e^{-\frac{1}{x}}dx$; $(6)\ xcos\dfrac{x^2}{2}dx$; $(7)\ \dfrac{1}{3}cot\dfrac{x}{3}dx$; $(8)\ e^{-2x}\left[sin(2-x) - 2cos(2-x)\right]dx$;

$(9) - \dfrac{1}{1+x^2}dy$; $(10) - \dfrac{1}{\sqrt{1-x^2}}dy.$

【学习效果评估 2－4】

$(1)\ cosa$; $(2)\ \dfrac{3}{2}a$; $(3) - \dfrac{1}{2}$; $(4)3$; $(5)1$; $(6) + \infty$(没有极限) ; $(7)0$; $(8)1$; $(9)1$;

$(10)e$

【学习效果评估 2－5】

1. $(1)\ (-\infty, -2), (\dfrac{5}{3}, +\infty)$ 内单调增加 ; $(-2, \dfrac{5}{3})$ 内单调减少.

$(2)\ (-\infty, 1), (1, +\infty)$ 内单调减少.

$(3)\ (-\infty, 0)$ 内单调减少 ; $(0, +\infty)$ 内单调增加.

$(4)\ (-\infty, 0)$ 内单调减少 ; $(0, +\infty)$ 内单调增加.

2. $(1)\ (-\infty, -1), (1, +\infty)$ 内单调增加 ; $(-1, 1)$ 内单调减少.

$(2)\ (2, +\infty)$ 内单调增加 ; $(-\infty, 2)$ 内单调减少.

$(3)\ (-\infty, 0)$ 内单调增加 ; $(0, +\infty)$ 内单调减少.

$(4)\ (-\infty, -2), (0, +\infty)$ 内单调增加 ; $(-2, -1), (-1, 0)$ 内单调减少.

3. (1)极小值 $f(-1) = -4$; (2)极小值 $f(0) = 0$; (3)极小值 $f(0) = 2$; (4)极小值

$f(0)=0.$

4.(1)最小值 $f(\pm 1)=4$；最大值 $f(\pm 2)=13.$

(2)最小值 $f(0)=f(2)=0$；最大值 $f(1)=1.$

(3)最小值 $f(0)=1-\dfrac{3\sqrt[3]{4}}{2}$；最大值 $f(2)=1.$

(4)最小值 $f(0)=0$；最大值 $f(2)=ln5.$

5. 底边 $x=10m$，高 $h=5m$ 用料最省.

单元训练 2

1.(1)C；(2)B；(3)D；(4)C；(5)A；(6)D ；(7)B；(8)A；(9)C；(10)D.

2.(1) $a=2,b=-1$；(2) $ln|x|+C,\dfrac{e^{2x}}{2}+C,2\sqrt{x}+C$；(3) $(-1,0),(0,1)$；

(4) $k=\sqrt{2}$；(5)最大值 3,最小值 -5.

3.(1) $-\dfrac{ln2}{x^{2}}sec^{2}\dfrac{1}{x}2^{tan\frac{1}{x}}$；(2) $\dfrac{1}{2}x^{-\frac{1}{2}}cot\sqrt{x}$；(3) $e^{-x}\left[sin(3-x)-cos(3-x)\right]$；

(4) $-\dfrac{1}{\sqrt{1-x^{2}}}.$

4.(1) $(\dfrac{1}{2\sqrt{x}}-\dfrac{2}{x^{3}})dx$；(2) $\dfrac{2(sinx-1)}{(x+cosx)^{2}}dx$；(3) $\dfrac{2cos(lnx^{2})}{x}dx$；(4) $\dfrac{1}{x^{2}+1}dx.$

5.(1)2；(2)0；(3)0；(4) $\dfrac{2}{3}$.

6. 最小值 $f(0)=0$；最大值 $f(-1)=e$.

7. 长为 $10m$，宽为 $15m$ 用料最省.

单元 3

【学习效果评估 3—1】

1.(1) $\dfrac{1}{3}x^{3}+\dfrac{1}{2}x^{2}-2cosx+C$；(2) $\dfrac{2}{7}x^{\frac{7}{2}}+\dfrac{4}{5}x^{\frac{5}{2}}+\dfrac{2}{3}x^{\frac{3}{2}}+C$；(3) $x-2lnx-\dfrac{1}{x}+$

C；(4) $arctanx+2arccosx+C$ 或 $arctanx-2arcsinx+C$；(5) $-\dfrac{2}{3}x^{-\frac{3}{2}}+C$；(6) $x-$

$2arctanx+C$ 或 $x+2arccotx+C$；(7) $\dfrac{2}{5}x^{\frac{5}{2}}-x+\dfrac{1}{2}x^{2}-2x^{\frac{1}{2}}+C$；(8) $\dfrac{1}{2}(x+tanx)$

$+C$；(9) $\dfrac{1}{2}(x-sinx)+C$；(10) $\dfrac{3^{x}e^{x}}{1+ln3}+C.$

2. $y=\dfrac{2}{3}x^{3}+\dfrac{4}{3}.$

【学习效果评估 3—2】

1.(1) $\dfrac{1}{33}(3x+1)^{11}+C$；(2) $\dfrac{2}{9}(3x-5)^{\frac{3}{2}}+C$；(3) $\dfrac{1}{4}e^{x^{2}}+C$；(4) $\dfrac{1}{3}(x^{2}-4)^{\frac{3}{2}}+$

C；(5) $2sin\sqrt{x}+C$；(6) $e^{2\sqrt{x}}+C$；(7) $arctan(x+3)+C$；(8) $-\dfrac{ln|x+1|}{2ln|x-1|}+C$ 或

$\dfrac{ln|x-1|}{2ln|x+1|}+C$.

2. (1) $-\dfrac{1}{2}xcos2x+\dfrac{1}{4}sin2x+C$；(2) $e^x(2x-1)+C$；(3) $-e^{-x}(x+1)+C$；(4)

$x(ln2x-1)+C$；(5) $xarcsinx+\sqrt{1-x^2}+C$；(6) $\dfrac{1}{2}e^x(cosx+sinx)+C$；

(7) $2e^{\sqrt{x}}(\sqrt{x}-1)+C$；(8) $ln(lnx)\cdot lnx-lnx+C$

【学习效果评估 3－3】

1. (1)10；(2) $\dfrac{5}{2}$；(3)0；(4) $\dfrac{1}{4}\pi a^2$.

2. (1) $\displaystyle\int_1^3 x^2dx<\int_1^3 x^3dx$；(2) $\displaystyle\int_0^2 xdx>\int_0^2 ln(x+1)dx$；(3) $\displaystyle\int_0^{\frac{\pi}{4}} sinxdx<\int_0^{\frac{\pi}{4}} cosxdx$；

(4) $\displaystyle\int_0^1 e^xdx>\int_0^1 (x+1)dx$.

【学习效果评估 3－4】

1. (1) $sinx^3$；(2) $-2xarctanx^6$.

2. (1) $\dfrac{85}{12}$；(2) $\dfrac{7}{3}+ln2$；(3) $a(1-e)+1$；(4) $\dfrac{44}{3}$；(5) $2(e-1)$；(6) $\dfrac{\pi}{3a}$；(7) $1+\dfrac{\pi}{4}$；

(8) $\dfrac{29}{6}$；(9) $\dfrac{\pi}{3}$；(10)4.

3. $\dfrac{5}{6}$.

【学习效果评估 3－5】

1. (1) $\dfrac{2}{3}(2-\sqrt{2})$；(2) $2\sqrt{2}-2$.

2. $S=\dfrac{1}{4}$；$V_x=\dfrac{\pi}{6}$；$V_y=\dfrac{\pi}{12}$.

单元训练 3

1. (1)C；(2)A；(3)B；(4)D；(5)C；(6)B；(7)A；(8)A；(9)D；(10)D.

2. (1) e^x-sinx；(2)3；(3)0；(4)1；(5) $y=\sqrt{x^2+1}$；$x=0$；$x=1$.

3. (1) $\dfrac{x^5}{20}+\dfrac{x^2}{2}-\dfrac{1}{x}+C$；(2) $\dfrac{2^x}{2ln2}+C$；(3) $\dfrac{1}{2}(x-sinx-cosx)+C$；(4) $x-$

$arctanx+C$；(5) $cos\dfrac{1}{x}+C$；(6) $e^{sinx}+C$；(7) $sin(e^x+3)+C$；(8) $\dfrac{e^{3x}}{3}(x^2-\dfrac{2x}{3}+\dfrac{2}{9})$

$+C$；(9) $\dfrac{x^2}{2}lnx-\dfrac{x^2}{4}+C$；(10) $2[\sqrt{x}-ln(1+\sqrt{x})]+C$.

4. (1) $\dfrac{8}{3}$; (2) $\dfrac{2}{ln3}+1$; (3) 2; (4) $\dfrac{1}{ln2}-\pi$; (5) $\dfrac{1}{4}$; (6) 1; (7) $\dfrac{1}{4}(e^x+1)$; (8) $\dfrac{\pi}{4}-\dfrac{1}{2}ln2$; (9) $\dfrac{1}{2}$; (10) $\dfrac{\pi}{16}$.

5. $S=\dfrac{5}{12}$, $V_x=\dfrac{25\pi}{126}$.

单元 4

【学习效果评估 4－1】

1. (1) 3; (2) $ac-b^2$; (3) 1; (4) -37; (5) 65.

2. -28, -7, -1.

【学习效果评估 4－2】

1. (1) $(a-b)^3$; (2) $-2xy(x+y)$; (3) $b^2(b^2-4a^2)$; (4) 160.

2. 24.

【学习效果评估 4－3】

1. (1) $x=3,y=1$; (2) $x_1=\dfrac{1}{3}$, $x_2=\dfrac{2}{3}$, $x_3=2$.

2. $k\neq-2,9$.

单元训练 4

1. (1) $0;8$; (2) 2.

2. (1) 8; (2) $(b-a)(c-a)(d-a)(c-b)(d-b)(d-c)$; (3) x^4; (4) x^2y^2.

3. (1) $x_1=1,x_2=-1,x_3=2$; (2) $x=a,y=b,z=c$.

4. 略.

单元 5

【学习效果评估 5－1】

1. $x=3,y=1,z=2$.

2. $2A-3B=\begin{pmatrix}1 & 2\\-7 & -4\end{pmatrix}$, $AB=\begin{pmatrix}14 & 4\\-5 & 2\end{pmatrix}$, $BA=\begin{pmatrix}4 & 0\\6 & 12\end{pmatrix}$, $AB^T=\begin{pmatrix}10 & 6\\-3 & 3\end{pmatrix}$,

$B^2=\begin{pmatrix}7 & 2\\3 & 6\end{pmatrix}$.

3. $(AB)^T=\begin{pmatrix}5 & 14\\18 & 28\end{pmatrix}$, $B^TA^T=\begin{pmatrix}5 & 14\\18 & 28\end{pmatrix}$.

【学习效果评估 5－2】

1. (1) $\dfrac{1}{6}\begin{pmatrix}3 & 0\\-1 & 2\end{pmatrix}$; (2) $\begin{pmatrix}3 & 1 & -2\\-1 & 0 & 1\\2 & 1 & -2\end{pmatrix}$; (3) $\begin{pmatrix}1 & -4 & -3\\1 & -5 & -3\\-1 & 6 & 4\end{pmatrix}$; (4) $\begin{pmatrix}\cos\alpha & \sin\alpha\\-\sin\alpha & \cos\alpha\end{pmatrix}$.

2. (1) $\begin{pmatrix} 2 & -23 \\ 0 & 8 \end{pmatrix}$; (2) $\begin{pmatrix} -2 & 2 & 1 \\ -\dfrac{8}{3} & 5 & -\dfrac{2}{3} \end{pmatrix}$; (3) $\dfrac{1}{6}\begin{pmatrix} 6 & 2 \\ -6 & -1 \\ -18 & -5 \end{pmatrix}$.

【学习效果评估 5—3】

1. (1) $\begin{pmatrix} 1 & 0 & 0 \\ 0 & 1 & 0 \\ 0 & 0 & 1 \end{pmatrix}$; (2) $\begin{pmatrix} 1 & 0 & 0 \\ 0 & 1 & 0 \\ 0 & 0 & 1 \end{pmatrix}$; (3) $\begin{pmatrix} 1 & 0 & 0 \\ 0 & 1 & 0 \\ 0 & 0 & 1 \end{pmatrix}$.

2. (1) 2; (2) 2; (3) 3.

3. $A^{-1} = \begin{pmatrix} \dfrac{1}{14} & \dfrac{5}{14} & \dfrac{3}{14} \\ \dfrac{3}{14} & \dfrac{1}{14} & -\dfrac{5}{14} \\ \dfrac{5}{14} & -\dfrac{3}{14} & \dfrac{1}{14} \end{pmatrix}$.

单元训练 5

1. (1) C; (2) 一，一; (3) $AB = BA$; (4) A 可逆; (5) A 不可逆; (6) $\dfrac{1}{2}A$; (7) 4, 32, 8, 128.

2. (1) $A^{-1} = \dfrac{1}{4}\begin{pmatrix} -3 & 3 & 1 \\ -4 & 0 & 4 \\ 5 & -1 & -3 \end{pmatrix}$; (2) $B^{-1} = -\dfrac{1}{2}\begin{pmatrix} 4 & -3 \\ -2 & 1 \end{pmatrix}$; (3) C 不可逆.

3. (1) $X = \begin{pmatrix} 3 & 1 & 1 & -1 \\ -4 & 0 & -4 & 0 \\ -1 & -3 & -3 & -3 \end{pmatrix}$; (2) $Y = \begin{pmatrix} 3 & \dfrac{7}{2} & 2 & \dfrac{5}{2} \\ 1 & \dfrac{3}{2} & 1 & \dfrac{3}{2} \\ 1 & \dfrac{3}{2} & 3 & \dfrac{9}{2} \end{pmatrix}$.

4. $AB = \begin{pmatrix} 1 & 0 \\ 0 & 1 \end{pmatrix}$, $BA = \begin{pmatrix} 1 & 0 & 0 \\ 0 & 1 & 0 \\ 0 & 0 & 0 \end{pmatrix}$, $AC = \begin{pmatrix} 1 & 0 \\ 0 & 1 \end{pmatrix}$.

5. 略.

6. $A^T A = \begin{pmatrix} 9 & 0 & 0 \\ 0 & 9 & 0 \\ 0 & 0 & 9 \end{pmatrix} = 9E$, $A^{-1} = \dfrac{1}{9}A^T$.

$$7. A^{-1} = \begin{vmatrix} \dfrac{1}{a} & 0 & 0 \\ 0 & \dfrac{1}{b} & 0 \\ 0 & 0 & \dfrac{1}{c} \end{vmatrix}.$$

单元 6

【学习效果评估 6－1】

1. (1) 无穷多解,一般解为 $\begin{cases} x_1 = -\dfrac{1}{2}c + \dfrac{1}{2} \\ x_2 = c \\ x_3 = 0 \\ x_4 = 0 \end{cases}$,自由未知量 1 个;(2) 无解;(3) 无解;

(4) 唯一解,$x_1 = 1, x_2 = \dfrac{1}{3}, x_3 = \dfrac{2}{3}$.

2. (1) $\lambda \neq 3$;(2) 无;(3) $\lambda = 3$.

3. $\lambda = 0, \begin{cases} x_1 = -c \\ x_2 = c \\ x_3 = c \end{cases}$;$\lambda = 1, \begin{cases} x_1 = -c \\ x_2 = 2c \\ x_3 = c \end{cases}$.

【学习效果评估 6－2】

1. 线性无关.

2. 线性相关.

3. (1) 秩为 3,线性相关;(2) $\{\alpha_1, \alpha_2, \alpha_3\}$ 为极大线性无关组;(3) $\alpha_4 = \dfrac{1}{2}\alpha_1 + \dfrac{1}{2}\alpha_2$.

【学习效果评估 6－3】

1. (1) 基础解系 $\xi_1 = \begin{pmatrix} -23 \\ 10 \\ 7 \\ 0 \end{pmatrix}$, $\xi_2 = \begin{pmatrix} -23 \\ 3 \\ 0 \\ 7 \end{pmatrix}$,通解 $x = k_1\xi_1 + k_2\xi_2 = k_1\begin{pmatrix} -23 \\ 10 \\ 7 \\ 0 \end{pmatrix} + k_2\begin{pmatrix} -23 \\ 3 \\ 0 \\ 7 \end{pmatrix}$ $(k_1,$

$k_2 \in R)$.

(2) 基础解系 $\xi_1 = \begin{pmatrix} 8 \\ -6 \\ 1 \\ 0 \end{pmatrix}$, $\xi_2 = \begin{pmatrix} -7 \\ 5 \\ 0 \\ 1 \end{pmatrix}$,通解 $x = k_1\xi_1 + k_2\xi_2 = k_1\begin{pmatrix} 8 \\ -6 \\ 1 \\ 0 \end{pmatrix} +$

$$k_2 \begin{pmatrix} -7 \\ 5 \\ 0 \\ 1 \end{pmatrix} (k_1, k_2 \in R).$$

2. (1) $x = \begin{pmatrix} \dfrac{1}{2} \\ 0 \\ 0 \\ 0 \end{pmatrix} + k_1 \begin{pmatrix} 3 \\ 2 \\ 0 \\ 0 \end{pmatrix} + k_2 \begin{pmatrix} -1 \\ 0 \\ -22 \\ 16 \end{pmatrix} (k_1, k_2 \in R)$；(2)无解.

3. 当 $a \neq 1$ 有唯一解；当 $a = 1, b \neq -1$ 时，无解；当 $a = 1, b = -1$ 时，有无穷多解，通

解为 $x = \begin{pmatrix} -1 \\ 1 \\ 0 \\ 0 \end{pmatrix} + k_1 \begin{pmatrix} 1 \\ -2 \\ 1 \\ 0 \end{pmatrix} + k_2 \begin{pmatrix} 1 \\ -2 \\ 0 \\ 1 \end{pmatrix}.$

单元训练 6

1. (1)C；(2)D；(3)A；(4)B；(5)C.

2. (1)无；(2)是；(3) $a \neq \dfrac{22}{3}, b \neq 6$；(4)1；(5)$-2$ 或 1；(6)1.

3. (1)基础解系 $\xi = \begin{pmatrix} -2 \\ 1 \\ 0 \end{pmatrix}$，通解 $x = k \begin{pmatrix} -2 \\ 1 \\ 0 \end{pmatrix}$；(2)基础解系 $\xi_1 = \begin{pmatrix} -3 \\ 7 \\ 2 \\ 0 \end{pmatrix}$，$\xi_2 = \begin{pmatrix} -1 \\ -2 \\ 0 \\ 1 \end{pmatrix}$，

通解 $x = k_1 \begin{pmatrix} -3 \\ 7 \\ 2 \\ 0 \end{pmatrix} + k_2 \begin{pmatrix} -1 \\ -2 \\ 0 \\ 1 \end{pmatrix}.$

4. (1)无解；(2) $x = \begin{pmatrix} 1 \\ 1 \\ 0 \\ 1 \end{pmatrix} + k \begin{pmatrix} -3 \\ -1 \\ 1 \\ 0 \end{pmatrix}.$

5. $b \neq -2$，方程组无解.

$b = -2$，(1) $a \neq -8$ 时，$x = \begin{pmatrix} -1 \\ 1 \\ 0 \\ 0 \end{pmatrix} + k \begin{pmatrix} -1 \\ -2 \\ 0 \\ 1 \end{pmatrix}$；(2) $a = -8$ 时，$x = \begin{pmatrix} -1 \\ 1 \\ 0 \\ 0 \end{pmatrix} +$

$$k_1 \begin{pmatrix} 4 \\ -2 \\ 1 \\ 0 \end{pmatrix} + k_2 \begin{pmatrix} -1 \\ -2 \\ 0 \\ 1 \end{pmatrix}.$$

6. $\lambda \neq -1$ 且 $\lambda \neq -2$，有唯一解；$\lambda = -2$，无解；$\lambda = 1$，有无穷多解，通解为. $x = \begin{pmatrix} -2 \\ 0 \\ 0 \end{pmatrix} +$

$$k_1 \begin{pmatrix} -1 \\ 1 \\ 0 \end{pmatrix} + k_2 \begin{pmatrix} -1 \\ 0 \\ 1 \end{pmatrix}.$$

7. $x = \begin{pmatrix} -3 \\ 2 \\ 0 \end{pmatrix} + c \begin{pmatrix} -1 \\ 1 \\ 1 \end{pmatrix}.$

8. $a = 2, b = 1, c = 2$.

单元 7

【学习效果评估 7—1】

1. (1) {正,正,正}, {正,正,反}, {正,反,正}, {反,正,正}, {正,反,反}, {反,正, 反}, {反,反,正}, {反,反,反}; (2) {2,3,4,5,6,7,8,9,10,11,12}.

2. (1) $B \subseteq A$; (2) $G \subseteq A$.

3. (1) ABC; (2) $A\bar{B}\bar{C}$; (3) $AB\bar{C}$; (4) $\bar{A}B\bar{C}$; (5) $A \bigcup B \bigcup C$; (6) $ABC \bigcup AB\bar{C} \bigcup A\bar{B}C \bigcup \bar{A}BC$.

【学习效果评估 7—2】

1. (1) $\dfrac{21}{40}$; (2) $\dfrac{7}{40}$.

2. (1) $\dfrac{1}{3}$; (2) $\dfrac{8}{15}$; (3) $\dfrac{2}{3}$.

3. (1) $\dfrac{1}{27}$; (2) $\dfrac{1}{9}$; (3) $\dfrac{8}{9}$; (4) $\dfrac{8}{27}$.

【学习效果评估 7—3】

1. 40%.

2. $\dfrac{1}{5}$.

3. (1) $\dfrac{2}{9}$; (2) $\dfrac{8}{45}$; (3) $\dfrac{16}{45}$.

【学习效果评估 7—4】

1. 0. 8.

2. $\dfrac{3}{5}$.

3. $p^2(2-p^2)$.

【学习效果评估 7－5】

1. 0. 023 .

2. 0. 97.

3. (1)3. 85％;(2)32. 47％.

单元训练 7

1. (1)A;(2)D;(3)C;(4)A;(5)D;(6)A;(7)D;(8)B;(9)B;(10)B.

2. (1) ABC; (2) $A\overline{B}\overline{C}$; (3) $A\bigcup B\bigcup C$; (4) $\overline{A}\overline{B}C$; (5) $A\overline{B}\overline{C}\bigcup \overline{A}B\overline{C}\bigcup \overline{A}\overline{B}C$.

3. (1) $\dfrac{5}{39}$; (2) $\dfrac{5}{13}$; (3) $\dfrac{20}{39}$; (4) $\dfrac{25}{39}$.

4. (1)85％;(2)63. 5％.

单元 8

【学习效果评估 8－1】

1.

X	0	1	2
P	$\dfrac{81}{100}$	$\dfrac{9}{50}$	$\dfrac{1}{100}$

2. (1) $P\{X=k\}=C_5^k(0.1)^k(0.9)^{5-k}(k=0,1,2,3,4,5)$; (2) $P\{X\geq 2\}\approx 0.0815$.

【学习效果评估 8－2】

1. $\dfrac{\pi}{2}$; $\dfrac{\sqrt{3}}{2}$.

2. 0. 6.

【学习效果评估 8－3】

1. (1) 0. 2 ;(2) $F(x)=\begin{cases}0,x<-1\\0.2,-1\leq x<2\\0.5,2\leq x<3\\1,x\geq 3\end{cases}$;(3)0. 8.

2. (1) $F(x)=\begin{cases}\dfrac{1}{x},-1\leq x<e\\0,其他\end{cases}$;(2) $1-ln2$.

【学习效果评估 8－4】

1. 乙的成绩比甲的成绩好.

2. $a=2,k=3$.

单元训练8

1. (1)D；(2)C；(3)B；(4)C；(5)B.

2. (1) $\dfrac{1}{2}$；(2)2；4；(3) $\sqrt{6}$.

3. (1) $\dfrac{1}{3}$；(2) $F(x)=\begin{cases} 0,x<0 \\ \dfrac{1}{3},0\leqslant x<1 \\ \dfrac{3}{4},1\leqslant x<2 \\ 1,x\geqslant 2 \end{cases}$ ；(3) $\dfrac{3}{4}$；(4) $\dfrac{11}{12}$；(5) $\dfrac{83}{144}$；(6) $-\dfrac{7}{6}$.

4. $a=0.4,b=1.2$.

单元9

【学习效果评估9—1】

1. $P\{A\}=\{\varnothing,\{1\},\{2\},\{3\},\{4\},\{1,2\},\{1,3\},\{1,4\},\{2,3\},\{2,4\},\{3,4\},\{1,2,3\},\{1,2,4\},\{1,3,4\},\{2,3,4\},\{1,2,3,4\}\}$.

2. $A\times B=\{\langle 1,a\rangle,\langle 1,b\rangle,\langle 2,a\rangle,\langle 2,b\rangle,\langle 3,a\rangle,\langle 3,b\rangle\}$.

$B\times A=\{\langle a,1\rangle,\langle a,2\rangle,\langle a,3\rangle,\langle b,1\rangle,\langle b,2\rangle,\langle b,3\rangle\}$.

$A\times A=\{\langle 1,1\rangle,\langle 2,2\rangle,\langle 1,3\rangle,\langle 2,1\rangle,\langle 2,2\rangle,\langle 2,3\rangle,\langle 3,1\rangle,\langle 3,2\rangle,\langle 3,3\rangle\}$.

$B\times B=\{\langle a,a\rangle,\langle a,b\rangle,\langle b,a\rangle,\langle b,b\rangle\}$.

【学习效果评估9—2】

1. $R_1=\{\langle 1,1\rangle,\langle 1,2\rangle,\langle 1,3\rangle,\langle 2,1\rangle,\langle 2,2\rangle,\langle 3,1\rangle,\langle 3,2\rangle\}$；$R_2=\{\langle 1,2\rangle,\langle 2,1\rangle,\langle 2,2\rangle,\langle 2,3\rangle,\langle 3,2\rangle\}$.

2. $M_{R1}=\begin{pmatrix} 1 & 1 & 1 \\ 1 & 1 & 0 \\ 1 & 1 & 0 \end{pmatrix}$ $M_{R2}=\begin{pmatrix} 0 & 1 & 0 \\ 1 & 1 & 1 \\ 0 & 1 & 0 \end{pmatrix}$

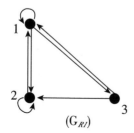

(G_{R1})

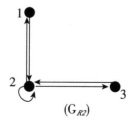

(G_{R2})

【学习效果评估 9－3】

1. $R_1 \circ R_2 = \{\langle a,b\rangle, \langle a,c\rangle, \langle b,d\rangle\}$；$R_2 \circ R_1 = \{\langle a,c\rangle, \langle a,d\rangle\}$；$R_1 \circ R_1 = \{\langle a,d\rangle, \langle b,d\rangle\}$；$R_2 \circ R_2 = \{\langle a,d\rangle\}$.

2. R_1 不是自反的,是反自反的,不是对称的,不是反对称的,是传递的；

R_2 不是自反的,是反自反的,不是对称的,不是反对称的,不是传递的；

R_3 不是自反的,是反自反的,是对称的,不是反对称的,不是传递的；

R_4 是自反的,不是反自反的,是对称的,不是反对称的,是传递的.

【学习效果评估 9－4】

1. (1) $[1]=[2]=\{1,2\}$；$[3]=[4]=\{3,4\}$；(2) $\{\{1,2\},\{3,4\}\}$.

2. $\{\langle a,a\rangle, \langle b,b\rangle, \langle c,c\rangle, \langle d,d\rangle, \langle e,e\rangle, \langle a,b\rangle, \langle b,a\rangle, \langle d,e\rangle, \langle e,d\rangle\}$.

单元训练 9

1. $\{\langle a,1\rangle, \langle a,2\rangle, \langle b,1\rangle, \langle b,2\rangle\}$.

2. B 不是自反的,不是反自反的,不是对称的,不是反对称的,是传递的；

C 是自反的,不是反自反的,是对称的,不是反对称的,是传递的；

D 不是自反的,不是反自反的,不是对称的,不是反对称的,不是传递的.

3. R 的关系矩阵 M_R 和关系图 G_R 如下：

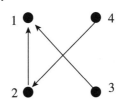

4. $R_1 \circ R_2 = \{\langle a,d\rangle, \langle a,c\rangle\}$；$R_2 \circ R_1 = \{\langle c,d\rangle\}$；$R_1 \circ R_1 = \{\langle a,b\rangle, \langle a,d\rangle\}$；$R_2 \circ R_2 = \{\langle b,b\rangle, \langle c,c\rangle, \langle c,d\rangle\}$

5. (1) $\{\langle a,a\rangle, \langle b,b\rangle, \langle c,c\rangle, \langle d,d\rangle\}$；(2) $\{\langle a,a\rangle, \langle b,b\rangle, \langle a,b\rangle, \langle b,a\rangle, \langle c,c\rangle, \langle d,d\rangle, \langle c,d\rangle, \langle d,c\rangle\}$.

单元 10

【学习效果评估 10－1】

1.

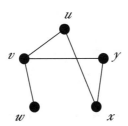

2. 结点 v_1 度为 2,结点 v_2 度为 4,结点 v_3 度为 3,结点 v_4 度为 3,结点 v_5 度为 4,整个图 G 的度为 16.

【学习效果评估 10－2】

（1）$\pi_1: v_1 e_1 v_2 e_2 v_3 e_3 v_4 e_4 v_5 e_5 v_1$，简单回路，也是初级回路，长度为5.

（2）$\pi_2: v_1 e_1 v_2 e_2 v_3 e_3 v_4 e_6 v_2 e_8 v_5 e_5 v_1$，简单回路，不是初级回路，长度为6.

（3）$\pi_3: v_1 e_1 v_2 e_2 v_3 e_3 v_4 e_6 v_2 e_8 v_5$，简单通路，长度为5.

（4）$\pi_4: v_1 e_1 v_2 e_2 v_3 e_3 v_4 e_6 v_2 e_8 v_5 e_7 v_3 e_2 v_2 e_1 v_1$，复杂回路，长度为8.

【学习效果评估 10－3】

1.

$$A(G) = \begin{pmatrix} 0 & 1 & 0 & 1 & 1 \\ 1 & 0 & 1 & 0 & 0 \\ 0 & 1 & 0 & 1 & 0 \\ 1 & 0 & 1 & 0 & 1 \\ 1 & 0 & 0 & 1 & 0 \end{pmatrix}$$

2.

$$M(G) = \begin{pmatrix} 1 & 0 & 0 & 0 & 1 & 1 \\ 1 & 1 & 0 & 0 & 0 & 0 \\ 0 & 1 & 1 & 0 & 0 & 0 \\ 0 & 0 & 1 & 1 & 0 & 1 \\ 0 & 0 & 0 & 1 & 1 & 0 \end{pmatrix}$$

【学习效果评估 10－4】

1.

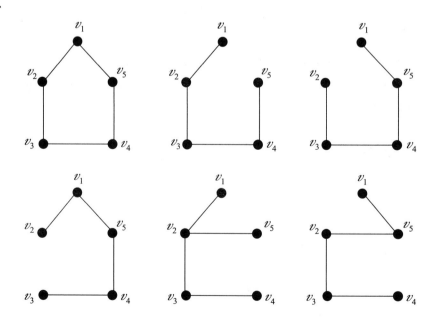

2. 树叶结点有 $2^{3-1} = 4$，分支点有 $2^3 - 1 - 4 = 3$.

单元训练 10

1.(1) 45;(2)11;(3)8,31.

2.(1) $A(G) = \begin{bmatrix} 0 & 1 & 1 & 0 \\ 1 & 0 & 1 & 0 \\ 0 & 0 & 0 & 1 \\ 1 & 0 & 1 & 0 \end{bmatrix}$.

(2)根据克鲁斯卡尔算法,边的排序为:

$\{(ab),(df),(bd),(bc),(cd),(de),(ce),(ca),(ef)\} = \{1,2,3,4,5,6,7,8,9\}$

各边加入图 G,如下所示:

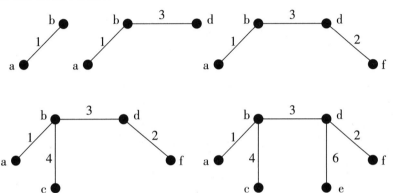

附 录

常用数学用表

附表一 泊松分布概率值表

$$P = (X = k) = \frac{\lambda^k}{k!} e^{-\lambda} (\lambda > 0)$$

k \ λ	0.5	1.0	2.0	3.0	4.0	5.0	8.0	10.0
0	0.6065	0.3679	0.1353	0.0498	0.0183	0.0067	0.0003	0.0000
1	0.3033	0.3679	0.2707	0.1494	0.0733	0.0337	0.0027	0.00054
2	0.0758	0.1839	0.2707	0.2240	0.1465	0.0842	0.0107	0.0023
3	0.0126	0.0613	0.1804	0.2240	0.1954	0.1404	0.0286	0.0076
4	0.0016	0.0153	0.0902	0.1680	0.1954	0.1755	0.0573	0.0189
5	0.0002	0.0031	0.0361	0.1008	0.1563	0.1755	0.0916	0.0378
6	0.0000	0.0005	0.0120	0.0504	0.1042	0.1462	0.1221	0.0631
7	0.0000	0.0001	0.0034	0.0216	0.0595	0.1044	0.1396	0.0901
8	0.0000	0.0000	0.0009	0.0081	0.0298	0.0653	0.1396	0.1126
9	0.0000	0.0000	0.0002	0.0027	0.0132	0.0363	0.1241	0.1251
10	0.0000	0.0000	0.0000	0.0008	0.0053	0.0181	0.0993	0.1251
11	0.0000	0.0000	0.0000	0.0002	0.0019	0.0082	0.0722	0.1137
12	0.0000	0.0000	0.0000	0.0001	0.0006	0.0034	0.0481	0.0948
13	0.0000	0.0000	0.0000	0.0000	0.0002	0.0013	0.0296	0.0729
14	0.0000	0.0000	0.0000	0.0000	0.0001	0.0005	0.0169	0.0521
15	0.0000	0.0000	0.0000	0.0000	0.0000	0.0002	0.0090	0.0347
16	0.0000	0.0000	0.0000	0.0000	0.0000	0.0000	0.0045	0.0217
17	0.0000	0.0000	0.0000	0.0000	0.0000	0.0000	0.0021	0.0128
18	0.0000	0.0000	0.0000	0.0000	0.0000	0.0000	0.0009	0.0071
19	0.0000	0.0000	0.0000	0.0000	0.0000	0.0000	0.0004	0.0037
20	0.0000	0.0000	0.0000	0.0000	0.0000	0.0000	0.0002	0.0019
21	0.0000	0.0000	0.0000	0.0000	0.0000	0.0000	0.0001	0.0009
22	0.0000	0.0000	0.0000	0.0000	0.0000	0.0000	0.0000	0.0004
23	0.0000	0.0000	0.0000	0.0000	0.0000	0.0000	0.0000	0.0002
24	0.0000	0.0000	0.0000	0.0000	0.0000	0.0000	0.0000	0.0001

附表二 标准正态分布数值表

$$\Phi(x)=\int_{-\infty}^{x}\frac{1}{\sqrt{2\pi}}e^{-\frac{t^2}{2}}dt$$

x	0.00	0.01	0.02	0.03	0.04	0.05	0.06	0.07	0.08	0.09
0.0	0.5000	0.5040	0.5080	0.5120	0.5160	0.5199	0.5239	0.5279	0.5319	0.5359
0.1	0.5398	0.5438	0.5478	0.5517	0.5557	0.5596	0.5636	0.5675	0.5714	0.5753
0.2	0.5793	0.5832	0.5871	0.5910	0.5948	0.5987	0.6026	0.6064	0.6103	0.6141
0.3	0.6179	0.6217	0.6255	0.6293	0.6331	0.6368	0.6404	0.6443	0.6480	0.6517
0.4	0.6554	0.6591	0.6628	0.6664	0.6700	0.6736	0.6772	0.6808	0.6844	0.6879
0.5	0.6915	0.6950	0.6985	0.7019	0.7054	0.7088	0.7123	0.7157	0.7190	0.7224
0.6	0.7257	0.7291	0.7324	0.7357	0.7389	0.7422	0.7454	0.7486	0.7517	0.7549
0.7	0.7580	0.7611	0.7642	0.7673	0.7703	0.7734	0.7764	0.7794	0.7823	0.7852
0.8	0.7881	0.7910	0.7939	0.7967	0.7995	0.8023	0.8051	0.8078	0.8106	0.8133
0.9	0.8159	0.8186	0.8212	0.8238	0.8264	0.8289	0.8355	0.8340	0.8365	0.8389
1.0	0.8413	0.8438	0.8461	0.8485	0.8508	0.8531	0.8554	0.8577	0.8599	0.8621
1.1	0.8643	0.8665	0.8686	0.8708	0.8729	0.8749	0.8770	0.8790	0.8810	0.8830
1.2	0.8849	0.8869	0.8888	0.8907	0.8925	0.8944	0.8962	0.8980	0.8997	0.9015
1.3	0.9032	0.9049	0.9066	0.9082	0.9099	0.9115	0.9131	0.9147	0.9162	0.9177
1.4	0.9192	0.9207	0.9222	0.9236	0.9251	0.9265	0.9279	0.9292	0.9306	0.9319
1.5	0.9332	0.9345	0.9357	0.9370	0.9382	0.9394	0.9406	0.9418	0.9430	0.9441
1.6	0.9452	0.9463	0.9474	0.9484	0.9495	0.9505	0.9515	0.9525	0.9535	0.9535
1.7	0.9554	0.9564	0.9573	0.9582	0.9591	0.9599	0.9608	0.9616	0.9625	0.9633
1.8	0.9641	0.9648	0.9656	0.9664	0.9672	0.9678	0.9686	0.9693	0.9700	0.9706
1.9	0.9713	0.9719	0.9726	0.9732	0.9738	0.9744	0.9750	0.9756	0.9762	0.9767
2.0	0.9772	0.9778	0.9788	0.9788	0.9793	0.9798	0.9803	0.9808	0.9812	0.9817
2.1	0.9821	0.9826	0.9834	0.9834	0.9838	0.9842	0.9846	0.9850	0.9854	0.9857
2.2	0.9861	0.9864	0.9871	0.9871	0.9874	0.9878	0.9881	0.9884	0.9887	0.9890
2.3	0.9893	0.9896	0.9901	0.9901	0.9904	0.9906	0.9909	0.9911	0.9913	0.9916
2.4	0.9918	0.9920	0.9925	0.9925	0.9927	0.9929	0.9931	0.9932	0.9934	0.9936
2.5	0.9938	0.9940	0.9943	0.9943	0.9945	0.9946	0.9948	0.9949	0.9951	0.9952
2.6	0.9953	0.9955	0.9957	0.9957	0.9959	0.9960	0.9961	0.9962	0.9963	0.9964
2.7	0.9965	0.9966	0.9968	0.9968	0.9969	0.9970	0.9971	0.9972	0.9973	0.9974
2.8	0.9974	0.9975	0.9977	0.9977	0.9977	0.9978	0.9979	0.9979	0.9980	0.9981
2.9	0.9981	0.9982	0.9983	0.9983	0.9984	0.9984	0.9985	0.9985	0.9986	0.9986
3.0	0.9987	0.9990	0.9995	0.9995	0.9997	0.9998	0.9998	0.9999	0.9999	1.0000

参考文献

［1］康海刚、邓洁、桂改花：《计算机数学》，机械工业出版社 2019 年版。

［2］华中科技大学数学与统计学院：《线性代数》，高等教育出版社 2019 年版。

［3］李连富、严维军、陈昊：《计算机数学基础》，东软电子出版社 2014 年版。

［4］何春江、张文治、王晓威：《计算机数学基础》，中国水利水电出版社 2015 年版。

［5］祁文青、邓丹君：《计算机数学基础》，机械工业出版社 2016 年版。

［6］同济大学数学系：《高等数学》，高等教育出版社 2014 年版。

［7］盛祥耀：《高等数学》，高等教育出版社 2008 年版。

［8］王德印、崔永新：《高等数学》，中国传媒大学出版社 2010 年版。

［9］魏莹：《计算机应用数学》，华中科技大学出版社 2010 年版。

［10］张国勇：《计算机数学》，科技出版社 2012 年版。

［11］屈婉玲、耿素云、张立昂：《离散数学》，高等教育出版社 2015 年版。

［12］欧阳丹彤等：《离散数学结构》，高等教育出版社 2011 年版。